U0617328

普通高等教育新工科电子信息类课改系列教材

模拟电子技术基础

主　编　初永丽　王雪琪　范丽杰

副主编　王永强　张　勇　丁昕苗　张艳丽

西安电子科技大学出版社

内 容 简 介

　　本书根据近年来电子技术的发展变化和编者多年的教学实践经验，针对模拟电子技术课程教学的基本要求和学习特点编写而成。

　　本书系统地介绍了模拟电子技术的基本知识、基本理论、常用器件及其应用，共分十章，包括绪论、半导体二极管及其基本电路、晶体三极管及其基本放大电路、场效应管及其基本放大电路、放大电路的频率响应、集成运算放大电路、反馈放大电路、信号的运算与处理、信号发生电路、直流稳压电源等内容。

　　本书可作为高等学校电子与电气信息类专业模拟电子技术基础课程的教材，也可供工程技术人员参考。

图书在版编目(CIP)数据

模拟电子技术基础/初永丽，王雪琪，范丽杰主编. —西安：西安电子科技大学出版社，2016.7(2021.8 重印)
ISBN 978－7－5606－4157－7

Ⅰ. ①模⋯　Ⅱ. ①初⋯　②王⋯　③范⋯　Ⅲ. ①模拟电路—电子技术—高等学校—教材　Ⅳ. ①TN710

中国版本图书馆 CIP 数据核字(2016)第 148178 号

策划编辑　毛红兵
责任编辑　买永莲
出版发行　西安电子科技大学出版社(西安市太白南路 2 号)
电　　话　(029)88202421　88201467　　邮　编　710071
网　　址　www.xduph.com　　电子邮箱　xdupfxb001@163.com
经　　销　新华书店
印　　刷　广东虎彩云印刷有限公司
版　　次　2016 年 7 月第 1 版　2021 年 8 月第 2 次印刷
开　　本　787 毫米×1092 毫米　1/16　印张 18
字　　数　426 千字
印　　数　3001～4000 册
定　　价　43.00 元
ISBN 978－7－5606－4157－7/TN

XDUP 4449001－2

＊＊＊如有印装问题可调换＊＊＊

前　言

在电子技术日新月异的发展形势下，为了培养电子技术方面的人才，编者依照教育部颁发的《电子技术基础（A）课程基本要求》，结合自身多年的教学和科研工作经验，编写了本书。根据电子技术知识的逻辑关系构建了科学的教材体系，内容由浅入深、循序渐进，符合认知规律。本书在内容方面注重基础性和先进性相结合、理论知识和工程应用相结合，科学地安排了教学内容的深度和广度。书中模拟电子技术的基本概念、基本电路和基本分析方法等占主要篇幅，内容较系统，且叙述细致深入。同时，编者力图在讲清电路工作原理和分析方法的同时，尽量阐明电路结构的构思方法，使读者从中获得启迪，培养创新意识。

本书具有教材体系科学、教学内容合理和教学适应性强等特点。内容编排上遵循先器件后电路、先基础后应用的规律。每章的最后一节安排有 Multisim 例题仿真，对典型电路和难以手工分析计算的电路进行了仿真，通过仿真结果使读者对电路的特点、性能有更深入的理解。课程中各个教学环节的配合十分重要，除了课堂讲授外，还必须设置对应的习题课和实验课等，把知识环节有机地结合起来。通过实验课，不仅可以验证理论，加深对理论知识的理解，更重要的是，可以学会电子电路的测试技术，掌握各种电子仪器的使用方法，使理论紧密结合实践。

参加本书编写工作的有王雪琪（第1章、第8章）、张勇（第2章、第7章）、丁昕苗（第3章、第4章）、张艳丽（第5章、第6章）和初永丽（第9章、第10章）等，范丽杰负责每章的 Multisim 例题仿真分析，王永强负责书稿最终的文字润色和校订工作。

由于编者能力和水平所限，书中难免疏漏和欠妥之处，恳请广大读者批评指正。

编者
2016 年 4 月

目　　录

第1章 绪 论

1.1 电子技术的发展

近50年来，由于微电子技术和其他高新技术的发展，工业、农业、科技和国防等领域发生了令人瞩目的变化。与此同时，电子技术也正在改变着人们的日常生活，收音机、电视机、高保真音响、通信设备、个人计算机、手机等各种各样的电子产品，已经成为人们生活中不可缺少的用品。

电子技术日益广泛的应用与电子器件的不断发展紧密相连。20世纪初首先得到推广应用的电子器件是真空电子管。真空电子管是由在抽成真空的玻璃或金属外壳内安置特制的阳极、阴极、栅极和加热用的灯丝而构成的。电子管的发明引发了通信技术的革命，产生了无线电通信和早期的无线电广播及电视。这一时期称为电子技术的电子管时代。

由于电子管不仅体积大、笨重，而且耗电量大、寿命短、可靠性差，各国科学家开始致力于寻找性能更为优越的电子器件。1947年，美国贝尔实验室的科学家发明了晶体管，从此揭开了电子技术发展的新篇章。由于晶体管是一种固体器件，不需要用灯丝加热，所以体积小、重量轻、耗电省，而且寿命长，可靠性也大为提高。随后几乎在所有的应用领域中，晶体管逐渐取代了电子管。1960年又诞生了新型的金属-氧化物-半导体场效应管，为后来大规模集成电路的研制奠定了基础。这一时期称为电子技术的晶体管时代。

1959年，美国德克萨斯仪器公司的科学家吉尔伯（Kilby）研制成功了半导体集成电路（Integrated Circuit，IC）。由于这种集成电路将为数众多的晶体管、电阻和连线组成的电子电路制作在同一块硅半导体芯片上，因此这项技术的应用减少了电子电路的体积，实现了电子电路的微型化，大大提高了电路的可靠性，从而开创了电子技术的集成电路时代。随着集成电路制造技术的不断进步，集成电路的集成度不断提高。在以后的十几年时间里，集成电路制造技术便完成了从小规模到中规模，再到大规模和超大规模的发展。自20世纪70年代以来，集成电路基本上遵循着摩尔定律在发展进步，即每一年半左右集成电路的综合性能就提高一倍，而每三年左右集成电路的集成度也提高一倍。

高集成度、高性能、低价格的大规模集成电路批量生产并投放市场，极大地拓展了电子技术的应用空间。它不仅促进了信息产业的迅速发展，而且成了改造所有传统产业的强有力的手段。因此有人把20世纪中期以来的这一时期称为硅片时代。

然而，集成度不可能无限制提高，因此许多科学家已经开始潜心研究和寻找比硅片集成度更高、性能更好的新型电子器件了。

1.2 信　　号

1. 电信号

在人类的日常生活中，存在着各种各样的信息。例如，气象信息包含温度、气压、风速等信号；播音员播音时，微音器将声音信号转换为电信号，然后经过电子系统中的放大、滤波等电路，驱动扬声器发出播音员的声音。由此可见，自然界的各种物理量必须首先经过传感器(将各种物理量转换为可由电子电路处理的信号的电子设备)将非电量信号转换为电量信号，即电信号。

在处理各种信号时，需要对信号的表达与特性作简要的介绍。传感器的输出信号都是电信号。前述的微音器就是将声音信号转换为电信号的传感器。为一般化起见，常把传感器当作信号源看待。根据电路理论的知识，电路中的信号源都可以等效为如图 1.2.1 所示的两种形式。其中，图(a)是以理想电压源和内电阻 R_s 串联的等效信号源，称为戴维宁等效电路；而图(b)是以理想电流源和内电阻 R_s 并联的等效信号源，称为诺顿等效电路。这两种信号源电路也可以等效转换，应根据不同的场合，使用不同的信号源形式。

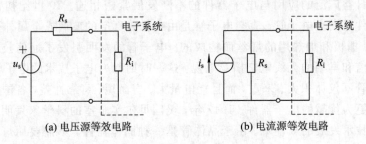

(a) 电压源等效电路　　　　　　(b) 电流源等效电路

图 1.2.1　信号源的等效电路

2. 模拟信号和数字信号

在电子电路中，信号分为模拟信号和数字信号。

如图 1.2.2(a)所示，信号随时间的变化在数值上是连续的，而且连续变化过程中的每个数值都有具体的物理意义，这样的信号称为模拟信号。微音器输出的电压信号以及经放大器放大后的电压信号都是模拟信号。从宏观上看，我们周围世界中的大多数物理量都是时间连续、数值连续的变量，如气温、气压、风速等，这些变量通过相应的传感器都可转换为模拟电信号输入到电子系统中。处理模拟信号的电子电路称为模拟电路。本书主要讨论各种模拟电子电路基本的概念、原理、分析方法及应用。

数字信号与模拟信号不同，如图 1.2.2(b)所示，数字信号在时间和数值上均具有离散性，电压或电流的变化在时间上不连续，总是发生在离散的瞬间，且它们的数值是一个最小量值的整数倍，并以此倍数作为数字信号的数值。

随着计算机技术的发展和应用的普及，绝大多数电子系统都引入了计算机或微处理器来对信号进行处理。由于它是数字电路系统，只能处理数字信号，所以需要将模拟信号转换为数字信号。

本书所涉及的信号均为模拟信号。

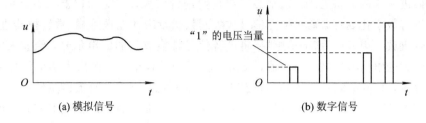

(a) 模拟信号   (b) 数字信号

图 1.2.2　模拟信号和数字信号

1.3　模拟电子系统

1. 模拟电子系统的组成

模拟电子系统包括信号的提取、信号的预处理、信号的加工和信号的执行几部分。系统首先采集信号，这些信号通常来源于测试各种物理量的传感器、接收器，或者来源于用于测试的信号发生器。传感器或接收器所提供的信号幅值往往很小，噪声很大，有时候甚至分不清什么是有用信号，什么是干扰或噪声。因此，在加工信号之前需要对信号进行预处理。预处理包括对信号进行隔离、滤波、阻抗变换等环节，将信号分离出来，然后进行放大。当信号足够大时，再对信号进行运算、转换、比较、采样-保持等不同的加工。最后，一般还要经过功率放大来驱动执行机构，或者经过模拟信号到数字信号的转换，变为计算机可以接收的信号。

2. 常用的模拟电路

（1）放大电路：用于信号的电压、电流或者功率的放大。

（2）滤波电路：用于信号的提取、变换或抗干扰。

（3）运算电路：完成一个或者多个信号的加、减、乘、除、积分、微分、对数、指数等运算。

（4）信号转换电路：用于将电流信号转换成电压信号或将电压信号转换成电流信号，将直流信号转换成交流信号或将交流信号转换为直流信号，将直流电压信号转换为与之成正比的频率信号，等等。

（5）信号发生电路：用于产生正弦波、矩形波、三角波、锯齿波信号等。

（6）直流电源：将 220 V、50 Hz 交流电转换成不同输出电压和电流的直流电，作为各种电子电路的供电电源。

上述电路中均含有放大电路，因此放大电路是模拟电子电路的基础。

1.4　放大的概念和放大电路的主要性能指标

模拟信号最基本的处理电路是放大电路，大多数模拟电子系统中都应用了不同类型的放大电路，如滤波、振荡、稳压等电路中的基本单元电路都是放大电路。

1. 放大的概念

检测外部物理信号的传感器所获得的信号通常都是很微弱的，无法直接显示，而且一般也很难做进一步的分析处理。通常必须对它们进行放大，才能用仪器仪表显示出来。如果对信号进行数字化处理，则必须把信号放大到数伏量级才能送给模/数转换器进行转换。如利用扩音机放大声音，话筒(传感器)将声音信号转换成微弱的电信号，经放大电路放大成功率足够大的电信号，驱动扬声器，发出比较强的声音信号。输出大功率信号的能量由直流电源提供，直流电源在输入信号的控制下，通过放大电路将直流能量转换成交流能量输出到扬声器(负载)。由此可见，电子电路中放大的本质是能量的控制和转换，放大的基本特征是信号功率的放大。放大电路必须包含将直流电源功率转换为信号功率的电子元器件，即有源元件，如晶体三极管、场效应管，它们是放大电路的核心元件。对放大电路最基本的要求是不失真地放大，只有在不失真的情况下放大才有意义。

由于任何稳态信号都可分解为若干频率正弦波信号的叠加，而且正弦波信号在实验室容易获得，所以放大电路常以正弦波作为测试信号。

2. 放大电路的模型及其主要性能指标

若仅研究信号的作用，可将放大电路看成一个黑匣子，一个信号输入口，一个信号输出口，即放大电路可以看作一个双口网络，如图 1.4.1 所示。u_i 是信号源加给放大电路的输入电压，产生输入电流 i_i，输入电压和输入电流的关系可以用一个电阻 R_i 来等效，即从输入口看向放大电路，放大电路等效成一个电阻；从输出口看向放大电路，放大电路是一个有源二端网络，可以用一个电压源和电阻的串联来等效。R_L 是负载电阻。不同放大电路在信号源和负载相同的情况下，输入电流、输出电流、输出电压将不同，说明不同的放大电路从信号源索取的电流不同，对同样信号的放大能力也不同；同一放大电路在幅值相同、频率不同的信号源作用下，输出电压也会不同，即同一放大电路对不同频率的信号放大能力也存在差异。为了衡量放大电路的性能优劣，这里主要讨论放大电路的几项主要性能指标。

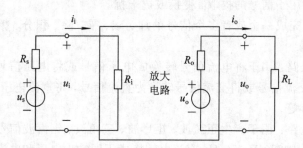

图 1.4.1 放大电路的模型

1) 放大倍数

放大倍数即增益，是直接衡量放大电路放大能力的重要指标，它实际上反映了放大电路在输入信号的控制下，将直流电源的能量转换为信号能量的能力，其值为输出量与输入量之比。

电压放大倍数是输出电压 u_o 与输入电压 u_i 之比，即

$$A_u = \frac{u_o}{u_i} \tag{1.4.1}$$

电流放大倍数是输出电流 i_o 与输入电流 i_i 之比，即

$$A_i = \frac{i_o}{i_i} \tag{1.4.2}$$

电压对电流的放大倍数是输出电压 u_o 与输入电流 i_i 之比，即

$$A_r = \frac{u_o}{i_i} \tag{1.4.3}$$

其量纲为电阻，因此也称为互阻放大倍数。

电流对电压的放大倍数是输出电流 i_o 与输入电压 u_i 之比，即

$$A_g = \frac{i_o}{u_i} \tag{1.4.4}$$

其量纲为电导，因此也称为互导放大倍数。

在四种放大倍数中，最常用的是电压放大倍数 A_u。

2）输入电阻

输入电阻定义为放大电路的输入电压与输入电流之比，即从输入端向放大电路看进去的等效电阻：

$$R_i = \frac{u_i}{i_i} \tag{1.4.5}$$

输入电阻的大小决定了放大电路从信号源索取电流的大小。对输入为电压信号的放大电路，即电压放大和互导放大电路，R_i 愈大，则放大电路输入端的 u_i 值愈大。反之，输入为电流信号的放大电路，即电流放大和互阻放大电路，R_i 愈小，输入放大电路的输入电流 i_i 愈大。所以放大电路的输入电阻要根据需要而设计。

3）输出电阻

输出电阻 R_o 定义为从输出端向放大电路看进去的等效电阻，其大小决定了放大电路带负载能力的大小。所谓带负载能力，是指放大电路的输出量随负载变化的程度。信号经放大电路放大后，总要输出给负载，当放大电路带上负载后，输出信号必然要比空载时有所下降。当负载变化时，放大电路的输出量变化很小或基本不变，即输出量与负载大小的关联程度愈弱，表示放大电路的带负载能力愈强。

对于不同类型的放大电路，输出量的表现形式是不一样的。例如，电压放大和互阻放大电路，输出量为电压信号。对于这类放大电路，R_o 愈小，负载电阻 R_L 的变化对输出电压 u_o 的影响愈小，放大电路的带负载能力愈强。对输出为电流信号的放大电路，即电流放大和互导放大电路，R_o 愈大，负载电阻 R_L 的变化对输出电流 i_o 的影响愈小。

当定量分析放大电路的输出电阻 R_o 时，可采用图 1.4.2 所示的方法。在信号源短路（$u_s=0$，但保留 R_s）和负载开路（$R_L=\infty$）的条件下，在放大电路的输出端加一测试电压 u_t，相应地产生一测试电流 i_t，于是可得输出电阻为

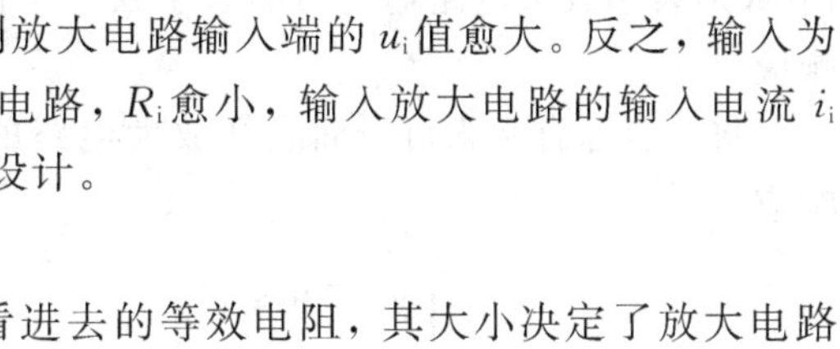

图 1.4.2　求放大电路的输出电阻

$$R_o = \frac{u_t}{i_t} \Bigg|_{u_s=0, R_L=\infty}$$

另外，也可以用实验的方法获得 R_o 的值。具体方法是分别测得放大电路开路时的输出

电压 $u_{\text{o}}^{'}$ 和带负载时的输出电压 u_{o}，由式 $R_{\text{o}} = \left(\dfrac{u_{\text{o}}^{'}}{u_{\text{o}}} - 1 \right) R_{\text{L}}$ 计算得到 R_{o} 的值。

4）通频带

实际的放大电路中总是存在一些电抗性元件，如电容和电感元件以及电子器件的极间电容、接线电容与接线电感等。因此，放大电路的输出和输入之间的关系必然与信号频率有关。在输入正弦信号情况下，输出随输入信号频率连续变化的稳态响应，称为放大电路的频率响应。只改变输入信号的频率时，发现放大电路的增益是随之变化的，输出波形的相位也发生变化。通频带是用来反映放大电路对于不同频率信号的适应能力的指标。一般情况下，放大电路只适用于放大一个特定频率范围的信号，当信号频率太高或太低时，放大电路的增益都有大幅度的下降。

若考虑电抗性元件的作用和信号角频率变量，则放大电路的电压增益可表示为

$$\dot{A}_{u}(\text{j}\omega) = \frac{\dot{U}_{\text{o}}(\text{j}\omega)}{\dot{U}_{\text{i}}(\text{j}\omega)} \tag{1.4.6}$$

或

$$\dot{A}_{u} = A_{u}(\omega) \angle \varphi(\omega) \tag{1.4.7}$$

式中，ω 为信号的角频率，$A_{u}(\omega)$ 表示电压增益的模与角频率之间的关系，称为幅频响应；而 $\varphi(\omega)$ 表示放大电路输出与输入正弦电压信号的相位差与角频率之间的关系，称为相频响应。

将二者综合起来可全面表征放大电路的频率响应。图 1.4.3 是一个放大电路的幅频响应。

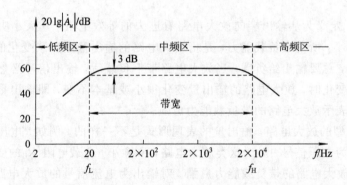

图 1.4.3　放大电路的幅频响应

由图 1.4.3 可见，幅频响应的中间一段是平坦的，即增益保持为常数，称为中频区。在输入信号幅值保持不变的条件下，信号频率降低或升高，增益比中频区下降 3 dB 的频率点，称为截止频率。高频时上限截止频率为 f_{H}，低频时下限截止频率为 f_{L}。我们认为在 $f_{\text{L}} < f < f_{\text{H}}$ 时，信号得到正常放大。定义放大电路的通频带（或称带宽）为 $f_{\text{BW}} = f_{\text{H}} - f_{\text{L}}$，也称中频段。放大电路的通频带越宽，则对不同频率信号的适应能力越强，性能越好。

5）非线性失真系数

由于放大器件均具有非线性特性，它们的线性放大范围有一定限度，当输入信号幅度超过一定值后，输出电压将会产生非线性失真，可用非线性失真系数来衡量，即

$$D = \frac{\sqrt{\sum\limits_{k=2}^{\infty} U_{ok}^2}}{U_{o1}} \times 100\% \qquad (1.4.8)$$

式中，U_{o1}是输出电压信号基波分量的有效值，U_{ok}是高次谐波分量的有效值，k为正整数。

6）最大不失真输出电压

最大不失真输出电压定义为当输入信号再增大就会使输出波形产生非线性失真时的输出电压，一般用有效值U_{om}表示，也可以用峰峰值U_{opp}表示。

7）最大输出功率与效率

最大输出功率是在输出信号基本不失真时，输出的最大功率P_{om}。最大输出功率P_{om}与放大电路中直流电源提供的功率P_U的比值，称为能量转换效率，即

$$\eta = \frac{P_{om}}{P_U} \qquad (1.4.9)$$

在测试上述性能指标时，对于放大倍数A_u、输入电阻R_i和输出电阻R_o，应给放大电路输入中频段小幅值信号；对于通频带，应给放大电路输入小幅值、宽频率范围的信号；对于U_{om}、P_{om}、η和D，应给放大电路输入中频段大幅值信号。

第2章　半导体二极管及其基本电路

　　半导体器件是现代电子技术的重要组成部分，由于它具有体积小、重量轻、使用寿命长、输入功率小和功率转换效率高等优点而得到广泛的应用。

　　本章首先介绍半导体的基本知识，半导体中载流子的运动；接着介绍 PN 结的基本性质，重点介绍二极管的物理结构、工作原理、特性曲线和主要参数，以及二极管基本电路及其分析方法与应用；在此基础上，对齐纳二极管、变容二极管和光电子器件的特性与应用进行简要介绍。

2.1　半导体的基本知识

2.1.1　半导体材料

　　多数现代电子器件是由性能介于导体与绝缘体之间的半导体材料制造而成的。为了从电路的观点理解这些器件的性能，首先必须从物理的角度了解它们是如何工作的。这里着重介绍半导体材料的特殊物理性质，以及电子器件的伏安(U-I)特性。在电子器件中，常用的半导体材料有元素半导体，如硅(Si)、锗(Ge)；化合物半导体，如砷化镓(GaAs)等。其中硅是目前最常用的一种半导体材料。半导体除了在导电能力方面与导体和绝缘体不同外，它还具有不同于其他物质的特点，例如，当半导体受到外界光和热的激励时，其导电能力将发生显著变化。又如在纯净的半导体中加入微量的杂质后，其导电能力将会显著增强。为了理解这些特点，必须了解半导体的结构。

　　在电子器件中，用得最多的材料是硅和锗，下面重点介绍硅的物理结构和导电机制。硅的简化玻尔原子模型如图 2.1.1 所示。这是因为硅是四价元素，原子的最外层轨道上有4 个电子，称为价电子。由于原子呈中性，故正离子芯(或正离子)用带圆圈的＋4 符号表示。半导体的导电性与价电子数目有关，因此，价电子是我们要研究的对象。从定性的角度来考虑，其他半导体的物理性能与硅材料类似。

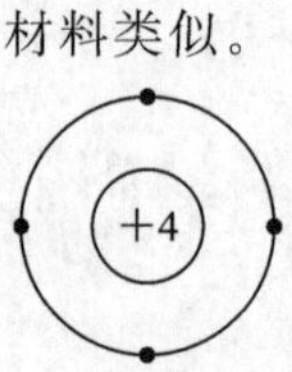

图 2.1.1　硅的原子结构简化模型

半导体与金属和许多绝缘体一样，均具有晶体结构，它们的原子形成有序的排列，邻近原子之间由共价键连接，如图 2.1.2 所示。图中表示的是二维结构，实际上半导体晶体结构是三维的。

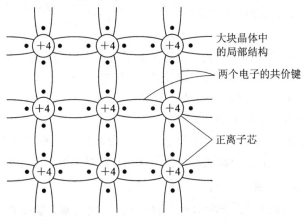

图 2.1.2　硅的二维晶格结构图

2.1.2　本征半导体及其导电作用

1. 本征半导体

本征半导体是一种完全纯净的、结构完整的半导体晶体。半导体的重要物理特性是它的电导率，电导率与材料内单位体积中所含的电荷载流子的数量有关。电荷载流子的浓度愈高，其电导率愈高。半导体内载流子的浓度取决于许多因素，包括材料的基本性质、温度值以及杂质的存在。在 $T=0$ K 和没有外界激发时，由于每一原子的外围电子被共价键所束缚，这些束缚电子对半导体内的传导电流没有贡献。但是，半导体共价键中的价电子并不像绝缘体中被束缚得那样紧。例如在室温（300 K）下，被束缚的价电子就会获得足够的随机热振动能量而挣脱共价键的束缚，成为自由电子。这些自由电子很容易在晶体内运动，如图 2.1.3 所示，这种现象称为本征激发。

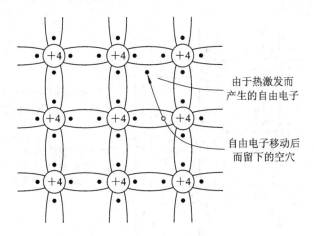

图 2.1.3　本征半导体中的自由电子和空穴

当电子挣脱共价键的束缚成为自由电子后，共价键中就留下一个空位，这个空位叫做空穴。原子因失掉一个价电子而变成带正电的正离子，或者说空穴带正电。空穴的出现是半导体区别于导体的一个重要特点。在本征半导体中，自由电子与空穴是成对出现的，即自由电子与空穴浓度相等，即

$$n_i = p_i \qquad\qquad (2.1.1)$$

若在本征半导体两端外加一电场，则自由电子将产生定向移动，形成电子电流；另外，由于空穴的存在，价电子将按一定的方向依次填补空穴，也就是说空穴也产生定向移动，形成空穴电流。由于自由电子和空穴所带电荷极性不同，所以它们的运动方向相反，本征半导体中的电流是这两个电流的和。

运载电荷的粒子称为载流子。导体导电只有一种载流子，即自由电子导电；而本征半导体有两种载流子，即自由电子和空穴均参与导电，这是半导体导电的特殊性质。

2. 载流子的产生与复合

如前所述，由于本征激发，半导体产生自由电子-空穴对，温度愈高，其产生率愈高。另一方面，自由电子在运动过程中如果与空穴相遇就会填补空穴，使两者同时消失，这种现象叫做复合。一旦空穴和自由电子浓度建立起来，复合作用就是经常性的。当温度一定时，载流子(电子和空穴)的复合率等于产生率，即达到一种动态平衡。

当载流子的浓度较高时，晶体的导电能力增强。换言之，本征半导体的电导率将随温度的增加而增加。

2.1.3 杂质半导体

1. P 型半导体

在硅的晶体内掺入少量三价元素杂质，如硼等，因硼原子只有 3 个价电子，它与周围硅原子组成共价键时，因缺少一个电子，在晶体中便产生一个空位，当相邻共价键上的电子受到热振动或在其他激发条件下获得能量时就有可能填补这个空位，使硼原子成了不能移动的负离子，而原来硅原子的共价键则因缺少一个电子，形成了空穴，但整个半导体仍呈中性，如图 2.1.4 所示。

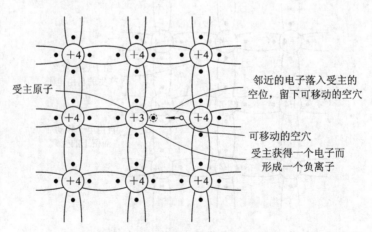

图 2.1.4 P 型半导体的共价键结构

因为硼原子在硅晶体中能接受电子，故称硼为受主杂质或 P 型杂质(P 是 Positive 的

首字母，由于该类型半导体中参与导电的多数载流子为带正电荷的空穴，因此而得名）。在硅中加入的受主杂质除硼外尚有铟和铝。

值得注意的是，在加入受主杂质产生空穴的同时，并不产生新的自由电子，但原来的本征晶体由于本征激发仍会产生少量的电子-空穴对。控制掺入杂质的多少，便可控制空穴数量。在 P 型半导体中，空穴数远大于自由电子数，在这种半导体中，以空穴导电为主。因而空穴为多数载流子，简称多子；自由电子为少数载流子，简称少子。

若用 N_A 表示受主原子的浓度，n 表示少子电子的浓度，p 表示总空穴的浓度，则有如下的浓度关系：

$$N_A + n = p \tag{2.1.2}$$

这是因为材料中的剩余电荷浓度必为零，或者说，离子化的受主原子的负电荷加上自由电子必与空穴的正电荷相等。

2. N 型半导体

仿照 P 型半导体，为在半导体内产生多余的电子，可以将一种施主杂质或 N 型杂质掺入硅的晶体内。施主原子在掺杂半导体的共价键结构中多余一个电子。在硅工艺中，典型的施主杂质有磷、砷和锑。当一个施主原子加入半导体后，其多余的电子易受热激发而挣脱原子核的束缚成为自由电子，如图 2.1.5 所示。自由电子参与传导电流，它移动后，在施主原子的位置上留下一个固定的、不能移动的正离子，但半导体仍保持中性。此外，在产生自由电子的同时，并不产生相应的空穴。正因为掺入施主杂质的半导体会有多余的自由电子，故称之为电子型半导体或 N（Negative 的首字母，由于该类型半导体中参与导电的多数载流子为带负电荷的自由电子，因此而得名）型半导体。在 N 型半导体中，电子为多数载流子，空穴为少数载流子。

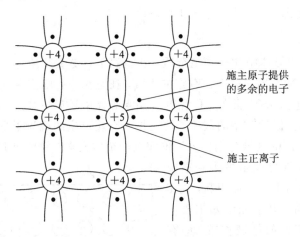

施主原子提供
的多余的电子

施主正离子

图 2.1.5　N 型半导体的共价键结构

综上所述，半导体掺入杂质后，载流子的数目都有相当程度的增加。若每个受主杂质都能产生一个空穴，或者每个施主杂质都能产生一个自由电子，则尽管杂质含量很少，但它们对半导体的导电能力却有很大的影响。因而在半导体中掺入杂质是提高半导体导电能力的最有效方法。

仿照前面的描述方法，若用 N_D 表示施主原子的浓度，n 表示总自由电子的浓度，p 表示少子空穴的浓度，则有如下的浓度关系：

$$n = p + N_D \tag{2.1.3}$$

上式表明，离子化的施主原子和空穴的正电荷必为自由电子的负电荷所平衡，以保持材料的电中性。

应当注意，通过施主原子数可以提高半导体内的自由电子浓度，由此增加了电子与空穴复合的概率，使本征激发产生的少子空穴的浓度降低。由于电子与空穴的复合，在一定温度条件下，使空穴浓度与电子浓度的乘积为一常数，即

$$pn = p_i n_i \tag{2.1.4}$$

式中，$p_i n_i$ 分别为本征材料中的空穴浓度和电子浓度，考虑式(2.1.1)中的关系，则有如下的等式：

$$pn = n_i^2 \tag{2.1.5}$$

2.1.4　PN 结的形成及特性

1. 载流子的漂移与扩散

由于热能的激发，半导体内的载流子将进行随机的无定向移动，载流子在任意方向的平均速度为零。若有电场加到晶体上，则内部载流子将受力作定向移动。对于空穴而言，其移动方向与电场方向相同，而电子则是逆着电场的方向移动的。由于电场作用而导致载流子的运动称为漂移，其速度与电场矢量成比例。

在半导体内，由于制造工艺和运行机制等原因，致使某一特定的区域内，其空穴或电子的浓度高于正常值。基于载流子的浓度差异和随机热运动速度，载流子由高浓度区域向低浓度区域扩散，从而形成扩散电流。如果没有外来的超量载流子的注入或电场的作用，晶体内的载流子浓度将趋于均匀，直至扩散电流为零。

2. PN 结的形成

如前所述，P 型半导体中含有受主杂质，在室温下，受主杂质电离为带正电的空穴和带负电的受主离子。N 型半导体中含有施主杂质，在室温下，施主杂质电离为带负电的自由电子和带正电的施主离子。此外，P 型和 N 型半导体中还有少数受本征激发产生的自由电子和空穴，通常本征激发产生的载流子要比掺入杂质产生的载流子少得多。

在半导体两个不同的区域分别掺入三价和五价杂质元素，便形成 P 型区和 N 型区。这样，在它们的交界处就出现了电子和空穴的浓度差异，N 型区内电子浓度很高，而 P 型区内空穴浓度很高。电子和空穴都要从浓度高的区域向浓度低的区域扩散，即有一些电子要从 N 型区向 P 型区扩散，也有一些空穴要从 P 型区向 N 型区扩散，如图 2.1.6 所示。它们扩散的结果就使 P 区和 N 区的交界处原来呈现的电中性被破坏了。P 区一边失去空穴，留下了带负电的杂质

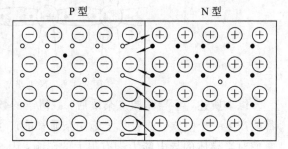

图 2.1.6　载流子的扩散

离子(即受主原子 ⊖)；N 区一边失去电子，留下了带正电的杂质离子(即施主原子 ⊕)。半

导体中的离子虽然也带电，但由于物质结构的关系，它们不能任意移动，因此并不参与导电。这些不能移动的带电粒子集中在 P 区和 N 区交界面附近，形成了一个很薄的空间电荷区，这就是所谓的 PN 结。在这个区域内，多数载流子已扩散到对方并复合掉了，或者说消耗尽了。因此空间电荷区有时又称为耗尽区，它的电阻率很高。扩散越强，空间电荷区越宽。

在出现了空间电荷区以后，由于正、负离子之间的相互作用，在空间电荷区中就形成了一个电场，其方向是从带正电的 N 区指向带负电的 P 区。由于这个电场是在 PN 结内部形成的，而不是外加电压形成的，故称为内电场，显然，这个内电场的方向是阻止载流子扩散运动的。

另一方面，根据电场的方向和电子、空穴的带电极性还可以看出，这个内电场将使 N 区的少数载流子空穴向 P 区漂移，使 P 区的少数载流子电子向 N 区漂移，漂移运动的方向正好与扩散运动的方向相反。从 N 区漂移至 P 区的空穴补充了原来交界面上 P 区失去的空穴，而从 P 区漂移到 N 区的电子补充了原来交界面上 N 区所失去的电子，这就使空间电荷减少了。因此，漂移的结果是使空间电荷区变窄，其作用正好与扩散运动相反。

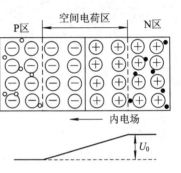

图 2.1.7　空间电荷区的形成

由此可见，扩散运动和漂移运动是互相联系又互相对立的，扩散使空间电荷区加宽，电场增强，对多数载流子扩散的阻力增大，但使少数载流子的漂移增强；而漂移使空间电荷区变窄，电场减弱，又使扩散容易进行。当漂移运动和扩散运动相等时，空间电荷区便处于动态平衡状态，如图 2.1.7 所示。空间电荷区也称为势垒区（在 PN 结空间电荷区内，电子要从 N 区到 P 区必须越过一个能量高坡，一般称为势垒）。

3. PN 结的单向导电性

如果在 PN 结的两端外加电压，就会破坏 PN 结的平衡状态。当外加电压极性不同时，PN 结表现出完全不同的导电性能，即 PN 结呈现出单向导电性。

1）外加正向电压

在图 2.1.8(a) 中，当 PN 结外加电压 U，使 U 的正极接 P 区，负极串联电阻接 N 区，外加电场与 PN 结内电场方向相反时，称 PN 结外加正向电压，或称 PN 结正向偏置。在这个外加电场作用下，PN 结的平衡状态被打破，多数载流子都要向 PN 结移动，即 P 区空穴进入 PN 结后，就要和原来的一部分负离子中和，使 P 区的空间电荷量减少。同样，当 N 区电子进入 PN 结后，中和了部分正离子，使 N 区的空间电荷量减少，结果 PN 结变窄。由此扩散运动加剧，漂移运动减弱。由于电源的作用，扩散运动源源不断地进行，从而形成电流，PN 结导通。PN 结导通时的结压降只有零点几伏，因而在它所在的回路中串联一个限流电阻，防止 PN 结因正向电流过大而损坏。

在这种情况下，由少数载流子形成的漂移电流，其方向与扩散电流相反，和正向电流比较，其数值很小，可忽略不计。

2) 外加反向电压

在图 2.1.8(b)中，外加电压 U 的正极接 N 区，负极接 P 区，外加电场方向与 PN 结内电场方向相同，称 PN 结外加反向电压，或称 PN 结反向偏置。在这种外电场作用下，P 区中的空穴和 N 区中的电子都将进一步离开 PN 结，使耗尽区厚度加宽，此时多子扩散运动减弱，少子漂移运动加剧，形成反向电流，也称漂移电流。因为少子的数目极少，即使所有的少子都参与漂移运动，反向电流也很小，所以在近似分析中经常忽略不计，认为 PN 结外加反向电压时处于截止状态。由于少子的浓度受温度的影响，在某些实际应用中，必须予以考虑。

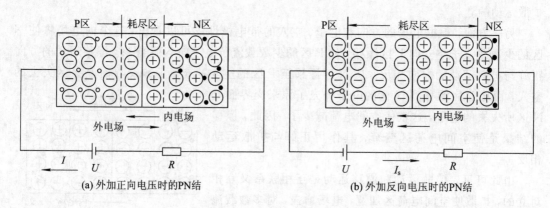

(a) 外加正向电压时的PN结 　　　　　(b) 外加反向电压时的PN结

图 2.1.8　PN 结的单向导电性

由此看来，PN 结加正向电压时，电阻值很小，PN 结导通；加反向电压时，电阻值很大，PN 结截止，这就是它的单向导电性。PN 结的单向导电性关键在于它的空间电荷区即耗尽区的存在，且其宽度随外加电压而变化。

3) PN 结 U-I 特性的表达式

现以硅结型二极管的 PN 结为例，来说明它的 U-I 特性表达。在硅二极管 PN 结的两端，施加正、反向电压时，通过 PN 结的电流为

$$i_D = I_s(e^{u_D/nU_T} - 1) \tag{2.1.6}$$

式中，i_D 是通过 PN 结的电流；u_D 是 PN 结两端的外加电压；n 是发射系数，它与 PN 结的尺寸、材料及通过的电流有关，其值在 $1\sim2$ 之间；U_T 是温度的电压当量，$U_T = kT/q$，其中 k 为波尔兹曼常数(1.38×10^{-23} J/K)，T 为热力学温度，即绝对温度(单位为 K，0 K$=-273℃$)，q 为电子电荷(1.6×10^{-19} C)，常温(300 K)下，$U_T=0.026$ V；I_s 是反向饱和电流。

关于式(2.1.6)，可解释如下：

当二极管的 PN 结两端加正向电压时，电压 u_D 为正值，当 u_D 比 U_T 大几倍时，式(2.1.6)中的 e^{u_D/nU_T} 远大于 1，括号中的 1 可以忽略。这样，二极管的电流 i_D 与电压 u_D 成指数关系，如图 2.1.9 中的正向电压部分所示。

当二极管加反向电压时，u_D 为负值。若 $|u_D|$ 比 nU_T 大几倍，则指数项趋近于零，因此 $i_D=-I_s$，如图 2.1.9 中的反向电压部分所示。可见，当温度一定时，反向饱和电流是个常数 I_s，不随外加反向电压的大小而变化。

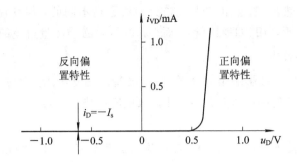

图 2.1.9　硅二极管 PN 结的 U-I 特性

4. PN 结的反向击穿

在测量 PN 结的 U-I 特性时，如果加到 PN 结两端的反向电压增大到一定数值，反向电流突然增加，如图 2.1.10 所示。这个现象称为 PN 结的反向击穿（电击穿）。发生击穿所需的反向电压 U_{BR} 称为反向击穿电压。PN 结电击穿后电流很大，容易使 PN 结发热。这时 PN 结的电流和温度进一步升高，从而很容易烧毁 PN 结。反向击穿电压的大小与 PN 结制造参数有关。

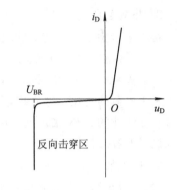

图 2.1.10　PN 结的反向击穿

产生 PN 结电击穿的原因是，当 PN 结反向电压增加时，空间电荷区中的电场随着增强。产生漂移运动的少数载流子通过空间电荷区时，在很强的电场作用下获得足够的动能，与晶体原子发生碰撞，从而打破共价键的束缚，形成更多的自由电子-空穴对，这种现象称为碰撞电离。新产生的电子和空穴与原有的电子和空穴一样，在强电场作用下获得足够的能量，继续碰撞电离，再产生电子-空穴对，这就是载流子的倍增效应。当反向电压增大到某一数值后，载流子的倍增情况就像在陡峻的积雪山坡上发生雪崩一样，载流子增加得多而快，使反向电流急剧增大，于是 PN 结被击穿，这种击穿也称为雪崩击穿。

PN 结击穿的另一个原因是，在加有较高的反向电压下，PN 结空间电荷区存在一个很强的电场，它能够破坏共价键的束缚，将电子分离出来产生电子-空穴对，在电场作用下，电子移向 N 区，空穴移向 P 区，从而形成较大的反向电流，这种击穿现象称为齐纳击穿。发生齐纳击穿需要的电场强度约为 2×10^5 V/cm，这只有在杂质浓度特别高的 PN 结中才能达到，因为杂质浓度大，空间电荷区内电荷（即杂质离子）密度也大，因而空间电荷区很窄，电场强度就可能很高。

齐纳击穿的物理过程和雪崩击穿的完全不同。一般整流二极管掺杂浓度不是特别高，它的电击穿多数是雪崩击穿造成的。齐纳击穿多数出现在特殊的二极管中，如齐纳二极管（稳压管）。

必须指出，上述两种电击穿过程是可逆的，当加在稳压管两端的反向电压降低后，管子仍可以恢复原来的状态。但它有一个前提条件，就是反向电流和反向电压的乘积不超过 PN 结容许的耗散功率，超过了就会因为热量散不出去而使 PN 结温度上升，直到过热而烧毁，这种现象称为热击穿。热击穿和电击穿的概念是不同的，但往往电击穿与热击穿共存。电击穿可为人们所利用（如稳压管），而热击穿则是必须尽量避免的。

5. PN 结的电容效应

PN 结的电容效应直接影响半导体器件（二极管、三极管、场效应管等）的高频和开关性能。下面介绍 PN 结的两种电容效应，即扩散电容和势垒电容。

1）扩散电容

PN 结处于正向偏置时，PN 结的正向电流为扩散电流，在扩散路程中，载流子不但有一定的浓度，而且必然有一定的浓度梯度，即浓度差。当 PN 结的正向电压增大时，载流子的浓度增大且浓度梯度也增大，从外部看，正向电流（扩散电流）增大。当外加正向电压减少时，与上述变化相反。扩散过程中载流子的这种变化是电荷的积累和释放的过程，与电容器的充放电过程相同，这种电容效应称为扩散电容 C_D。

2）势垒电容

接下来考虑 PN 结处于反向偏置的情况。当外加电压增加时，势垒电位增加，结电场增强，多数载流子被拉出而远离 PN 结，势垒区将增宽；反之，当外加电压减小时，势垒区变窄。势垒区的变化，意味着区内存储的正、负离子电荷数的增减，类似于平行板电容器两极板上电荷的变化。此时 PN 结呈现出的电容效应称为势垒电容 C_B，所不同的是，势垒电容是非线性的。PN 结加反向电压时，C_B 明显随外加电压的变化而变化，可以利用这一特性制成变容二极管。

3）结电容

PN 结的电容效应是扩散电容 C_D 和势垒电容 C_B 的综合反映，由于 C_D 和 C_B 一般都很小，对于低频信号呈现出很大的容抗，其作用可忽略不计，但在高频运用时，必须考虑 PN 结电容的影响。PN 结电容的大小除了与本身结构和工艺有关外，还与外加电压有关。当 PN 结处于正向偏置时，结电容较大（主要决定于扩散电容 C_D）；当 PN 结处于反向偏置时，结电容较小（主要决定于势垒电容 C_B）。

2.2 半导体二极管及其基本应用电路

2.2.1 二极管的结构

半导体二极管按其结构不同，大致可分为面接触型和点接触型两类。

面接触型或称面结型二极管的 PN 结是用合金法或扩散法做成的，其结构如图 2.2.1(a) 所示。由于这种二极管的 PN 结面积大，可承受较大的电流，但极间电容也大。这类器件适用于整流电路，而不宜用于高频电路中。如 2CPI 为面接触型硅二极管，最大整流电流为 400 mA，最高工作频率只有 3 kHz。

点接触型二极管的 PN 结面积很小，所以极间电容很小，适用于高频电路和数字电路。如 2API 是点接触型锗二极管，最大整流电流为 16 mA，最高工作频率为 150 MHz。但是这种类型的二极管不能承受高的反向电压和大的电流。

图 2.2.1(b)是硅工艺平面型的二极管的结构图，是集成电路中常见的一种形式。二极

管的代表符号如图 2.2.1(c)所示。

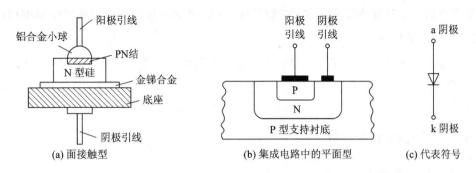

图 2.2.1　半导体二极管的结构及符号

2.2.2　二极管的 U-I 特性

实际的二极管的 U-I 特性如图 2.2.2 和图 2.2.3 所示。由图可以看出，二极管的 U-I 特性和 PN 结的 U-I 特性(见图 2.1.9)基本上是相同的。下面对二极管 U-I 特性分三部分加以说明。

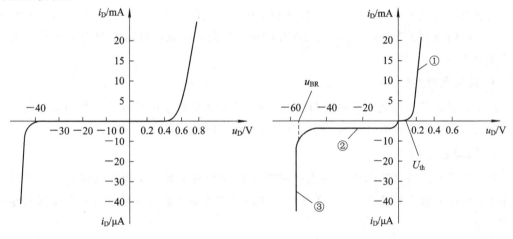

图 2.2.2　硅二极管的 U-I 特性　　　　图 2.2.3　锗二极管的 U-I 特性

1. 正向特性

图 2.2.3 中的第①段为正向特性，此时加于二极管的正向电压不大，流过管子的电流相对来说却很大，因此管子呈现的正向电阻很小。

但是，在正向特性的起始部分，由于正向电压较小，外电场还不足以克服 PN 结的内电场，因而这时的正向电流几乎为零，二极管呈现出一个大电阻，好像有一个门坎。硅管的门坎电压 U_{th}(又称开启电压)约为 0.5 V，锗管的 U_{th} 约为 0.1 V，当正向电压大于 U_{th}时，内电场大为削弱，电流因而迅速增长，二极管正向导通。硅管正向导通压降约为0.7 V，锗管约为 0.2 V。

2. 反向特性

P 型半导体中的少数载流子自由电子和 N 型半导体中的少数载流子空穴，在反向电压作用下很容易通过 PN 结，形成反向饱和电流 I_s。但由于少数载流子的数目很少，所以反向电流是很小的，如图 2.2.3 中的第②段所示，一般硅管的反向电流比锗管小很多。

温度升高时，半导体受热激发，少数载流子数目增加，反向电流将随之明显增加。

3. 反向击穿特性

当增加反向电压时，因在一定温度条件下，少数载流子数目有限，故起始一段反向电流没有多大变化，当反向电压增加到一定大小（反向击穿电压 U_{BR} 时），反向电流剧增，二极管被反向击穿，对应于图 2.2.3 中的第③段，实际上就是二极管中 PN 结反向击穿。

2.2.3 二极管的主要参数

1. 最大整流电流 I_F

最大整流电流指管子长期运行时，允许通过的最大正向平均电流。因为电流通过 PN 结要引起管子发热，若电流太大，发热量超过限度，就会使 PN 结烧坏。例如锗二极管 2API 的最大整流电流为 16 mA。

2. 反向击穿电压 U_{BR}

反向击穿电压指管子反向击穿时的电压值。击穿时，反向电流剧增，二极管的单向导电性被破坏，甚至因过热而烧坏。一般数据手册上给出的最高反向工作电压约为击穿电压的一半，以确保管子安全运行。例如 2API 的最高反向工作电压规定为 20 V，而反向击穿电压实际上大于 40 V。

3. 反向电流 I_R

反向电流指管子未击穿时的反向电流，其值愈小，则管子的单向导电性愈好。由于温度增加时，反向电流会明显增加，所以在使用二极管时要注意温度的影响。

4. 极间电容 C_J

在讨论 PN 结时已知，PN 结存在扩散电容 C_D 和势垒电容 C_B，极间电容 C_J 是反映二极管中 PN 结电容效应的参数，$C_J = C_D + C_B$。在高频或开关状态运用时必须考虑极间电容的影响。

5. 反向恢复时间 T_{RR}

由于二极管中 PN 结电容效应的存在，当二极管外加电压极性翻转时，其原工作状态不能在瞬间完全随之变化。特别是外加电压从正向偏置变成反向偏置时，二极管中电流由正向变成反向，但其翻转后瞬间有较大的反向电流，经过一定时间后反向电流才会变得很小。

6. 最高工作频率 f_M

f_M 是二极管工作的上限截止频率。超过此值时，由于二极管结电容的作用，二极管的单向导电性将变差。

由于制造工艺的限制，半导体器件的参数具有分散性，同一型号管子的参数也会有很大的差距，因而数据手册中给出的往往是参数的上限值、下限值或者范围。当使用条件与测试条件不同时，参数也会发生变化。

2.2.4 二极管的等效电路及其分析方法

1. 二极管 $U\text{-}I$ 特性的建模

1）理想模型

图 2.2.4(a)表示理想二极管的 $U\text{-}I$ 特性,其中的粗实线表示理想二极管的 $U\text{-}I$ 特性,虚线表示实际二极管的 $U\text{-}I$ 特性。图 2.2.4(b)为理想二极管的代表符号。由图(a)可见,在正向偏置时,其管压降为 0 V,而当二极管处于反向偏置时,认为它的电阻为无穷大,电流为零。在实际的电路中,当电源电压远比二极管的管压降大时,利用此模型来近似分析是可行的。

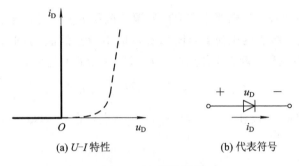

(a) $U\text{-}I$ 特性　　　　　　(b) 代表符号

图 2.2.4　理想模型

2）恒压降模型

恒压降模型如图 2.2.5 所示,其基本思想是当二极管导通后,其管压降认为是恒定的,且不随电流而变,典型值为 $U_D = 0.7$ V(硅管)。不过,这只是当二极管的电流 i_D 近似等于或大于 1 mA 时才是正确的。该模型提供了合理的近似,因此应用也较广。

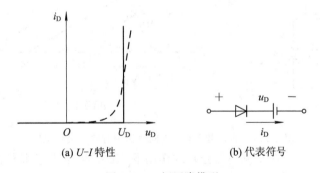

(a) $U\text{-}I$ 特性　　　　　　(b) 代表符号

图 2.2.5　恒压降模型

3）折线模型

为了较真实地描述二极管 $U\text{-}I$ 特性,在恒压降模型的基础上,进行一定的修正,即认为二极管的管压降不是恒定的,而是随着通过二极管电流的增加而增加,所以在模型中用一个电池和一个电阻 r_D 来做进一步的近似(如图 2.2.6 所示)。这个电池的电压选定为二极管的门坎电压 U_{th},约为 0.5 V(硅管)。至于 r_D 的值,可以这样来确定,即当二极管的导通电流为 1 mA 时,管压降为 0.7 V,于是 r_D 的值可计算如下:$r_D = (0.7\ V - 0.5\ V)/1\ mA = 200\ \Omega$。由于二极管特性的分散性,$U_{th}$ 和 r_D 的值不是固定不变的。

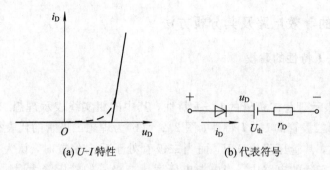

(a) U-I 特性　　　　　　　(b) 代表符号

图 2.2.6　折线模型

4）小信号模型

如图 2.2.7(a)的电路。当电路中交流信号源的电压 $u_s=0$ 时，电路中只有直流量，二极管两端电压和流过二极管的电流就是图 2.2.7(b)中 Q 点的值。此时，电路处于直流工作状态，也称静态，Q 点也称为静态工作点。当 $u_s=U_m\sin\omega t$ 时($U_m\ll U_{DD}$)，电路的负载电流为

$$i_D=-\frac{1}{R}u_D+\frac{1}{R}(U_{DD}+u_s)$$

根据 u_s 的正负峰值 $+U_m$ 和 $-U_m$ 图解可知，工作点将在 Q' 和 Q'' 之间移动，则二极管电压和电流变化量为 Δu_D 和 Δi_D。

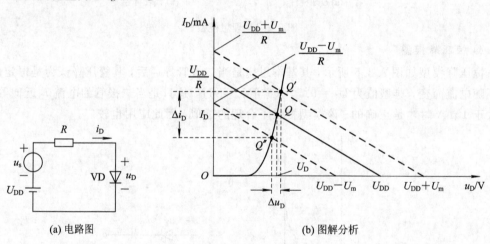

(a) 电路图　　　　　　　　　(b) 图解分析

图 2.2.7　直、交流电压源同时作用时的二极管电路

由上面的叙述可知，在交流小信号 u_s 的作用下，工作点沿 U-I 特性曲线，在静态工作点 Q 附近小范围内变化，此时可把二极管 U-I 特性近似为以 Q 点为切点的一条直线，其斜率的倒数就是小信号模型的微变电阻 r_d，由此得到小信号模型，如图 2.2.8 所示。

微变电阻 r_d 可由式 $r_d=\Delta u_D/\Delta i_D$ 求得，也可以从二极管的 U-I 特性表达式导出。对于式(2.1.6)，取 i_D 对 u_D 的微分，可得微变电导：

$$g_d=\frac{di_D}{du_D}=\frac{d}{du_D}[I_s(e^{u_D/U_T}-1)]=\frac{I_s}{U_T}e^{u_D/U_T}$$

在 Q 点处，$u_D\gg U_T=26\ mV$，$i_D\approx I_s e^{u_D/U_T}$，则

$$g_d=\frac{I_s}{U_T}e^{u_D/U_T}\Big|_Q\approx\frac{i_D}{U_T}\Big|_Q=\frac{I_D}{U_T}$$

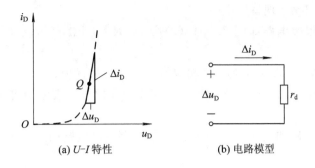

(a) U–I特性　　　　　　(b) 电路模型

图 2.2.8　小信号模型

由此可得，在常温下($T=300$ K)，

$$r_{d} = \frac{1}{g_{d}} = \frac{U_{T}}{I_{D}} = \frac{26(\text{mV})}{I_{D}(\text{mA})} \qquad (2.2.1)$$

例如，当 Q 点上的 $I_D=2$ mA 时，$r_d=26$ mV/2 mA$=13$ Ω。

值得注意的是，小信号模型中的微变电阻 r_d 与静态工作点 Q 有关，静态工作点位置不同，r_d 的值也不同。该模型主要用于二极管处于正向偏置，且 $u_D \gg U_T$ 的条件下。

在电子电路中，一般要求信号和电源具有公共端点(参考电位点)。所以，图 2.2.7(a)并非实用电路，但用来分析小信号工作原理时与实际电路是等价的。

2. 模型分析法应用举例

1) 整流电路

例 2.2.1　二极管基本电路如图 2.2.9(a)所示，已知 u_s 为正弦波，如图 2.2.9(b)所示。试利用二极管理想模型，定性地绘出 u_o 的波形。

解　由于 u_s 的值有正有负，当 u_s 为正半周时，二极管正向偏置，根据理想模型特性，此时二极管导通，且 $u_o=u_s$。

当 u_s 为负半周时，二极管反向偏置，此时二极管截止，$u_o=0$，所以波形如图 2.2.9(b)中的 u_o 所示。

该电路称为半波整流电路。

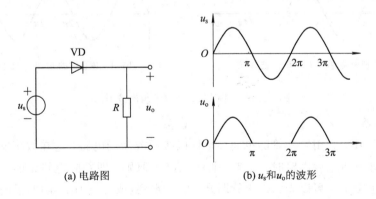

(a) 电路图　　　　　　(b) u_s 和 u_o 的波形

图 2.2.9　例 2.2.1 的电路

2) 限幅电路

在电子电路中，常用限幅电路对各种信号进行处理。它用来让信号在预置的电平范围

内有选择地传输一部分。现举例说明。

例 2.2.2 一限幅电路如图 2.2.10(a)所示，$R=1$ kΩ，$U_{REF}=3$ V，二极管为硅二极管。

(1) 当 $u_I=0$ V、4 V、6 V 时，求相应的输出电压 u_O 的值；

(2) 当 $u_I=6\sin\omega t$ (V)时，分别对于理想模型和恒压降模型绘出相应的输出电压 u_O 的波形。

解 理想模型电路如图 2.2.10(b)所示，恒压降模型电路如图 2.2.10(c)所示。

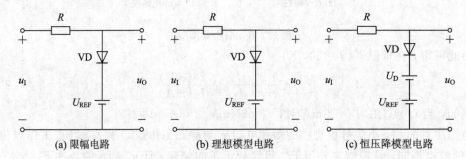

| (a) 限幅电路 | (b) 理想模型电路 | (c) 恒压降模型电路 |

图 2.2.10 例 2.2.2 的电路

(1) 当 $u_I=0$ V 时，二极管截止，所以 $u_O=u_I=0$。

当 $u_I=4$ V 时，二极管导通，所以 $u_O=U_{REF}=3$ V。

当 $u_I=6$ V 时，同理，$u_O=U_{REF}=3$ V。

(2) 由于所加输入电压为振幅等于 6 V 的正弦电压，正半周有一段幅值大于 U_{REF}。

对于理想模型，当 $u_I\leqslant U_{REF}$ 时，$u_O=u_I$；当 $u_I>U_{REF}$ 时，$u_O=U_{REF}=3$ V，波形如图 2.2.11(a)所示。

对于恒压降模型，当 $u_I\leqslant(U_{REF}+U_D)$ 时，$u_O=u_I$；当 $u_I>U_{REF}+U_D$ 时，$u_O=U_{REF}+U_D=3.7$ V，波形如图 2.2.11(b)所示。

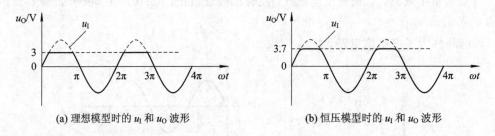

(a) 理想模型时的 u_I 和 u_O 波形　　　　　(b) 恒压模型时的 u_I 和 u_O 波形

图 2.2.11 按例 2.2.2 要求画出波形图

3) 开关电路

在开关电路中，利用二极管的单向导电性以接通或断开电路，这在数字电路中得到了广泛的应用。在分析这种电路时，应当掌握一条基本原则，即判断电路中的二极管处于导通状态还是截止状态，可以先将二极管断开，然后观察（或计算）阳、阴两极间是正向电压还是反向电压，若是前者则二极管导通，否则二极管截止。

例 2.2.3 二极管开关电路如图 2.2.12 所示。利用二极管理想模型求解输出电压 U_{AO} 的值。

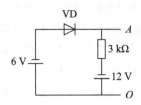

图 2.2.12 开关电路

解 先断开 VD,以 O 为基准电位,即 O 点为 0 V,则接 VD 阳极的电位为 -6 V,接阴极的电位为 -12 V。阳极电位高于阴极电位,VD 接入时正向导通。

导通后,VD 的压降等于零,即 A 点的电位就是 VD 阳极的电位。U_{AO} 的电压值为 -6 V。

2.3 特 殊 二 极 管

除前面所讨论的普通二极管外,还有若干种特殊二极管,如齐纳二极管、变容二极管、肖特基二极管、光电子器件(包括光电二极管、发光二极管和激光二极管)等,现分别介绍如下。

2.3.1 稳压二极管

稳压二极管又称齐纳二极管,是一种特殊工艺制造的面结型硅半导体二极管,其代表符号如图 2.3.1(a)所示。这种管子的杂质浓度比较高,空间电荷区内的电荷密度也大,因而该区域很窄,容易形成强电场。当反向电压加到某一定值时,反向电流急增,产生反向击穿,如 2.3.1(b)所示。图中的 U_Z 表示反向击穿电压,即稳压管的稳定电压,它是在特定的测试电流 I_{ZT} 下得到的电压值。稳压管的稳压作用在于,电流增量 ΔI_Z 很大,只引起很小的电压变化 ΔU_Z。曲线愈陡,动态电阻 $r_Z = \Delta U_Z / \Delta I_Z$ 愈小,稳压管的稳压性能愈好。

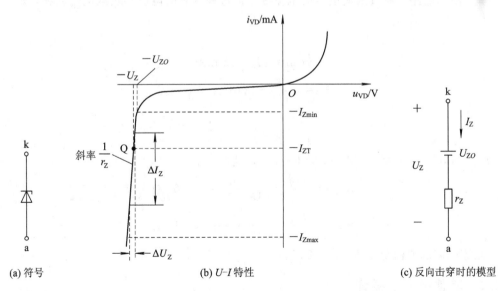

图 2.3.1 稳压管的代表符号与 U–I 特性

$-U_{ZO}$是过 Q 点(测试工作点)的切线与横轴的交点,切线的斜率为 $1/r_Z$。I_{Zmin} 和 I_{Zmax} 为稳压管工作在正常稳压状态的最小和最大工作电流。反向电流小于 I_{Zmin} 时,稳压管进入反向截止状态,稳压特性消失;反向电流大于 I_{Zmax} 时,稳压管可能被烧毁。根据稳压管的反向击穿特性,得到图 2.3.1(c)的等效模型。由于稳压管正常工作时,都处于反向击穿状态,所以图(c)中稳压管的电压、电流参考方向与普通二极管标法不同。U_Z 的假定正向如图(c)所示,因此有

$$U_Z = U_{ZO} + r_Z I_Z \tag{2.3.1}$$

一般稳压管 U_Z 较大时,可以忽略 r_Z 的影响,即 $r_Z = 0$,U_Z 为恒定值。

稳压管在直流稳压电源中获得了广泛的应用。图 2.3.2 表示一简单的稳压电路,U_I 为待稳定的直流电源电压,一般是由整流滤波电路提供。VD_Z 为稳压管,R 为限流电阻,它的作用是使电路有一个合适的工作状态,并限定电路的工作电流 I_Z 满足 $I_{Zmin} < I_Z < I_{Zmax}$。负载 R_L 与稳压管两端并联,因而称为并联式稳压电路。

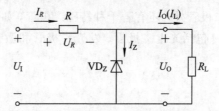

图 2.3.2　简单的稳压电路

下面通过一个例题来定量分析并联式稳压电路的稳压特性。

例 2.3.1　稳压电路如图 2.3.2 所示。已知稳压管的稳定电压 $U_Z = 6$ V,最小稳定电流 $I_{Zmin} = 5$ mA,最大稳定电流 $I_{Zmax} = 25$ mA,$U_I = 10$ V,负载电阻 $R_L = 600$ Ω,求解限流电阻 R 的取值范围。

解　图示电路中流过限流电阻的电流等于流过稳压管的电流和负载电流之和,即

$$I_R = I_Z + I_L$$

其中

$$5 \text{ mA} \leqslant I_Z \leqslant 25 \text{ mA}$$

$$I_L = \frac{U_Z}{R_L} = \frac{6}{600} = 0.01 \text{ A} = 10 \text{ mA}$$

所以

$$15 \text{ mA} \leqslant I_R \leqslant 35 \text{ mA}$$

R 上的电压 $U_R = U_I - U_Z = 10 - 6 = 4$ V,因此

$$R_{max} = \frac{U_R}{I_{Rmin}} = \frac{4}{15 \times 10^{-3}} \approx 267 \text{ Ω}$$

$$R_{min} = \frac{U_R}{I_{Rmax}} = \frac{4}{35 \times 10^{-3}} \approx 114 \text{ Ω}$$

限流电阻的取值范围为 $114 \sim 267$ Ω。

2.3.2　其他类型二极管

虽然在模拟和数字电子技术中,广泛地应用半导体二极管和三极管电路进行信号处

理，但是光信号在信号传输和存储等环节中应用也愈来愈广泛。例如电话、计算机网络、声像演唱机用的 CD 或 VCD、计算机光盘 CD－ROM，甚至在船舶和飞机的导航装置中均采用了现代化的光电子系统。光电子系统的突出优点是抗干扰能力较强，可大量地传送信息，而且传输损耗小，工作可靠。它的主要缺点在于光路比较复杂，光信号的操作与调制需要精心设计。

光信号和电信号的接口需要一些特殊的光电子器件，下面分别予以简要介绍。

1. 光电二极管

光电二极管的结构与 PN 结二极管类似，但在它的 PN 结处，通过管壳上的一个玻璃窗口能接收外部的光照。这种器件的 PN 结在反向偏置状态下运行，它的反向电流随光照强度的增加而上升。图 2.3.3(a)是光电二极管的符号，图 2.3.3(b)是它的电路模型，而图 2.3.3(c)则是它的特性曲线。其主要特点是它的反向电流与照度成正比，灵敏度的典型值为 $0.1\ \mu A/lx$ 数量级，这里的 lx(勒)为 E(照度)的单位。

光电二极管可用来对光进行测量，是将光信号转换为电信号的常用器件。

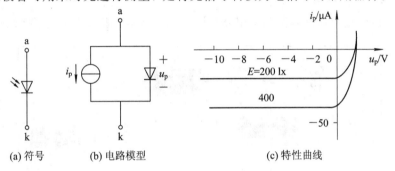

(a) 符号　　　　(b) 电路模型　　　　　　(c) 特性曲线

图 2.3.3　光电二极管

2. 发光二极管

发光二极管通常用元素周期表中Ⅲ、Ⅴ族元素的化合物，如砷化镓、磷化镓等制成。这种管子通过电流时将发出光来，这是电子与空穴直接复合而放出能量的结果。光谱范围比较窄，其波长由所使用的基本材料而定。图 2.3.4 表示发光二极管的符号。

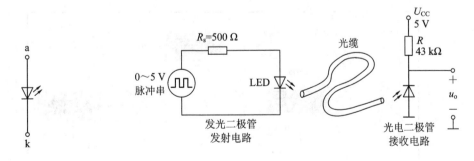

图 2.3.4　发光二极管的符号　　　　　图 2.3.5　光电传输系统

发光二极管的另一种重要用途是将电信号变为光信号，通过光缆传输，然后用光电二极管接收，再现电信号，图 2.3.5 表示发光二极管发射电路通过光缆驱动光电二极管的电路。在发射端，一个 0～5 V 的脉冲信号通过 500 Ω 的电阻作用于发光二极管 LED(Light-

Emitting Diode)，这个驱动电路可使 LED 产生一数字光信号，并作用于光缆。由 LED 发出的光约有 20% 耦合到光缆。在接收端，传送的光中约有 80% 耦合到光电二极管，从而在接收电路的输出端复原为 0~5 V 电平的数字信号。

除上述特殊二极管外，还有利用 PN 结势垒电容制成的变容二极管，可用于电子调谐、频率的自动控制、调频调幅、调相和滤波电路中；利用金属和半导体之间的接触势垒而制成的肖特基二极管，其正向导通电压小、结电容小，用于微波混频、检测、集成化数字电路等场合。

2.4 Multisim 仿真例题

1. 题目

二极管参数测试。

2. 仿真电路

半导体二极管正向特性参数测试电路如图 2.4.1 所示，表 2.4.1 是正向测试的数据。

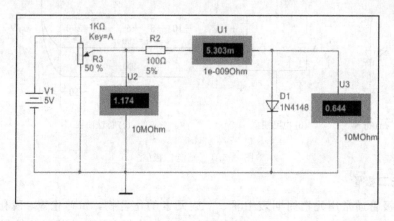

图 2.4.1 二极管正向特性测试电路

半导体二极管反向特性参数测试电路如图 2.4.2 所示，表 2.4.2 是反向测试的数据。

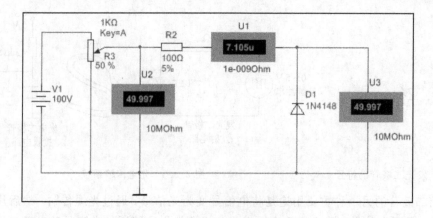

图 2.4.2 二极管反向特性测试电路

3. 仿真内容

测试 R_3 不同位置时，半导体二极管正向和反向接入时的电阻值。

4. 仿真结果

表 2.4.1　二极管正向特性仿真测试数据

R_3	10%	20%	30%	50%	70%	90%	100%
U_d/mV	472	585	613	644	672	715	766
I_d/mA	0.149	1.591	2.861	5.303	9.123	20	42
$r_d=U_d/I_d/(\Omega)$	3167	367.7	214.3	121.4	73.7	35.8	18.2

表 2.4.2　二极管反向特性仿真测试数据

R_3	10%	20%	30%	50%	70%	90%	100%
U_d/V	10	19.999	29.998	49.997	69.995	80.194	80.327
$I_d/\mu A$	1.776	3.553	3.553	7.105	14	52000	197000
$r_d=U_d/I_d/(\Omega)$	5.6E6	5.6E6	8.4E6	7.0E6	5.0E6	1542	407.8

5. 结论

半导体二极管是由 PN 结构成的一种非线性元件。从仿真数据可以看出：二极管电阻值 r_d 不是固定值，当二极管两端正向电压小，处于"死区"时，正向电阻很大，正向电流很小；当二极管两端正向电压超过死区电压时，正向电流急剧增加，正向电阻也迅速减小，处于"正向导通区"。当二极管两端反向电压较小时，二极管反向电阻很大，处于截止状态，当电压增加到较大时，反向电阻值迅速减小，二极管击穿。典型的二极管伏安特性曲线可分为 4 个区：死区、正向导通区、反向截止区、反向击穿区。二极管具有单向导电性、稳压特性，利用这些特性可以构成整流、限幅、钳位、稳压等功能电路。

本 章 小 结

重点例题详解

半导体中存在两种载流子，即电子和空穴。纯净的半导体称为本征半导体，它的导电能力很差。掺有少量其他元素的半导体称为杂质半导体。杂质半导体分为两种：N 型半导体和 P 型半导体。当把 P 型半导体和 N 型半导体结合在一起时，在二者的交界处形成一个 PN 结，这是制造各种半导体器件的基础。

二极管就是利用一个 PN 结加上外壳，引出两个电极而制成的。当 PN 结外加正向电压（正向偏置）时，耗尽层变窄，有电流流过；而当外加反向电压（反向偏置）时，耗尽层变宽，没有电流流过或电流极小，这就是半导体二极管的单向导电性，也是二极管最重要的特性。

常用 U-I 特性来描述 PN 结二极管的性能。二极管的主要参数有最大整流电流、最高反向工作电压和反向击穿电压。在高频电路中，还要注意它的结电容、反向恢复时间及最高工作频率。由于二极管是非线性器件，所以通常采用二极管的简化模型来分析设计二极管电路。这些模型主要有理想模型、恒压降模型、折线模型和小信号模型。

齐纳二极管是一种特殊的二极管，常利用它的反向击穿状态下的恒压特性，来构成简单的稳压电路，要特别注意稳压电路限流电阻的选取。齐纳二极管的正向特性与普通二极管相似。其他非线性二端器件，如变容二极管，肖特基二极管，光电、发光和激光二极管等均具有非线性的特点。

习　题

2.1　判断下列说法是否正确，用"√"或"×"表示判断结果。

(1) 在 N 型半导体中如果掺入足够量的三价元素，可将其改型为 P 型半导体。（　　）

(2) 因为 N 型半导体的多子是自由电子，所以它带负电。　　　　　　　（　　）

(3) PN 结在无光照、无外加电压时，结电流为零。　　　　　　　　　　（　　）

(4) 空间电荷区内的漂移电流是少数载流子在内电场作用下形成的。　　（　　）

(5) 二极管所加正向电压增大时，其动态电阻增大。　　　　　　　　　　（　　）

(6) 只要在稳压管两端加反向电压就能起到稳压作用。　　　　　　　　　（　　）

2.2　选择正确答案填空。

(1) 在本征半导体中加入＿＿元素可形成 N 型半导体，加入＿＿元素可形成 P 型半导体。

A. 五价　　　　　　B. 四价　　　　　　C. 三价

(2) PN 结加正向电压时，空间电荷区将＿＿。

A. 变窄　　　　　　B. 基本不变　　　　C. 变宽

(3) 当温度升高时，二极管的反向饱和电流将＿＿。

A. 增大　　　　　　B. 不变　　　　　　C. 减小

(4) 设二极管的端电压为 U，则二极管的电流是＿＿。

A. $I_s e^U$　　　　　　B. $I_s e^{\frac{U}{U_T}}$　　　　　　C. $I_s(e^{\frac{U}{U_T}}-1)$

(5) 稳压管的稳压区是指稳压管工作在＿＿状态。

A. 正向导通　　　　B. 反向截止　　　　C. 反向击穿

2.3　写出题 2.3 图所示各电路的输出电压值，设二极管导通电压 $U_D=0.7$ V。

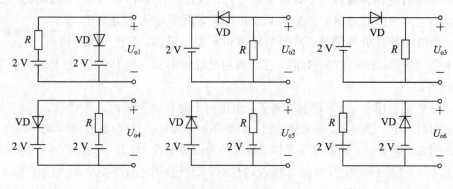

题 2.3 图

2.4 电路如题 2.4 图所示，已知 $u_i = 10 \sin\omega t(\mathrm{V})$，试画出 u_i 与 u_o 的波形。设二极管正向导通电压可忽略不计。

2.5 电路如题 2.5 图所示，已知 $u_i = 5 \sin\omega t(\mathrm{V})$，二极管导通电压 $U_D = 0.7\ \mathrm{V}$。试画出 u_i 与 u_o 的波形，并标出幅值。

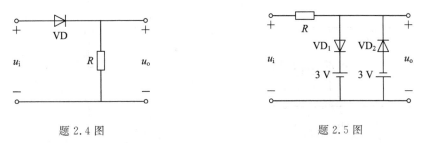

题 2.4 图　　　　　　　　　　　　题 2.5 图

2.6 电路如题 2.6 图(a)所示，其输入电压 u_{I1} 和 u_{I2} 的波形如题 2.6 图(b)所示，二极管导通电压 $U_D = 0.7\ \mathrm{V}$。试画出输出电压 u_O 的波形，并标出幅值。

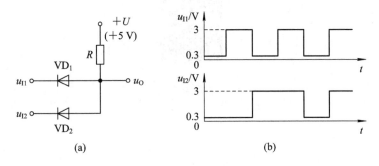

题 2.6 图

2.7 已知稳压管的稳压值 $U_Z = 6\ \mathrm{V}$，稳定电流的最小值 $I_{Zmin} = 5\ \mathrm{mA}$。求题 2.7 图所示电路中 u_{O1} 和 u_{O2} 各为多少伏。

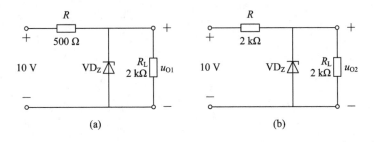

题 2.7 图

2.8 已知题 2.8 图所示电路中稳压管的稳定电压 $U_Z = 6\ \mathrm{V}$，最小稳定电流 $I_{Zmin} = 5\ \mathrm{mA}$，最大稳定电流 $I_{Zmax} = 25\ \mathrm{mA}$。

(1) 分别计算 U_I 为 $10\ \mathrm{V}$、$15\ \mathrm{V}$、$35\ \mathrm{V}$ 三种情况下输出电压 U_O 的值；

(2) 若 $U_I = 35\ \mathrm{V}$ 时负载开路，则会出现什么现象？为什么？

2.9 在题 2.9 图所示电路中，发光二极管导通电压 $U_D = 1.5$ V，正向电流在 $5\sim$ 15 mA 时才能正常工作。试问：

（1）开关 S 在什么位置时发光二极管才能发光？

（2）R 的取值范围是多少？

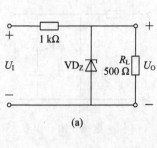

题 2.8 图

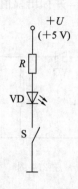

题 2.9 图

习题答案

第3章 晶体三极管及其基本放大电路

双极型晶体管 BJT(Bipolar Junction Transistor)又称晶体三极管、半导体三极管,后面简称晶体管,是一种三端器件,内部含有两个离得很近的背靠背排列的 PN 结(发射结和集电结)。两个 PN 结上加不同极性、不同大小的偏置电压时,半导体三极管呈现不同的特性和功能。内部结构特点使晶体管表现出电流放大作用和开关作用,这促使电子技术有了质的飞跃。

本章首先介绍 BJT 的结构、工作原理、U-I 特性曲线及其主要参数,然后以共发射极基本放大电路为例,介绍放大电路的直流偏置和两种基本分析方法,分析共发射极、共集电极和共基极三种基本放大电路,计算这些电路的增益、输入电阻、输出电阻。

3.1 晶体三极管

双极型晶体管因其有自由电子和空穴两种极性的载流子参与导电而得名。它的种类很多,按照所用的半导体材料分,有硅管和锗管;按照工作频率分,有低频管和高频管;按照功率分,有小、中、大功率管等,常见的晶体管外形如图 3.1.1 所示。

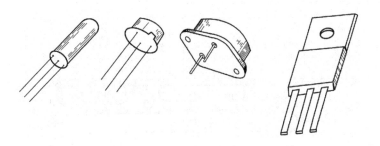

图 3.1.1　几种 BJT 的外形

3.1.1　BJT 的结构及类型

BJT 的结构示意图如图 3.1.2(a)、(b)所示。在一个硅(或锗)片上生成三个杂质半导体区域,一个 P 区(或 N 区)夹在两个 N 区(或 P 区)中间,因此 BJT 有两种类型,即 NPN 型和 PNP 型。从三个杂质区域各自引出一个电极,分别叫做发射极 e、集电极 c、基极 b,它们对应的杂质区域分别称为发射区、集电区和基区。BJT 结构上的特点是:基区很薄(微米数量级),而且掺杂浓度很低;发射区和集电区是同类型的杂质半导体,但前者比后者掺杂浓度高很多,而集电区的面积比发射区面积大,因此它们不是电对称的。三个杂质半导体区域之间形成两个 PN 结，发射区与基区间的 PN 结称为发射结，集电区与基区间的 PN 结称为集电结。图 3.1.2(c)、(d)分别是 NPN 型和 PNP 型 BJT 的符号，其中发射极上的箭头表示发射结加正偏电压时，发射极电流的实际方向。

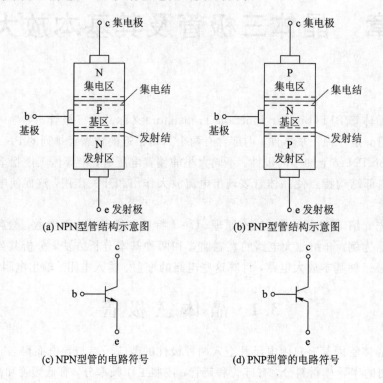

(a) NPN型管结构示意图　　　　(b) PNP型管结构示意图

(c) NPN型管的电路符号　　　　(d) PNP型管的电路符号

图 3.1.2　两种类型 BJT 的结构示意图及其电路符号

集成电路中典型 NPN 型 BJT 的结构截面图如图 3.1.3 所示。

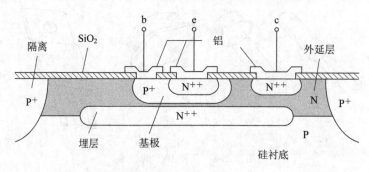

图 3.1.3　集成电路中典型 NPN 型 BJT 的结构截面图

本节主要讨论的是 NPN 型 BJT 及其电路，但结论对 PNP 型同样适用，只不过两者所需电源电压的极性相反，产生的电流方向相反。

3.1.2　放大状态下 BJT 的工作原理

放大是对模拟信号最基本的处理。BJT 是放大电路的核心元件，它能够控制能量的转换，将输入的任何微小变化不失真地放大输出。

图 3.1.4 所示为基本放大电路，Δu_1 为输入电压信号，它接入基极-发射极回路，称为

输入回路；放大后的信号在集电极-发射极回路，称为输出回路。由于发射极是两个回路的公共端，故称该电路为共射极放大电路。使 BJT 工作在放大状态的外部条件是发射结正向偏置且集电结反向偏置。为了满足上述条件，在输入回路中应加基极电源 U_{BB}；在输出回路中应加集电极电源 U_{CC}，且 U_{BB} 小于 U_{CC}；它们的极性如图 3.1.4 所示。晶体管的放大作用表现为小的基极电流可以控制大的集电极电流。下面从内部载流子的运动与外部电流的关系进一步分析。

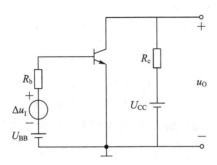

图 3.1.4　共射极放大电路

1. BJT 内部载流子的传输过程

当图 3.1.4 所示电路中 $\Delta u_I = 0$ 时，BJT 内部载流子运动示意图如图 3.1.5 所示。

扩散运动形成发射极电流 I_E。因为发射结加正向电压，又因为发射区杂质浓度高，所以大量电子因扩散运动越过发射结到达基区。与此同时，空穴也从基区向发射区扩散，但由于基区杂质浓度低，所以空穴形成的电流非常小，近似分析时可忽略不计。

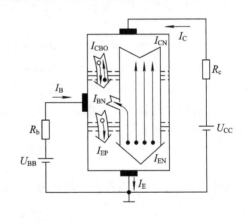

由于基区很薄，杂质浓度很低，集电结又加了反向电压，所以扩散到基区的电子中只有很少部分与空穴复合，又由于电源 U_{BB} 的作用，电子与空穴的复合作用源源不断地进行而形成基极电流 I_B。

图 3.1.5　晶体管内部载流子运动与外部电流

漂移运动形成集电极电流 I_C。由于集电结加反向电压且其结面积较大，大多数扩散到基区的电子在外电场作用下越过集电结到达集电区，形成漂移电流。与此同时，集电区与基区内的少子也参与漂移运动，形成电流 I_{CBO}，但由于少子的数量很小，近似分析中可忽略不计。

2. BJT 的电流分配关系和电流放大系数

上述分析表明，在近似分析时，各电极直流电流可以表示为

$$I_E = I_{EN} + I_{EP} \approx I_{EN} \tag{3.1.1}$$

$$I_C = I_{CBO} + I_{CN} \tag{3.1.2}$$

$$I_B = I_{BN} + I_{EP} - I_{CBO} \approx I_{BN} - I_{CBO} \tag{3.1.3}$$

从外部看，

$$I_E = I_C + I_B \tag{3.1.4}$$

电流 I_{CN} 和 I_{BN} 的比值定义为共射极直流电流放大系数 $\bar{\beta}$，即

$$\bar{\beta} = \frac{I_{CN}}{I_{BN}} = \frac{I_C - I_{CBO}}{I_B + I_{CBO}} \tag{3.1.5}$$

由此

$$I_C = \bar{\beta} I_B + (1 + \bar{\beta}) I_{CBO} = \bar{\beta} I_B + I_{CEO} \tag{3.1.6}$$

式中，I_{CEO} 称为穿透电流，其物理意义是，当基极开路（$I_B = 0$）时，在集电极电源 U_{CC} 作用下的集电极与发射极之间形成的电流；I_{CBO} 是发射极开路时，集电结的反向饱和电流。一般情况下，$I_B \gg I_{CBO}$，$\bar{\beta} \gg 1$，因此

$$I_C \approx \bar{\beta} I_B \tag{3.1.7}$$
$$I_E \approx (1 + \bar{\beta}) I_B \tag{3.1.8}$$

在图 3.1.4 所示的电路中，若有输入电压 Δu_I 作用，则 BJT 的基极电流将在 I_B 基础上叠加动态电流 Δi_B，集电极电流也将在 I_C 的基础上叠加动态电流 Δi_C，Δi_C 与 Δi_B 之比称为共射极交流电流放大系数，记作 β，即

$$\beta = \frac{\Delta i_C}{\Delta i_B} \tag{3.1.9}$$

如果在 Δu_I 作用时 β 基本不变，则集电极电流为

$$i_C = I_C + \Delta i_C = \bar{\beta} I_B + I_{CEO} + \beta \Delta i_B$$

在近似分析时，穿透电流可以忽略不计，则可以认为

$$\beta = \bar{\beta} \tag{3.1.10}$$

式（3.1.10）表明，在一定范围内，可以用 BJT 在某一直流量下的 $\bar{\beta}$ 来取代在此基础上加动态信号时的 β。由于在 I_E 较宽的数值范围内 β 基本不变，因此在近似分析中不对 $\bar{\beta}$ 和 β 加以区分。但是，不同型号的三极管 β 相差甚远，数值从几十到几百。

以发射极电流作为输入电流，以集电极电流作为输出电流，为 BJT 的共基接法。共基极直流电流放大系数记为 $\bar{\alpha}$：

$$\bar{\alpha} = \frac{I_{CN}}{I_{EN}} \approx \frac{I_C}{I_E} \tag{3.1.11}$$

根据式（3.1.4）可以得出 $\bar{\alpha}$ 与 $\bar{\beta}$ 的关系，即

$$\bar{\beta} = \frac{\bar{\alpha}}{1 - \bar{\alpha}} \quad \text{或} \quad \bar{\alpha} = \frac{\bar{\beta}}{1 + \bar{\beta}} \tag{3.1.12}$$

共基极交流电流放大系数 α 的定义为

$$\alpha = \frac{\Delta i_C}{\Delta i_E} \tag{3.1.13}$$

与 $\beta = \bar{\beta}$ 相同，近似分析中认为 $\alpha = \bar{\alpha}$。

BJT 有三个电极，在放大电路中可有三种连接方式，共基极、共发射极（简称共射极）和共集电极，即分别把基极、发射极、集电极作为输入和输出端口的共同端，如图 3.1.6 所示。无论是哪种连接方式，要使 BJT 有放大作用，都必须保证发射结正偏、集电结反偏，其内部载流子的传输过程相同。

3.1.3 BJT 的 U-I 特性曲线

BJT 的 U-I 特性曲线能直观地描述各极间电压与各极电流之间的关系。由图 3.1.6

可见，不管是哪种连接方式，都可以把 BJT 视为一个二端口网络，其中一个端口是输入回路，另一个端口是输出回路。要完整地描述 BJT 的 $U\text{-}I$ 特性，必须选用两组表示不同端变量（即输入电压和输入电流、输出电压和输出电流）之间关系的特性曲线。工程上最常用的是 BJT 的输入特性和输出特性曲线，一般都采用实验方法逐点描绘出来或用专用的三极管 $U\text{-}I$ 特性图示仪直接在屏幕上显示出来。

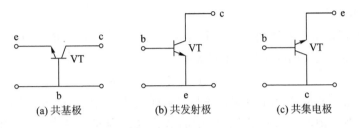

(a) 共基极　　　　　　(b) 共发射极　　　　　　(c) 共集电极

图 3.1.6　BJT 的三种连接方式

由于 BJT 在不同组态时具有不同的端电压和电流，因此，它们的 $U\text{-}I$ 特性曲线也就各不相同。共基极与共射极组态的特性曲线类似，所以这里着重讨论共射极连接时的 $U\text{-}I$ 特性曲线，对共基极连接时的 $U\text{-}I$ 特性曲线只作简要介绍。

BJT 连接成共射极形式时，输入电压为 u_{BE}，输入电流为 i_B，输出电压为 u_{CE}，输出电流为 i_C，如图 3.1.7 所示。

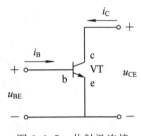

图 3.1.7　共射极连接

1. 输入特性

共射极连接时的输入特性曲线描述了当输出电压 u_{CE} 为一定数值（即以 u_{CE} 为参变量）时，输入电流 i_B 与输入电压 u_{BE} 之间的关系，用函数表示为

$$i_B = f(u_{BE})\big|_{u_{CE}=\text{常数}}$$

图 3.1.8 是 NPN 型硅 BJT 共射极连接时的输入特性曲线。图中给出了 u_{CE} 分别为 0 V、1 V、10 V 三种情况下的输入特性曲线。因为发射结正偏，所以 BJT 的输入特性曲线与半导体二极管的正向特性曲线相似。但随着 u_{CE} 的增加，特性曲线向右移动，或者说，当 u_{BE} 一定时，随着 u_{CE} 的增加，i_B 将减小。

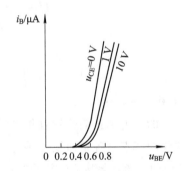

图 3.1.8　NPN 型硅 BJT 共射极连接时的输入特性曲线

当 u_{CE} 较小（如 $u_{CE} < 0.7$ V）时，集电结处于正偏或反偏电压很小的状态，此时收集电子的能力很弱，而基区的复合作用较强，所以在 u_{BE} 相同的情况下，i_B 较大。u_{CE} 增至 1 V 左右时，集电结上反偏电压加大，内电场增强，收集电子的能力增强，与此同时，集电结空间电荷区也在变宽，从而使基区的有效宽度减小，载流子在基区的复合机会减少，结果使 i_B 减小。通常将 u_{CE} 变化引起基区有效宽度变化，致使基极电流 i_B 变化的效应称为基区宽度调制效应。但由图 3.1.8 可知，$u_{CE} = 10$ V 时的输入特性曲线，与 $u_{CE} = 1$ V 时的输入特性

曲线非常接近。这是因为只要保持 u_{BE} 不变，则从发射区扩散到基区的电子数目不变，而 u_{CE} 增大到 1 V 以后，集电结的电场已足够强，已能把发射到基区的电子中的绝大部分收集到集电区，以至于 u_{CE} 再增加，i_B 也不再明显减小，因此可近似认为 BJT 在 $u_{CE} > 1$ V 后的所有输入特性曲线基本上是重合的。对于小功率的 BJT，可以用 $u_{CE} > 1$ V 的任何一条输入特性曲线代表其他各条输入特性曲线。

2. 输出特性

共射极连接时的输出特性曲线描述了当输入电流 i_B 为一定数值（即以 i_B 为参变量）时，集电极电流 i_C 与电压 u_{CE} 间的关系，用函数表示为

$$i_C = f(u_{CE}) \big|_{i_B = 常数}$$

图 3.1.9 是 NPN 型硅 BJT 共射极连接时的输出特性曲线。由图可以看到 BJT 的三个工作区域：放大区、饱和区和截止区（图中的截止区范围有所夸大，实际上对硅管而言，$i_B = 0$ 的那条曲线几乎与横轴重合）。

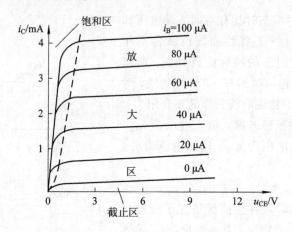

图 3.1.9　NPN 型硅 BJT 共射极连接时的输出特性曲线

1）放大区

BJT 的发射结正向偏置且集电结反向偏置的区域为放大区。在放大区域内，BJT 输出特性曲线的特点是各条曲线几乎与横坐标轴平行，但随着 u_{CE} 的增加，各条曲线略向上倾斜。这说明在该区域内，i_C 主要受 i_B 控制。u_{CE} 对 i_C 的影响由基区宽度调制效应产生，即 u_{CE} 增加时，基区有效宽度减小，载流子在基区的复合机会减少，使电流放大系数 $\bar{\beta}$ 略有增加，在保持 i_B 不变的情况下，i_C 将随 u_{CE} 增大而略有增加。

2）饱和区

BJT 的发射结和集电结均处于正向偏置的区域为饱和区。在该区域内，一般有 $u_{CE} \leqslant u_{BE}$，因而集电结内电场被削弱，集电结收集载流子的能力减弱，这时即使 i_B 增加，i_C 也增加不多，或者基本不变，说明 i_C 不再服从 $\bar{\beta} i_B$ 的电流分配关系了。但 i_C 随 u_{CE} 增加而迅速上升。该区域内的 u_{CE} 很小，称为 BJT 的饱和压降 u_{CES}，其大小与 i_B 及 i_C 有关。图 3.1.9 中虚线是饱和区与放大区的分界线，称为临界饱和线。对于小功率管，可以认为当 $u_{CE} = u_{BE}$（即 $u_{BC} = 0$）时，BJT 处于临界饱和（或临界放大）状态。

3）截止区

截止区是指发射结和集电结均反向偏置，发射极电流 $i_E=0$ 时所对应的区域，此时 $i_B=-I_{CBO}$。但对于小功率管而言，工程上常把 $i_B=0$ 的那条输出特性曲线以下的区域称为截止区。因为 $i_B=0$ 时，虽有 $i_C=I_{CEO}$，但小功率管的 I_{CEO} 通常很小，可以忽略它的影响。

绝大多数情况下，在模拟电路中，应保证三极管工作在放大状态；在数字电路中，则应保证三极管在饱和状态和截止状态之间转换，这时我们称三极管工作在开关状态。

3.1.4 BJT 的主要参数

BJT 的参数可用来表征管子性能的优劣和适应范围，是合理选择和正确使用 BJT 的依据。这里只介绍在近似分析中最常用的主要参数，还有一些参数将在其他相关章节中介绍。

1. 电流放大系数

1）直流电流放大系数

共射极直流电流放大系数 $\bar{\beta}$：

$$\bar{\beta} \approx \frac{I_C}{I_B}$$

共基极直流电流放大系数 $\bar{\alpha}$：

$$\bar{\alpha} \approx \frac{I_C}{I_E}$$

2）交流电流放大系数

共射极交流电流放大系数 β 定义为集电极电流变化量与基极电流变化量之比，即

$$\beta = \frac{\Delta i_C}{\Delta i_B}\bigg|_{u_{CE}=常数} \tag{3.1.14}$$

显然，β 与 $\bar{\beta}$ 的含义不同，$\bar{\beta}$ 反映静态（直流工作状态）时的电流放大特性，β 反映动态（交流工作状态）时的电流放大特性。但在 BJT 输出特性曲线比较平坦（恒流特性较好），而且各条曲线间距离相等的条件下，可认为 $\beta \approx \bar{\beta}$，故可混用。

共基极交流电流放大系数 α 定义为

$$\alpha = \frac{\Delta i_C}{\Delta i_E}\bigg|_{u_{CB}=常数} \tag{3.1.15}$$

同样，在输出特性曲线较平坦，且各曲线间距相等的条件下，可认为 $\alpha \approx \bar{\alpha}$。

2. 极间反向电流

1）集电极-基极反向饱和电流 I_{CBO}

如前所述，I_{CBO} 是集电结加上一定的反偏电压时，集电区和基区的平衡少子各自向对方漂移形成的反向电流。它实际上和单个 PN 结的反向电流是一样的，因此，它只决定于温度和少数载流子的浓度。在一定温度下，这个反向电流基本上是个常数，所以称为反向饱和电流。一般 I_{CBO} 的值很小，小功率硅管的 I_{CBO} 小于 1 μA，而小功率锗管的 I_{CBO} 约为 10 μA。因为 I_{CBO} 是随温度增加而增加的，因此在温度变化范围大的工作环境应选用硅管。

测量 I_{CBO} 的电路如图 3.1.10 所示。

2）集电极-发射极反向饱和电流 I_{CEO}

I_{CEO} 是基极开路时，由集电区穿过基区流向发射区的反向饱和电流，常称为穿透电流。测量 I_{CEO} 的电路如图 3.1.11 所示。如前所述，$I_{CEO}=(1+\beta)I_{CBO}$。

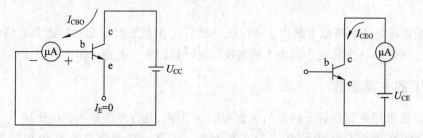

图 3.1.10　I_{CBO} 的测量电路　　　　　　图 3.1.11　I_{CEO} 的测量电路

选用 BJT 时，一般希望极间反向饱和电流尽量小些，以减小温度对 BJT 性能的影响。小功率硅管的 I_{CEO} 在几微安以下，小功率锗管的 I_{CEO} 约在几十微安以上。

3. 极限参数

1）集电极最大允许电流 I_{CM}

前面已指出，当 i_C 过大时，β 值将下降。β 值下降到一定值时的 i_C 即 I_{CM}。当工作电流 i_C 大于 I_{CM} 时，BJT 不一定会烧坏，但 β 值将过小，放大能力太差。

2）集电极最大允许耗散功率 P_{CM}

BJT 内的两个 PN 结上都会消耗功率，其大小分别等于流过结的电流与结上电压降的乘积。一般情况下，集电结上的电压降远大于发射结上的电压降，因此与发射结相比，集电结上耗散的功率 P_C 要大得多。这个功率将使集电结发热，结温上升，当结温超过最高工作温度（硅管为 150℃，锗管为 70℃）时，BJT 性能下降，甚至会烧坏。为此，$P_C(\approx i_C u_{CE})$ 值将受到限制，不得超过最大允许耗散功率 P_{CM} 值。

P_{CM} 的大小与允许的最高结温、环境温度及管子的散热方式有关。由给定的 P_{CM} 值（对于确定型号的 BJT，P_{CM} 是一个确定值），可以在 BJT 的输出特性曲线中画出允许的最大功率损耗线，如图 3.1.12 所示，线上各点均满足 $i_C u_{CE}=P_{CM}$ 的条件。

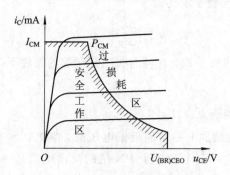

图 3.1.12　BJT 的功率极限损耗线

3）反向击穿电压

当 BJT 内的两个 PN 结上承受的反向电压超过规定值时，也会发生击穿，其击穿原理和二极管类似，但 BJT 的反向击穿电压不仅与管子自身的特性有关，还取决于外部电路的接法。下面分别加以介绍。

$U_{(BR)EBO}$：指集电极开路时，发射极-基极间的反向击穿电压。在正常放大状态时，发射结是正偏的。而在某些场合，例如工作在大信号或者开关状态时，发射结上就有可能出现较大的反向电压，所以要考虑发射结反向击穿电压的大小。小功率管的 $U_{(BR)EBO}$ 一般为几伏。

$U_{(BR)CBO}$：指发射极开路时集电极-基极间的反向击穿电压，它决定于集电结的雪崩击穿电压，其数值较高，通常为几十伏，有些管子可达几百伏。

$U_{(BR)CEO}$：指基极开路时集电极-发射极间的反向击穿电压。这个电压的大小与 BJT 的穿透电流 I_{CEO} 直接相联系，当管子的 U_{CE} 增加，使 I_{CEO} 明显增大时，导致集电结出现雪崩击穿。

为了使 BJT 能安全工作，在应用中必须使它的集电极工作电流小于 I_{CM}，集电极-发射极间的电压小于 $U_{(BR)CEO}$，集电极耗散功率小于 P_{CM}，即上述三个极限参数决定了 BJT 的安全工作区，如图 3.1.12 所示。另外，发射极-基极间反向电压要小于 $U_{(BR)EBO}$。

3.1.5 温度对 BJT 参数及特性的影响

1. 温度对 BJT 参数的影响

1）对 I_{CBO} 的影响

BJT 的 I_{CBO} 是集电结反偏时，集电区和基区的少数载流子作漂移运动时形成反向饱和电流，因而对温度非常敏感，温度每升高 $10℃$，I_{CBO} 约增加一倍。穿透电流 I_{CEO} 也会随温度变化而变化。

2）对 β 的影响

温度升高时，BJT 内载流子的扩散能力增强，使基区内载流子的复合作用减小，因而使电流放大系数 β 随温度上升而增大。温度每升高 $1℃$，β 值约增大 $0.5\% \sim 1\%$。共基极电流放大系数 α 也会随温度变化而变化。

3）对反向击穿电压 $U_{(BR)CBO}$、$U_{(BR)CEO}$ 的影响

由于 BJT 的集电区与基区掺杂浓度低，集电结较宽，因此集电结的反向击穿一般均为雪崩击穿。雪崩击穿电压具有正温度系数，所以温度升高时，$U_{(BR)CBO}$ 和 $U_{(BR)CE}$ 都会有所提高。

2. 温度对 BJT 特性曲线的影响

1）对输入特性的影响

温度升高时，BJT 共射极连接时的输入特性曲线将向左移动，这说明在 i_B 相同的条件下，u_{BE} 将减小。u_{BE} 随温度变化的规律与二极管正向导通电压随温度变化的规律一样，即温度每升高 $1℃$，u_{BE} 减小 $2 \sim 2.5$ mV。

2）对输出特性的影响

温度升高时，BJT 的 I_{CBO}、I_{CEO}、β 都将增大，结果将导致 BJT 的输出特性曲线向上移

动，而且各条曲线间的距离加大，如图 3.1.13 中的虚线所示。

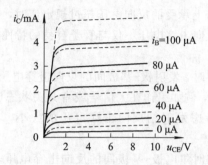

图 3.1.13　温度对 BJT 输出特性的影响

3.2　共射极放大电路的组成及工作原理

BJT 的重要特性之一是具有电流控制(即电流放大)作用，利用这一特性可以组成各种放大电路。单管放大电路是复杂放大电路的基本单元。本节将以共射极单管放大电路为例，介绍放大电路的组成及工作原理。

3.2.1　共射极放大电路的组成

图 3.2.1 所示是基本共射极放大电路。图中的 VT 是 NPN 型三极管，它是放大电路的核心元件，起放大作用。直流电源 U_{BB} 通过电阻 R_b 给 BJT 的发射结提供正偏电压，并产生基极直流电流 I_B(常称为偏流，而提供偏流的电路称为偏置电路)。直流电源 U_{CC} 是放大电路的能源，为输出信号提供能量，通过集电极负载电阻 R_c，并与 U_{BB} 和 R_b 配合，给集电结提供反偏电压，使 BJT 工作于放大状态。电阻 R_c 的另一个作用是将集电极电流的变化转换为电压的变化，再送到放大电路的输出端。u_s 是待放大的时变输入信号，加在基极与发射极间的输入回路中，输出信号从集电极-发射极间取出，发射极是输入回路与输出回路的共同端(称为"地"，用"⊥"表示)，所以称为共发射极放大电路。

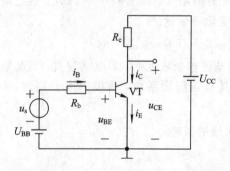

图 3.2.1　基本共射极放大电路

3.2.2　共射极放大电路的工作原理

设图 3.2.1 中的时变信号 u_s 为正弦信号。显然，放大电路中的电压或电流既含有直流成分，又含有交流成分，称为交、直流共存。信号的瞬时量是交流量与直流量的叠加。为表

达方便,我们对它们的表示方法做如下规定:

直流量——字母大写,下标大写,如 I_B、I_C、U_{BE}、U_{CE};

交流量——字母小写,下标小写,如 i_b、i_c、u_{be}、u_{ce};

瞬时量——字母小写,下标大写,如 i_B、i_C、u_{BE}、u_{CE}。

在分析计算及设计放大电路时,常将直流和交流分开进行,即分析直流时,可将交流源置零,分析交流时可将直流源置零,总的响应是两个单独响应的叠加。

1. 静态

当输入信号 $u_s = 0$ 时,放大电路的工作状态称为静态或直流工作状态。此时,电路中的电压、电流都是直流量。

静态时,BJT 各电极的直流电流及各电极间的直流电压分别用 I_B、I_C、U_{BE}、U_{CE} 表示,这些电流、电压的数值可用 BJT 特性曲线上的一个确定的点表示,该点习惯上称为静态工作点 Q,因此常将上述四个电量写成 I_{BQ}、I_{CQ}、U_{BEQ}、U_{CEQ}。

在放大电路中设置静态工作点是必需的。因为放大电路的作用是将微弱的输入信号进行不失真地放大,为此,电路中的 BJT 必须始终工作在放大区域。如果没有直流电压和电流,如设图 3.2.1 中的 $U_{BB} = 0$,当输入电压 u_s 的幅值小于发射结的门坎电压 U_{th}(硅管 0.5 V、锗管 0.1 V)时,则在输入信号的整个周期内 BJT 始终是截止的,因而输出电压没有变化量。即使输入电压幅值足够大,BJT 也只能在输入信号正半周大于 U_{th} 的时间内导通,这必然使输出电压出现严重失真。所以必须给放大电路设置合适的静态工作点。

2. 动态

当输入信号 $u_s \neq 0$ 时,放大电路的工作状态称为动态。此时,BJT 各极电流及电压都将在静态值的基础上随输入信号作相应的变化,用小写字母大写下标来表示。基极-发射极间的电压 $u_{BE} = U_{BEQ} + u_{be}$,$u_{be}$ 是 u_s 在发射结上产生的交流电压,用小写字母小写下标表示。当 u_{be} 的幅值小于 U_{BEQ},且使发射结上所加正向电压仍然大于 U_{th} 时,u_{BE} 随 u_s 的变化必然导致受其控制的基极电流 i_B、集电极电流 i_C 产生相应变化,即 $i_B = I_{BQ} + i_b$,$i_C = I_{CQ} + i_c$,其中 $i_c = \beta i_b$ 是交流电流。与此同时,集电极-发射极间的电压 u_{CE} 也将发生变化 $u_{CE} = U_{CC} - i_C R_c = U_{CEQ} + u_{ce}$。需要说明的是,在 u_s 的正半周,u_{BE}、i_B、i_C 都将在静态值的基础上增加,电阻 R_c 上的电压降也在增加,因此,电压 u_{CE} 在静态 U_{CEQ} 的基础上将减小。在 u_s 的负半周,情况则相反,于是 u_{ce} 与 u_s 是反相的。将 u_{ce} 用适当方式取出来,作为该放大电路的输出电压。只要选择合适的电路参数,就可以使输出电压的幅度比输入电压的幅度大得多,实现电压放大作用。

由以上分析可知,只要在电路中设置合适的静态工作点,并在输入回路中加上一个能量较小的信号,利用发射结正向电压对各极电流的控制作用,就能将直流电源提供的能量,按输入信号的变化规律转换为所需要的形式供给负载。因此,放大作用实质上是放大器件的控制作用,放大电路是一种能量控制部件。

3.3 放大电路的分析方法

在初步了解了放大电路的工作原理之后,就要进一步分析放大电路的工作情况,包括进行静态和动态的定量分析。

为了定量分析电路在直流(即无输入信号)时的工作情况和交流时的动态性能参数,一般我们要分别画出直流通路和交流通路。直流通路就是在无交流信号输入时,电路中直流电流的流通路径;而交流通路则是只考虑交流信号的作用,电路中交流电流所流通的路径。在画直流通路时,将信号源视为零(保留信号源内阻 R_s),电容视为开路,电感视为短路。在画交流通路时,电路中的直流电源均视为零,即直流电压源视为对地短路,直流电流源视为开路,而电容却视为短路,电感视为开路。注意:画交流通路只是将电路中的交、直流量分开考虑,而实际中,只有交流信号的电路是无法工作的,必须要有直流偏置才行,所以说在交流通路中,三极管的工作状态是以 Q 点为基点在其附近随输入信号变化的。

对放大电路进行静态、动态分析,基本的分析方法有图解分析法和等效电路法。现在以共射极单管放大电路为例介绍放大电路的两种分析方法。

3.3.1 图解分析法

图解分析法就是利用 BJT 的 U-I 特性曲线及管外电路的特性,通过作图对放大电路的静态及动态进行分析。

1. 静态分析

将图 3.2.1 所示电路改画成图 3.3.1(a)的形式,并用虚线把电路分成三部分:输入端的管外电路、BJT、输出端的管外电路。

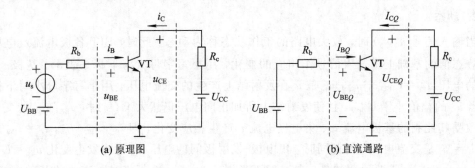

(a) 原理图　　　　　　　　　　　　　　　　(b) 直流通路

图 3.3.1　基本共射极放大电路

用图解分析法求静态工作点的步骤如下:

(1) 画出直流通路:静态时输入信号电压 $u_s=0$,图 3.3.1(b)就是图 3.3.1(a)放大电路的直流通路。

(2) 用输入特性曲线确定 I_{BQ} 和 U_{BEQ}。根据图 3.3.1(b)中的输入回路,可列出回路电压方程:

$$u_{BE} = U_{BB} - i_B R_b \tag{3.3.1}$$

显然,由此回路方程可作出一条斜率为 $-1/R_b$ 的直线,称其为输入直流负载线。同时 u_{BE} 和 i_B 还应符合三极管输入特性曲线所描述的关系,输入特性曲线用函数式表示为

$$i_B = f(u_{BE})\,|_{u_{CE}=常数} \tag{3.3.2}$$

在 BJT 的输入特性曲线图上作出式(3.3.1)对应的直线,那么两线的交点就是所求的静态工作点 Q。Q 点的横坐标值为 U_{BEQ},纵坐标值为 I_{BQ},如图 3.3.2(a)所示。

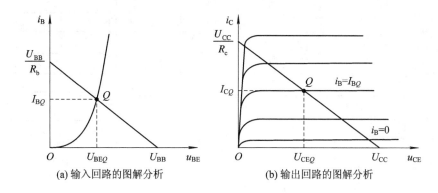

(a) 输入回路的图解分析　　　　　(b) 输出回路的图解分析

图 3.3.2　静态工作点的图解分析

（3）用输出特性曲线确定 I_{CQ} 和 U_{CEQ}。根据图 3.3.1(b) 中的输出回路，可列出回路电压方程：

$$u_{CE} = U_{CC} - i_C R_c \qquad (3.3.3)$$

显然，由此回路方程可作出一条斜率为 $-1/R_c$ 的直线，称其为输出直流负载线。同时 u_{CE} 和 i_C 还应符合三极管 $i_B = I_{BQ}$ 的那条输出特性曲线所描述的关系，用函数式表示为

$$i_C = f(u_{CE})\,|_{\,i_B = I_{BQ}} \qquad (3.3.4)$$

在 BJT 的输出特性曲线图上作出式（3.3.3）对应的直线，该直线与曲线 $i_C = f(u_{CE})\,|_{\,i_B = I_{BQ}}$ 的交点就是所求的静态工作点 Q，其横坐标值为 U_{CEQ}，纵坐标值为 I_{CQ}，如图 3.3.2(b) 所示。

由上述分析可知，BJT 各极直流电流和极间电压要满足式（3.3.1）和式（3.3.3），因此改变电路参数 R_c、R_b、U_{CC} 和 U_{BB} 就会改变静态工作点 Q 的位置。

2. 动态分析

动态图解分析能够直观地显示出在输入信号作用下，放大电路中各电压及电流波形的幅值大小和相位关系，从而对动态工作情况有较全面的了解。

动态图解分析是在静态分析的基础上进行的，分析步骤如下：

（1）根据 u_s 的波形，在 BJT 的输入特性曲线图上画出 u_{BE}、i_B 的波形。

设图 3.3.1(a) 中的输入信号 $u_s = U_{sm} \sin\omega t$。在 U_{BB} 及 u_s 共同作用下，输入回路方程变为 $u_{BE} = U_{BB} + u_s - i_B R_b$，相应的输入负载线是一组斜率为 $-1/R_b$，且随 u_s 变化而平行移动的直线。图 3.3.3(a) 中虚线①、②是 $u_s = \pm U_{sm}$ 时的输入负载线。根据它们与输入特性曲线的交点的移动，便可画出 u_{BE} 和 i_B 的波形。由图 3.3.3(a) 可看出 u_{be} 和 i_b 的波形也是正弦波形。

（2）根据 i_B 的变化范围，在输出特性曲线上画 i_C 和 u_{CE} 的波形。

由图 3.3.3(a) 可知，加上输入信号 u_s 后，在静态工作点的基础上，基极电流 i_B 将随 u_s 的变化规律，在 i_{B1} 和 i_{B2} 之间变化。而从图 3.3.1 可知，加上输入信号后，输出回路方程不变，即输出负载线不变。因此，由 i_B 的变化范围及输出负载线可共同确定 i_C 和 u_{CE} 的变化范围，即在 Q' 和 Q'' 之间，由此便可画出 i_C 和 u_{CE} 的波形，如图 3.3.3(b) 所示。根据 Q' 和 Q'' 这两点可以求出 i_C 的最大值（$I_{CQ} + I_{cm}$）与最小值（$I_{CQ} - I_{cm}$），u_{CE} 的最小值（$U_{CEQ} - U_{cem}$）和最

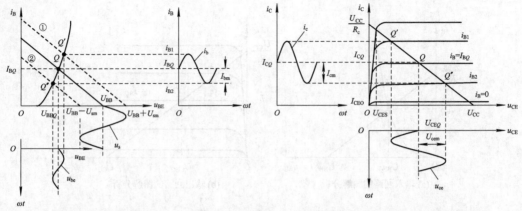

(a) 由u_s在输入特性曲线上画u_{BE}和i_B的波形　　　　　(b) 由i_B在输出特性曲线上画i_C和u_{CE}的波形

图 3.3.3　动态图解工作点的分析

大值($U_{CEQ}+U_{cem}$)。u_{CE}中的交流量u_{ce}就是输出电压u_o，它是与u_s同频率的正弦波，但二者的相位相反，这是共射极放大电路的一个重要特点。

3. 波形的非线性失真和最大输出电压幅值

信号经放大电路放大后，输出波形与输入波形不完全一致，称为波形失真。由于三极管特性曲线的非线性而引起的失真称为非线性失真。下面我们分析当Q点位置不同时，对输出波形的影响。

(1) 截止失真：如果静态工作点设置得偏低，如图 3.3.4 所示。从输入特性曲线可以看到，当输入信号u_s的幅值相对较大时，在u_s的负半周，工作点已有一部分进入死区，见图 3.3.4(a)，这时对应的$i_B=0$，因i_B的波形出现失真，对应i_C和u_{CE}的波形也出现失真，见图 3.3.4(b)。这种失真称为截止失真。

消除截止失真的方法是提高静态工作点的位置，适当减小输入信号u_s的幅值。对于图 3.3.1(a)所示的共射极放大电路，可以减小R_b阻值，增大I_{BQ}，使静态工作点上移来消除截止失真。

(2) 饱和失真：如果静态工作点设置得偏高，靠近饱和区，如图 3.3.5 所示。从输出特性曲线可以看到，当输入信号u_s的幅值相对较大时，在u_s的正半周，工作点已经进入三极管的饱和区。饱和区内β值很小而且不是常数，因此i_B虽然按正弦规律增加，但i_C几乎不增加。这使i_C和u_{CE}的波形出现失真，这种失真称为饱和失真。

消除饱和失真的方法是降低静态工作点的位置，以及适当减小输入信号u_s的幅值。对于图 3.3.1(a)的共射极放大电路，可以增大R_b阻值，减小I_{BQ}，使静态工作点向下移，也可以减小R_c来使静态工作点右移。总之，使静态工作点远离饱和区。

如果输入信号的幅度过大，即使Q点的大小设置合理，也会产生失真，这时截止失真和饱和失真会同时出现。截止失真及饱和失真都是由于 BJT 特性曲线的非线性引起的，因而又称其为非线性失真。为了减小和避免非线性失真，必须合理设置静态工作点Q的位置，当输入信号u_s较大时，应把Q点设在输出负载线的中点，这时可得到输出电压的最大动态范围。当u_s较小时，为了降低电路的功率损耗，在不产生截止失真和保证一定的电压增益的前提下，可把Q点选得低一些。

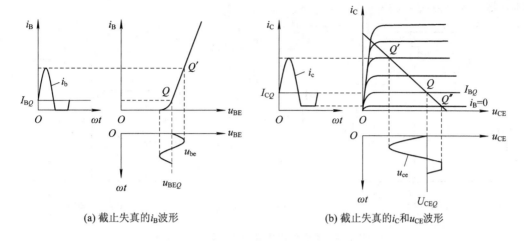

(a) 截止失真的 i_B 波形   (b) 截止失真的 i_C 和 u_{CE} 波形

图 3.3.4　截止失真波形

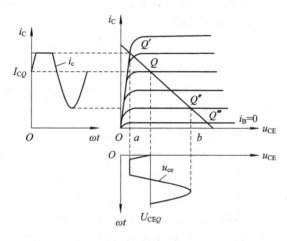

图 3.3.5　饱和失真波形

放大电路在电路参数已确定的条件下，输出信号不发生饱和失真和截止失真时的最大电压幅值，称为最大输出电压幅值，记作 U_{om}，这是放大电路的一个性能指标。对于共射极放大电路图 3.3.1(a)，在 Q 点设置过低时，最大输出电压幅值 U_{om} 将受到截止失真的限制，而使 $U_{om} \approx I_{CQ}R_C$；在 Q 点设置过高时，最大不失真输出电压的幅值 U_{om} 将受到饱和失真的限制，而使 $U_{om} = U_{CEQ} - U_{CES}$（式中，$U_{CES}$ 为晶体管的饱和压降）。因此，电路的最大输出电压幅值为 $U_{om} = \min\{U_{CEQ} - U_{CES}, I_{CQ}R_c\}$。

4. 交流负载线

上面我们讨论的基本放大电路图 3.3.1(a) 是直接耦合放大电路，即信号源与放大电路、放大电路与负载是通过导线或电阻直接连接的，而实际使用中经常用到阻容耦合电路，即输入和输出端均有隔直电容，如图 3.3.6(a) 所示是带负载阻容耦合式共射极放大电路。由于隔直电容的作用，使得电路的静态工作点不受前边信号源和后边负载的影响，同时交流信号可以畅通无阻，不受电容影响，也就是说电路的直流负载和交流负载不同。由直流通路图 3.3.6(b)、交流通路图 3.3.6(c)，我们可以看出该电路的直流负载为 R_c，而交

流负载为 $R_L^{'} = R_c // R_L$。

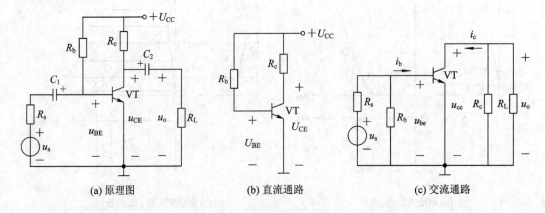

(a) 原理图　　　　　　　(b) 直流通路　　　　　　　(c) 交流通路

图 3.3.6　带负载阻容耦合式共射极放大电路

静态时，由图 3.3.6(b) 的输出回路方程 $u_{CE} = U_{CC} - i_C R_c$，可作出一条斜率为 $-1/R_c$ 的输出直流负载线。动态时，由交流通路图 3.3.6(c) 可知：

$$u_o = u_{ce} = -i_c(R_c // R_L) = -i_c R_L^{'}　　　　(3.3.5)$$

因此

$$u_{CE} = U_{CEQ} + u_{ce} = U_{CEQ} - i_c R_L^{'} = U_{CEQ} - (i_C - I_{CQ}) R_L^{'}$$
$$= U_{CEQ} + I_{CQ} R_L^{'} - i_C R_L^{'}　　　　(3.3.6)$$

这是一条斜率为 $-1/R_L^{'}$ 的直线，称为交流负载线。

当 $i_C = I_{CQ}$ 时得出 $u_{CE} = U_{CEQ}$，可见交流负载线过 Q 点，即交、直流负载线在 Q 点相交。动态时随输入信号的变化，工作点将以 Q 点为中心，在交流负载线上移动，所以分析交流性能，如最大输出幅值及波形失真等问题时，以交流负载线为准。

由前面对共射极放大电路图 3.3.1(a) 的动态图解分析可知，图 3.3.1(a) 所示的共射极放大电路在加上输入正弦信号 u_s 后，输出回路方程不变，仍为式(3.3.3)的形式，即输出负载线不变，如图 3.3.3(b) 所示。不过现在 i_C 和 u_{CE} 都既有直流分量又有交流分量，该输出负载线反映瞬时电量之间的关系，故也称为交流负载线。

阻容耦合放大电路空载时放大电路的交流负载线与直流负载线重合。

5. 图解法的适用范围

图解法是分析放大电路的最基本的方法之一，特别适用于分析信号幅度较大而工作频率不太高的情况。它直观、形象，有助于一些重要概念的建立和理解，如交、直流共存，静态和动态的概念等。它能全面分析放大电路的静态、动态工作情况，有助于理解正确选择电路参数、合理设置静态工作点的重要性。但图解法不能分析信号幅值太小或工作频率较高时的电路工作状态，也不能用来分析放大电路的输入电阻、输出电阻等动态性能指标。为此需要引入放大电路的另一种基本分析方法。

3.3.2　等效电路法

在输入信号幅值不大的情况下，通常用等效电路法来定量分析放大电路，并计算有关的性能指标。具体来讲，根据放大电路的直流通路来近似估算静态工作点；采用小信号模型分析法分析放大电路的动态工作情况，求取各项动态性能指标。

1. 静态工作点的估算

下面以图 3.3.1(a)所示的基本共射极放大电路为例，介绍静态工作点估算法的具体步骤。

(1) 画出放大电路的直流通路，标出各支路电流，如图 3.3.1(b)所示。

(2) 由基极-发射极输入回路求 I_{BQ}(或 I_{EQ})。由图 3.3.1(b)可知：

$$I_{BQ} = \frac{U_{BB} - U_{BEQ}}{R_b} \tag{3.3.7}$$

式中，U_{BEQ} 常被认为是已知量，硅管约为 $0.6 \sim 0.7$ V，锗管约为 $0.2 \sim 0.3$ V。

(3) 由 BJT 的电流分配关系求得

$$I_{CQ} \approx \beta I_{BQ} \tag{3.3.8}$$

(4) 由集电极-发射极输出回路求 U_{CEQ}：

$$U_{CEQ} = U_{CC} - I_{CQ}R_c \tag{3.3.9}$$

2. 小信号模型分析法

BJT 特性的非线性使其放大电路的分析变得复杂，不能直接采用线性电路原理来分析计算。但在输入信号电压幅值比较小的条件下，可以把 BJT 在静态工作点附近小范围内的特性曲线近似地用直线代替，这时可把 BJT 用小信号线性模型代替，从而将由 BJT 组成的放大电路当成线性电路来处理，这就是小信号模型分析法。要强调的是，使用这种分析方法的条件是放大电路的输入信号为低频小信号。

通常可用两种方法建立 BJT 的小信号模型，一种是由 BJT 的物理结构抽象而得；另一种是将 BJT 看成一个双口网络，根据输入、输出端口的电压、电流关系式，求出相应的网络参数，从而得到它的等效模型。这里将介绍后一种方法。

3. H 参数交流小信号模型

BJT 是一个有源双口网络，它可以采用 H 参数，也可以用 Z 参数或 Y 参数来进行分析。其中 H 参数是一种混合参数，它的物理意义明确，测量的条件容易实现，加上它在低频范围内为实数，所以在电路分析和设计使用上都比较方便。

BJT 的三个电极在电路中可连接成一个双口网络。以共射极连接为例，在图 3.3.7(a)所示的双口网络中，分别用 u_{BE}、i_B 和 u_{CE}、i_C 表示输入端口和输出端口的电压及电流。若以 i_B、u_{CE} 作自变量，u_{BE}、i_C 作因变量，由 BJT 的输入、输出特性曲线可写出以下方程组：

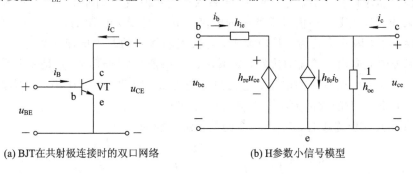

(a) BJT在共射极连接时的双口网络　　　(b) H参数小信号模型

图 3.3.7　BJT 的双口网络及 H 参数小信号模型

$$\begin{cases} u_{BE} = f_1(i_B, u_{CE}) \\ i_C = f_2(i_B, u_{CE}) \end{cases}$$

式中，i_B、i_C、u_{BE}、u_{CE} 均为总瞬时值，而小信号模型是指 BJT 在交流低频小信号工作状态下的模型，这时要考虑的是电压、电流间的微变关系。为此，要对上两式取全微分，即

$$\begin{cases} du_{BE} = \dfrac{\partial u_{BE}}{\partial i_B}\bigg|_{U_{CEQ}} di_B + \dfrac{\partial u_{BE}}{\partial u_{CE}}\bigg|_{I_{BQ}} du_{CE} \\ di_C = \dfrac{\partial i_C}{\partial i_B}\bigg|_{U_{CEQ}} di_B + \dfrac{\partial i_C}{\partial u_{CE}}\bigg|_{I_{BQ}} du_{CE} \end{cases} \tag{3.3.10}$$

式中，du_{BE} 表示 u_{BE} 中的变化量，如输入为正弦波小信号，则 du_{BE} 即可用 u_{be} 表示。同理，du_{CE}、di_B、di_C 可分别用 u_{ce}、i_b、i_c 表示。这样，式(3.3.10)可写为下列形式：

$$\begin{cases} u_{be} = h_{ie} i_b + h_{re} u_{ce} \\ i_c = h_{fe} i_b + h_{oe} u_{ce} \end{cases} \tag{3.3.11}$$

式中的 h_{ie}、h_{re}、h_{fe}、h_{oe} 称为 BJT 共射极连接时的 H 参数。其中：

$h_{ie} = \dfrac{\partial u_{BE}}{\partial i_B}\bigg|_{U_{CEQ}}$，是 BJT 输出端交流短路时的输入电阻，即小信号作用下 b-e 极间的动态电阻，单位为欧(Ω)，也常用 r_{be} 表示。

$h_{re} = \dfrac{\partial u_{BE}}{\partial u_{CE}}\bigg|_{I_{BQ}}$，是 BJT 输入端交流开路时的反向电压传输比(无量纲)。

$h_{fe} = \dfrac{\partial i_C}{\partial i_B}\bigg|_{U_{CEQ}}$，是 BJT 输出端交流短路时的正向电流传输比或电流放大系数(无量纲)，即 β。

$h_{oe} = \dfrac{\partial i_C}{\partial u_{CE}}\bigg|_{I_{BQ}}$，是 BJT 输入端交流开路时的输出电导，单位为西(S)，也可用 $1/r_{ce}$ 表示。

由于这四个 H 参数的量纲各不相同，故又称为混合参数。

式(3.3.11)表明，在 BJT 的输入回路中，输入电压 u_{be} 由两部分构成，一个是 $h_{ie} i_b$，表示输入电流 i_b 在 h_{ie} 上的电压降，另一部分是 $h_{re} u_{ce}$，表示输出电压 u_{ce} 对输入回路的反作用，可用一个受输出电压控制的受控电压源来表示；而在 BJT 的输出回路中，输出电流 i_c 由两个并联支路的电流相加而成，一个是受基极电流 i_b 控制的 $h_{fe} i_b$，用受控电流源表示，另一个是由于输出电压加在输出电阻 $1/h_{oe}$ 上引起的电流 $h_{oe} u_{ce}$。根据上面对式(3.3.11)的分析，可以画出晶体管在共射极连接时的 H 参数小信号模型，如图 3.3.7(b)所示。

需要着重说明的是：小信号模型中的电流源 $h_{fe} i_b$ 是受 i_b 控制的，当 $i_b = 0$ 时，电流源 $h_{fe} i_b$ 就不存在了，因此称其为受控电流源，它代表晶体管的基极电流对集电极电流的控制作用。电流源的流向由 i_b 的流向决定，如图 3.3.7(b)所示。同理，$h_{re} u_{ce}$ 是一个受控电压源。另外，小信号模型中所研究的电压、电流都是变化量，因此，不能用小信号模型来求静态工作点 Q。但 H 参数的数值大小与 Q 点的位置有关。

晶体管在共射极连接时，其 H 参数的数量级一般为

$$[h]_e = \begin{bmatrix} h_{ie} & h_{re} \\ h_{fe} & h_{oe} \end{bmatrix} = \begin{bmatrix} 10^3\ \Omega & 10^{-3} \sim 10^{-4} \\ 10^2 & 10^{-5}\ S \end{bmatrix}$$

其中，h_{re} 和 h_{oe} 都很小，其原因是由于基区宽度调制效应的存在，电压 u_{CE} 增加时，会引起

u_{BE}增加（输入特性曲线右移）和i_C增加（输出特性曲线上翘），h_{re}和h_{oe}分别体现了u_{CE}对u_{BE}和i_C的影响程度。晶体管工作在放大区时，上述影响均很小（输入特性曲线几乎重合，而输出特性曲线微微上翘）。所以，在晶体管的小信号模型中，常把h_{re}和h_{oe}忽略掉，这在计算时产生的误差很小。于是，可得到晶体管的简化小信号模型，如图3.3.8所示。

应当注意，如果不满足$r_{ce} \gg R_c$或$r_{ce} \gg R_L$的条件，则分析电路时应考虑r_{ce}的影响。

应用晶体管的H参数小信号模型替代放大电路中的晶体管，对电路进行交流分析时，必须首先求出晶体管在静态工作点处的H参数值。H参数值可以从特性曲线上求得，也可用H参数测试仪或晶体管特性图示仪测得。此外，r_{be}（即h_{ie}）可由下面的表达式求得

$$r_{be} = r_{bb'} + (1+\beta)(r_e + r_e')$$ (3.3.12)

式中，$r_{bb'}$为晶体管基区的体电阻，如图3.3.9所示，r_e'是发射区的体电阻。

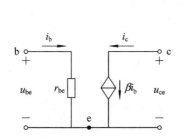

图 3.3.8　BJT 的简化 H 参数小信号模型

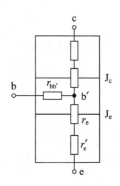

图 3.3.9　BJT 内部交流电阻示意图

$r_{bb'}$和r_e'仅与掺杂浓度及制造工艺有关，基区杂质浓度比发射区杂质浓度低，所以$r_{bb'}$比r_e'大得多，对于小功率的晶体管，$r_{bb'}$约为几十至几百欧，而r_e'仅为几欧或更小，可以忽略。r_e为发射结电阻，根据PN结的电流方程，可以推导出$r_e = U_T / I_{EQ}$。常温下，$r_e = 26(\text{mV})/I_{EQ}(\text{mA})$，所以常温下，式(3.3.12)可写成：

$$r_{be} = r_{bb'} + (1+\beta)\frac{26\text{ mV}}{I_{EQ}}$$ (3.3.13)

特别需要指出的是：

（1）流过$r_{bb'}$的电流是i_b，流过r_e的电流是i_e，$(1+\beta)r_e$是r_e折合到基极回路的等效电阻。

（2）r_{be}是交流（动态）电阻，只能用来计算放大电路的动态性能指标，不能用来求静态工作点 Q 的值，但它的大小与静态电流 I_{EQ} 的大小有关。

（3）式(3.3.13)的适用范围为 0.1 mA$<I_{EQ}<$5 mA，超出此范围时，将会产生较大误差。

PNP 型晶体管与 NPN 型晶体管的小信号模型是相同的。

4. 用 H 参数交流小信号模型分析放大电路的动态性能

以图 3.3.10(a)所示的基本共射极放大电路为例，用小信号模型分析法分析其动态性能指标，具体步骤如下：

（1）画放大电路的小信号等效电路：首先画出 BJT 的 H 参数小信号模型（一般用简化模型），然后按照画交流通路的原则（将放大电路中的直流电压源对交流信号视为短路，同

时若电路中有耦合电容，也把它视为对交流信号短路），分别画出与 BJT 三个电极相连支路的交流通路，并标出各有关电压及电流的假定正方向，就能得到整个放大电路的小信号等效电路，如图 3.3.10(b)所示。

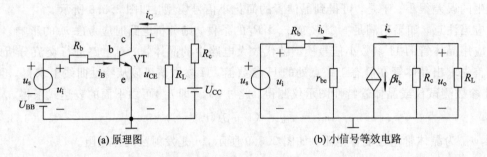

(a) 原理图　　　　　　　　　(b) 小信号等效电路

图 3.3.10　基本共射极放大电路

（2）估算 r_{be}：按式（3.3.13）估算 r_{be}，为此还要求得静态电流 I_{EQ}。

（3）求电压增益式 A_u：由图 3.3.10(b)可知

$$u_i = i_b \cdot (R_b + r_{be})$$

$$u_o = -i_c \cdot (R_c \mathbin{/\mkern-5mu/} R_L) = -\beta i_b R_L'$$

根据电压增益的定义有

$$A_u = \frac{u_o}{u_i} = \frac{-\beta \cdot i_b \cdot (R_c \mathbin{/\mkern-5mu/} R_L)}{i_b \cdot (R_b + r_{be})} = -\frac{\beta \cdot (R_c \mathbin{/\mkern-5mu/} R_L)}{(R_b + r_{be})} = -\frac{\beta R_L'}{R_b + r_{be}}$$

式中，负号表示共射极放大电路的输出电压与输入电压相位相反，即输出电压滞后输入电压 $180°$，同时只要选择适当的电路参数，就会使 $u_o > u_i$，实现电压放大作用。

（4）计算输入电阻 R_i：根据放大电路输入电阻的概念，可求出图 3.3.10(a)所示电路的输入电阻，即

$$R_i = \frac{u_i}{i_i} = \frac{u_i}{i_b} = \frac{i_b(R_b + r_{be})}{i_b} = R_b + r_{be}$$

共射极放大电路的输入电阻较高。

（5）计算输出电阻 R_o：利用外加测试电压求输出电阻的方法，如图 3.3.11 所示，可得到图 3.3.10(a)所示电路的输出电阻为

$$R_o = \frac{u_t}{i_t}\bigg|_{u_s=0,\,R_L=\infty}$$

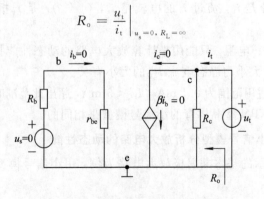

图 3.3.11　求图 3.3.10(a)电路的输出电阻

而

$$i_t = \frac{u_t}{R_c}$$

故 $R_o = R_c$。

例 3.3.1 设图 3.3.6(a)所示电路中 BJT 的 $\beta = 40$，$r_{bb'} = 200\ \Omega$，$U_{BEQ} = 0.7\ V$，又已知 $U_{CC} = 12\ V$，$R_b = 300\ k\Omega$，$R_c = 4\ k\Omega$，$R_L = 4\ k\Omega$。完成下述要求：

（1）估算静态工作点；

（2）画小信号等效电路；

（3）计算该电路的电压增益 A_u、输入电阻 R_i、输出电阻 R_o。

解 （1）估算静态工作点。由图 3.3.6(b)所示的直流通路得

$$I_{BQ} = \frac{U_{CC} - U_{BEQ}}{R_b} = \frac{(12 - 0.7)\ V}{300\ k\Omega} \approx 40\ \mu A$$

$$I_{CQ} = \beta I_{BQ} = 40 \times 40\ \mu A = 1.6\ mA$$

$$U_{CEQ} = U_{CC} - I_{CQ}R_c = 12\ V - 1.6\ mA \times 4\ k\Omega = 5.6\ V$$

（2）画小信号等效电路。首先画出如图 3.3.6(c)所示的交流通路，然后画小信号等效电路，如图 3.3.12 所示。

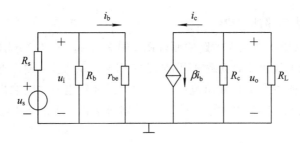

图 3.3.12　图 3.3.6(a)的小信号等效电路

（3）计算电压增益 A_u、输入电阻 R_i、输出电阻 R_o：

$$r_{be} = r_{bb'} + (1 + \beta)\frac{26\ mV}{I_{EQ}} = 200\ \Omega + (1 + 40)\frac{26\ mV}{1.6\ mA} \approx 866\ \Omega$$

$$A_u = \frac{u_o}{u_i} = \frac{-\beta i_b(R_c /\!/ R_L)}{i_b r_{be}} = -40 \times \frac{2\ k\Omega}{866\ \Omega} \approx -92.4$$

$$R_i = \frac{u_i}{i_i} = R_b /\!/ r_{be} \approx 0.866\ k\Omega$$

$$R_o = R_c = 4\ k\Omega$$

5. 小信号模型分析法的适用范围

当放大电路的输入信号幅度较小时，用小信号模型分析法分析放大电路的动态性能指标非常方便，计算结果误差也不大。在 BJT 与放大电路的小信号等效电路中，电压、电流等电量及 BJT 的 H 参数均是针对变化量（交流量）的，不能用来分析计算静态工作点。但是 H 参数的值又是在静态工作点上求得的，所以，放大电路的动态性能与静态工作点参数值的大小及稳定性密切相关。

放大电路的图解分析法和小信号模型分析法虽然在形式上是独立的，但实质上它们是

互相联系、互相补充的，一般可按下列情况进行处理：

（1）用图解分析法确定静态工作点（也可用估算法求 Q 点）。

（2）当输入电压幅度较小或晶体管基本上在线性范围内工作，特别是放大电路比较复杂时，可用小信号模型来进行分析处理。

（3）当输入电压幅度较大，晶体管的工作点延伸到 U–I 特性曲线的非线性部分时，就需要采用图解法。此外，如果要求分析放大电路输出电压的最大不失真幅值，或者要求合理安排电路工作点和参数，以便得到最大的动态范围等，采用图解分析法比较方便。

3.4　共集电极和共基极放大电路分析

BJT 构成的单管放大电路，除了前面介绍的基本共射极放大电路之外，如果把晶体管的集电极或基极作为输入回路和输出回路的公共端，那么还可以分别构成共集电极放大电路和共基极放大电路。本节将分别介绍共集电极放大电路和共基极放大电路，以及三种基本放大电路的性能特点。

3.4.1　共集电极放大电路

1. 共集电极放大电路的组成

图 3.4.1(a) 是共集电极放大电路的原理图。图 3.4.1(b)、(c) 分别是它的直流通路和交流通路图。由交流通路可知，负载电阻 R_L 接在 BJT 发射极上，输入电压 u_i 加在基极和集电极（在这里相当于地）之间，而输出电压 u_o 从发射极和集电极之间取出，所以集电极是输入、输出回路的共同端。因为放大电路的 u_o 从发射极输出，所以共集电极电路又称为射极输出器。

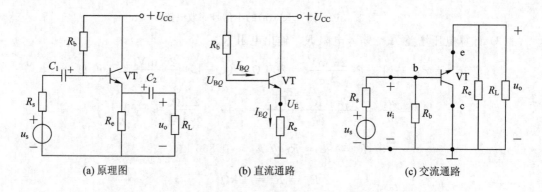

(a) 原理图　　　　　　(b) 直流通路　　　　　　(c) 交流通路

图 3.4.1　共集电极放大电路

2. 共集电极放大电路的静态分析

由图 3.4.1(b) 可得

$$I_B = \frac{U_{CC} - U_{BEQ}}{R_b + (1+\beta)R_e}$$

$$I_{EQ} \approx I_{CQ} = \beta I_{BQ}$$

$$U_{CEQ} = U_{CC} - I_{EQ}R_e$$

3. 共集电极放大路的动态分析

由图 3.4.1(c)所示的交流通路画出 H 参数小信号等效电路，如图 3.4.2 所示。

(1) 电压增益：

$$A_u = \frac{u_o}{u_i} = \frac{i_b(1+\beta)R_L'}{i_b[r_{be} + (1+\beta)R_L']} = \frac{(1+\beta)R_L'}{r_{be} + (1+\beta)R_L'} \tag{3.4.1}$$

式中，$R_L' = R_e /\!/ R_L$。式(3.4.1)表明，共集电极放大电路的电压增益 $A_u < 1$，没有电压放大作用。输出电压 u_o 和输入电压 u_i 相位相同。当 $(1+\beta)R_L' \gg r_{be}$ 时，$A_u \approx 1$，即输出电压 u_o 与输入电压 u_i 大小接近相等，因此共集电极放大电路又称为射极电压跟随器。

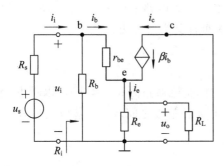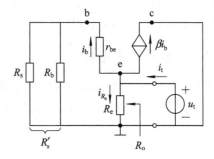

图 3.4.2　共集电极放大电路的小信号等效电路　图 3.4.3　计算共集电极放大电路 R_o 的等效电路

(2) 输入电阻：由图 3.4.2 及输入电阻的定义得

$$R_i = \frac{u_i}{i_i} = \frac{u_i}{\dfrac{u_i}{R_b} + \dfrac{u_i}{r_{be} + (1+\beta)R_L'}} = \frac{1}{\dfrac{1}{R_b} + \dfrac{1}{r_{be} + (1+\beta)R_L'}}$$

$$= R_b /\!/ [r_{be} + (1+\beta)R_L'] \tag{3.4.2}$$

共集电极放大电路的输入电阻较高，而且和负载电阻 R_L 或后一级放大电路的输入电阻的大小有关。

(3) 输出电阻：计算输出电阻的电路如图 3.4.3 所示。在测试电压 u_t 的作用下，相应的测试电流为

$$i_t = i_b + \beta i_b + i_{R_e} = (1+\beta)\frac{u_t}{r_{be} + R_s'} + \frac{u_t}{R_e} \tag{3.4.3}$$

式中，$R_s' = R_s /\!/ R_b$。

由此可得输出电阻

$$R_o = \frac{u_t}{i_t}\Big|_{u_s=0,\,R_L=\infty} = \frac{1}{\dfrac{1+\beta}{R_s' + r_{be}} + \dfrac{1}{R_e}} = \frac{1}{\dfrac{1}{\dfrac{R_s' + r_{be}}{1+\beta}} + \dfrac{1}{R_e}} = \frac{R_s' + r_{be}}{1+\beta} /\!/ R_e \tag{3.4.4}$$

一般情况下，$R_e \gg \dfrac{R_s' + r_{be}}{1+\beta}$，所以

$$R_o \approx \frac{R_s' + r_{be}}{1+\beta} \tag{3.4.5}$$

由 R_o 的表达式可知，射极电压跟随器的输出电阻与信号源内阻 R_s 或前一级放大电路

的输出电阻有关。由于通常情况下信号源内阻 R_s 很小，且 $R_s' < R_s$，r_{be} 一般在几百欧至几千欧的范围，而 β 值较大，所以共集电极放大电路的输出电阻很小，一般在几十欧至几百欧范围内。为降低输出电阻，可选用 β 值较大的晶体管。

4. 共集电极放大电路的特点与作用

共集电极放大电路的特点是：电压增益小于且接近于1，输出电压与输入电压同相；输入电阻高，输出电阻低。正因这些特点的存在，使得它在电子电路中应用极为广泛。例如，利用它输入电阻高、从信号源吸取电流小的特点，将它作为多级放大电路的输入级；利用它输出电阻小、带负载能力强的特点，又可将它作多级放大电路的输出级；同时利用它的输入电阻高、输出电阻低的特点，将它作为多级放大电路的中间级，以隔离前后级之间的相互影响，在电路中起阻抗变换的作用，这时可称其为缓冲级。

3.4.2 共基极放大电路

图 3.4.4(a)是共基极放大电路的原理图，由它的交流通路图 3.4.4(b)可以看出，输入信号 u_i 加在发射极和基极之间，输出信号 u_o 由集电极和基极之间取出，基极是输入、输出回路的共同端。

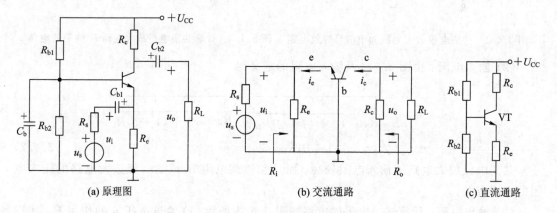

(a) 原理图   (b) 交流通路   (c) 直流通路

图 3.4.4 共基极放大电路

1. 静态分析

图 3.4.4(c)是共基极放大电路的直流通路。由直流通路可得

$$U_{BQ} \approx \frac{R_{b2}}{R_{b1} + R_{b2}} \cdot U_{CC} \tag{3.4.6}$$

$$I_{CQ} \approx I_{EQ} = \frac{U_{BQ} - U_{BEQ}}{R_e} \tag{3.4.7}$$

$$I_{BQ} = \frac{I_{CQ}}{\beta} \tag{3.4.8}$$

$$U_{CEQ} = U_{CC} - I_{CQ}R_c - I_{EQ}R_e \approx U_{CC} - I_{CQ}(R_c + R_e) \tag{3.4.9}$$

2. 动态分析

将图 3.4.4(b)中的 BJT 用其简化的 H 参数小信号模型替代，得到共基极放大电路的小信号等效电路，如图 3.4.5 所示。

（1）计算电压增益。由图 3.4.5 可知：

$$u_i = -i_b r_{be}, \quad u_o = -\beta i_b R'_L$$

于是

$$A_u = \frac{u_o}{u_i} = \frac{\beta R'_L}{r_{be}} \tag{3.4.10}$$

式中，$R'_L = R_c /\!/ R_L$。

式（3.4.10）说明，只要电路参数选择适当，共基极放大电路也具有电压放大作用。

（2）计算输入电阻。在图 3.4.5 中有

$$i_i = i_{R_e} - i_e = i_{R_e} - (1+\beta)i_b, \quad i_{R_e} = \frac{u_i}{R_e}, \quad i_b = -\frac{u_i}{r_{be}}$$

所以

$$R_i = \frac{u_i}{i_i} = \frac{u_i}{\dfrac{u_i}{R_e} - (1+\beta)\dfrac{-u_i}{r_{be}}} = R_e /\!/ \frac{r_{be}}{1+\beta} \tag{3.4.11}$$

共基极放大电路的输入电阻远小于共射极放大电路的输入电阻。

（3）计算输出电阻。由图 3.4.5 可以确定，共基极放大电路的输出电阻

$$R_o \approx R_c \tag{3.4.12}$$

式（3.4.12）说明共基极放大电路的输出电阻与共射极放大电路的输出电阻相同，近似等于集电极电阻 R_c。

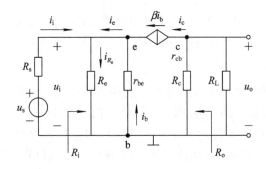

图 3.4.5　共基极放大电路的小信号等效电路

通过上述分析可知，共基极放大电路有如下特点：

（1）电压放大系数较大，输出信号电压与输入信号电压同相。

（2）输入电阻较低，输出电阻与共发射极放大电路中的一样。

3.4.3　三种基本放大电路的比较

前面分别讨论了共射、共集、共基三种接法的放大电路，它们的性能特点各不相同。现在在假定元器件参数配置基本相同的情况下，将三种接法的基本放大电路的主要性能特点及应用总结如下：

（1）共射极放大电路的电压放大系数较大，而且输出信号电压与输入信号反相，它的输入电阻和输出电阻适中，这种电路常用于对输入电阻、输出电阻无特殊要求的地方，作为一般低频多级放大电路的输入级、中间级或输出级。

（2）共集电极放大电路的电压放大系数总是小于 1，而且输出信号电压与输入信号电压极性相同。虽然这种电路不能放大电压，但它的电流放大系数较大，可以放大电流和功率。它的输入电阻较大，而输出电阻较小。该电路常用于多级放大电路中高输入阻抗的输入级、低输出阻抗的输出级，或者作为实现阻抗变换的缓冲级。

（3）共基极放大电路的电压放大系数也比较大，而其输出信号电压与输入信号电压同相。它的电流放大系数小于 1，不能放大电流。这种电路的输入电阻小、输出电阻适中，由于它的频率特性好，常用于宽频带放大电路和高频放大电路。

3.5　放大电路静态工作点的稳定问题

经过本章前面的讨论，我们已经明确知道，放大电路必须有一个合适的静态工作点。如果希望输出信号电压幅值比较大，那么静态工作点应当设置于交流负载线的中点。如果信号幅值不大，为了降低静态时的功率损耗，可以把静态工作点设置于 I_{BQ}、I_{CQ} 都比较小的区域。但是，在实际应用中，环境温度的变化、晶体管的更换、电路元件的老化以及电源的波动等因素都可能使静态工作点变动，从而影响电路的放大性能，甚至使输出信号发生严重失真。在引起 Q 点不稳定的诸因素中，尤以环境温度变化的影响最大。本节将讨论温度对静态工作点的影响以及能够稳定静态工作点的偏置电路。

3.5.1　温度对静态工作点的影响

前面我们曾讨论过，温度上升时，BJT 的电流放大系数 β、反向电流 I_{CBO} 都会增大，而发射结正向压降 U_{BE} 会减小。这些参数随温度升降而发生的变化直接影响静态工作点的稳定。

1. β 对 Q 点的影响

当温度升高时，β 值增大，在输出特性上表现为特性曲线的间隔增宽，如图 3.5.1(a) 所示，虚线表示温度升高以后的特性曲线。如仍以图 3.3.1(a) 所示共射极放大电路为例，在晶体管其他参数以及电路元件均不改变的条件下，I_{BQ} 不变，输出特性上的直流负载线也不变。在温度升高后，I_{BQ} 对应的输出特性已移至虚线所示的位置（设 $I_{BQ}=40\ \mu A$），这样静态工作点将移到 Q_1 点，如图 3.5.1(a) 所示，即 I_{CQ} 增大，U_{CEQ} 减小，静态工作点向饱和区移动。反之，温度下降，β 减小，Q 点将向截止区移动。

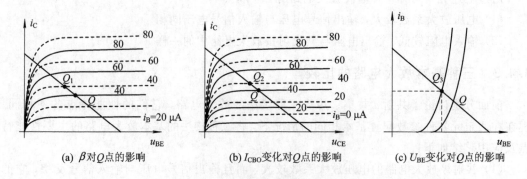

(a) β 对 Q 点的影响　　　　(b) I_{CBO} 变化对 Q 点的影响　　　　(c) U_{BE} 变化对 Q 点的影响

图 3.5.1　晶体管参数对 Q 点的影响

2. I_{CBO} 变化对 Q 点的影响

当温度升高时，I_{CBO} 要增大。由于 $I_{CEO}=(1+\beta)I_{CBO}$，故 I_{CEO} 也要增大。又因为 $i_C=\beta i_B+I_{CEO}$，显见 I_{CEO} 的增大将使整个输出特性曲线族向上平移，如图 3.5.1(b) 中虚线所示。这时静态工作点将从 Q 点移到 Q_2 点。I_{CQ} 增大，U_{CEQ} 减小，工作点向饱和区移动。由于硅管的 I_{CEO} 很小，这种影响可以忽略不计。而锗管的 I_{CEO} 较大，这是造成静态工作点随温度变化的主要原因。因此在高温条件下工作的晶体管常选用硅管。

3. U_{BE} 变化对 Q 点的影响

当温度升高时，晶体管的 U_{BE} 将减小，体现为晶体管输入特性曲线向左移动，如图 3.5.1(c) 所示，在外电路参数不变时，输入回路所确定的直流负载线也不变，那么 Q 点移到 Q_3 点，I_{BQ} 将增加，显然也要使 I_{CQ} 增加。反之，温度降低将使 I_{CQ} 减小。

综上所述，温度升高之后，晶体管参数 β、I_{CBO} 及 U_{BE} 的变化都使 I_{CQ} 增大，静态工作点向饱和区移动；如果温度降低，则将使 I_{CQ} 减小，静态工作点向截止区移动。要想使 I_{CQ} 基本稳定不变，只要在温度升高时，电路能自动地适当减小基极电流 I_{BQ} 即可。前面介绍的基本共射极放大电路没有这个功能，所以必须改进放大电路的偏置电路。一种方法是在直流偏置电路中引入负反馈来稳定静态工作点；另一种方法则是在偏置电路中采取温度补偿措施。

3.5.2 稳定工作点的电路

1. 基极分压式工作点稳定电路

1) 稳定静态工作点 Q 的原理

通过前面的分析可知，晶体管参数 β、I_{CBO} 及 U_{BE} 随温度升高对工作点的影响最终都表现在使静态工作点电流 I_C 增加上，所以我们设法使 I_C 在温度变化时能维持恒定，则静态工作点就可以得到稳定了。

图 3.5.2(a) 所示电路是分立元件电路中最常用的稳定静态工作点的共射极放大电路。它的基极-射极偏置电路由 U_{CC}，基极电阻 R_{b1}、R_{b2} 和射极电阻 R_e 组成，常称为基极分压式射极偏置电路。它的直流通路如图 3.5.2(b) 所示。

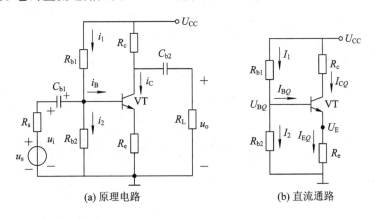

(a) 原理电路　　　　　(b) 直流通路

图 3.5.2　基极分压式工作点稳定电路

我们用直流通路图 3.5.2(b) 分析该电路稳定静态工作点的原理及过程。当 R_{b1}、R_{b2} 的阻值大小选择适当，能满足 $I_1 \gg I_{BQ}$，使 $I_2 \approx I_1$ 时，可认为基极直流电位基本上为一固定值，即 $U_{BQ} = \dfrac{R_{b2}}{R_{b1} + R_{b2}} U_{CC}$，与环境温度几乎无关。

在此条件下，当温度升高引起静态电流 $I_{CQ}(\approx I_{EQ})$ 增加时，发射极直流电位 $U_{EQ} = I_{EQ} R_e$ 也增加。由于基极电位 U_{BQ} 基本固定不变，因此加在发射结上的电压 $U_{BEQ} = U_{BQ} - U_{EQ}$ 将自动减小，由此 I_{BQ} 减小，结果抑制了 I_{CQ} 的增加，使 I_{CQ} 基本维持不变，达到自动稳定静态工作点的目的。当温度降低时，各电量向相反方向变化，Q 点也能稳定。这种利用 I_{CQ} 的变化，通过电阻 R_e 取样反过来控制 U_{BEQ}，使 I_{EQ}、I_{CQ} 基本保持不变的自动调节作用称为负反馈。

2）静态工作点 Q 的估算

由基极分压式工作点稳定电路的直流通路图 3.5.2(b)得

$$U_{BQ} = \frac{R_{b2}}{R_{b1} + R_{b2}} U_{CC}$$

$$I_{CQ} \approx I_{EQ} = \frac{U_{EQ}}{R_e} = \frac{U_{BQ} - U_{BEQ}}{R_e} \approx \frac{U_{BQ}}{R_e}$$

$$I_{BQ} = \frac{I_{CQ}}{\beta}$$

$$U_{CEQ} = U_{CC} - I_{CQ} R_c - I_{EQ} R_e \approx U_{CC} - I_{CQ}(R_c + R_e)$$

3）动态性能的分析

首先画出图 3.5.2(a)电路的小信号等效电路，如图 3.5.3 所示。

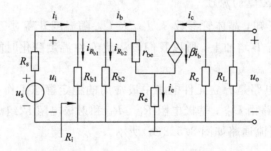

图 3.5.3 图 3.5.2(a)的小信号等效电路

电压增益：
因为

$$u_i = i_b r_{be} + (1 + \beta) i_b R_e, \quad u_o = -\beta i_b (R_c \mathbin{/\mkern-5mu/} R_L)$$

所以

$$A_u = \frac{u_o}{u_i} = \frac{-i_b \beta R_L'}{i_b [r_{be} + (1 + \beta) R_e]} = \frac{-\beta R_L'}{r_{be} + (1 + \beta) R_e} \tag{3.5.1}$$

输入电阻：
由于

$$u_i = i_{R_{b1}} R_{b1}, \quad u_i = i_{R_{b2}} R_{b2}, \quad u_i = i_b [r_{be} + (1 + \beta) R_e]$$

$$i_i = i_b + i_{R_{b1}} + i_{R_{b2}} = \frac{u_i}{r_{be} + (1 + \beta) R_e} + \frac{u_i}{R_{b1}} + \frac{u_i}{R_{b2}}$$

所以

$$R_i = \frac{u_i}{i_i} = \frac{1}{\frac{1}{r_{be} + (1+\beta)R_e} + \frac{1}{R_{b1}} + \frac{1}{R_{b2}}} = R_{b1} /\!/ R_{b2} /\!/ [r_{be} + (1+\beta)R_e] \quad (3.5.2)$$

输出电阻：

$$R_o = \frac{u_t}{i_t} \Big|_{u_s = 0, R_L \to \infty} = R_c \quad (3.5.3)$$

通过以上分析及式(3.5.1)可知，接入电阻 R_e 后，提高了静态工作点的稳定性，但电压增益也下降了，R_e 越大，A_u 下降越多。为了解决这个矛盾，通常在 R_e 两端并联一只大容量的电容 C_e（称为发射极旁路电容），它对一定频率范围内的交流信号可视为短路，因此对交流信号而言，发射极和"地"直接相连，则电压增益不会下降。此时有

$$A_u = \frac{u_o}{u_i} = \frac{-\beta R_L'}{r_{be}} \quad (3.5.4)$$

2. 集电极-基极偏置电路

单管交流放大电路

1）稳定静态工作点 Q 的原理

集电极-基极偏置电路原理图如图 3.5.4(a)所示，其直流通路如图 3.5.4(b)所示。

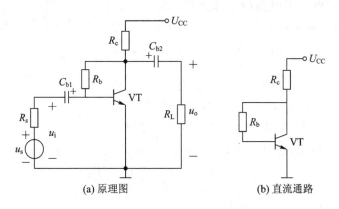

(a) 原理图　　　　(b) 直流通路

图 3.5.4　集电极-基极偏置电路

集电极-基极偏置电路利用反馈原理来实现稳定。当 R_b 选定后，I_B 近似与 U_{CE} 成正比，即

$$I_{BQ} = \frac{U_{CEQ} - U_{BEQ}}{R_b} \approx \frac{U_{CEQ}}{R_b} \quad (3.5.5)$$

$$U_{CEQ} = U_{CC} - (I_{CQ} + I_{BQ})R_c \quad (3.5.6)$$

该电路稳定静态工作点的原理及过程：当温度升高使 I_{CQ} 增加时，由式(3.5.6)可知，U_{CEQ} 将随之减小，按照式(3.5.5)，I_{BQ} 将相应减小，从而牵制了 I_{CQ} 的增加，即

$$T℃ \uparrow \to I_{CQ} \uparrow \to U_{CEQ} \downarrow \to I_{BQ} \downarrow \to I_{CQ} \downarrow$$

该电路稳定工作点的实质是利用 U_{CEQ} 的变化，通过电阻 R_b 回送到输入回路，控制 I_{BQ} 来克服 I_{CQ} 的变化，R_c 越大或 R_b 越小，则稳定性能越好。

2）静态分析

由直流通路图 3.5.4(b)得

因为

$$U_{CC} = (I_{BQ} + I_{CQ})R_c + I_{BQ}R_b + U_{BEQ}$$

所以

$$I_{BQ} = \frac{U_{CC} - U_{BEQ}}{R_b + (1+\beta)R_c}$$

$$I_{CQ} = \beta I_{BQ}$$

$$U_{CEQ} = U_{CC} - (I_{BQ} + I_{CQ})R_c$$

3）动态分析

略。

3. 用补偿法稳定静态工作点

用补偿法稳定静态工作点，是用二极管和热敏电阻等温度敏感元件的温度特性来补偿晶体管参数随温度的变化，从而使静态工作点趋于稳定。

在分压式电流负反馈偏置电路的 R_{b2} 支路中串联一个半导体二极管，如图 3.5.5 所示。这种电路利用二极管的正向电压随温度的变化来抵消晶体管 U_{BEQ} 随温度变化的影响，从而来稳定静态工作点。

下面简单地分析一下电路的工作原理。在 $I \gg I_{BQ}$ 的条件下，忽略 I_{BQ} 的分流作用，有

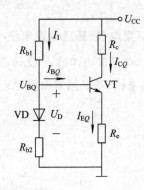

$$I = \frac{U_{CC} - U_D}{R_{b1} + R_{b2}} \tag{3.5.7}$$

$$U_{BQ} = U_D + IR_{b2} = U_{BEQ} + I_{EQ}R_e \tag{3.5.8}$$

用于补偿的二极管必须与晶体管发射结具有相同的正向压降和温度特性，使得在不同温度下能保持 U_D

图 3.5.5　二极管基极补偿电路

$= U_{BEQ}$。这一点在集成工艺中较易实现。于是有 $IR_{b2} = I_{EQ}R_e$，则

$$I_{EQ} = \frac{IR_{b2}}{R_e} = \frac{U_{CC} - U_D}{R_{b1} + R_{b2}} \cdot \frac{R_{b2}}{R_e} \tag{3.5.9}$$

通常情况下，$U_{CC} \gg U_D$，所以

$$I_{EQ} \approx \frac{U_{CC}}{R_{b1} + R_{b2}} \cdot \frac{R_{b2}}{R_e} \tag{3.5.10}$$

上式说明，I_{EQ} 仅取决于外电路元件参数而与晶体管参数基本无关。与无二极管的射极偏置电路相比，显见 $U_{CC} \gg U_D$ 的条件比 $U_B \gg U_{BE}$ 更易满足，故这种电路具有更好的温度稳定性。

例 3.5.1　在图 3.5.2(a) 所示的分压式工作点稳定电路中，已知 $U_{CC} = 24$ V，$R_{b1} = 33$ kΩ，$R_{b2} = 10$ kΩ，$R_c = 3.3$ kΩ，$R_e = 1.5$ kΩ，$R_L = 5.1$ kΩ，晶体管的 $\beta = 66$，设 $R_s = 0$。

(1) 估算静态工作点；

(2) 画出小信号等效电路；

(3) 计算电压增益；

(4) 计算输入、输出电阻；

(5) 当 R_e 两端并联路旁路电容时，画出其小信号等效电路，计算电压增益和输入、输出

电阻。

解 （1）估算静态工作点：

$$U_{BEQ} = 0.7 \text{ V}$$

$$U_{BQ} = \frac{R_{b2}}{R_{b1} + R_{b2}} U_{CC} = \frac{10}{33 + 10} \times 24 = 5.6 \text{ V}$$

$$I_{CQ} \approx I_{EQ} = \frac{U_{BQ} - U_{BEQ}}{R_e} \approx \frac{U_B}{R_E} = \frac{5.6}{1.5} = 3.8 \text{ mA}$$

$$U_{CEQ} = U_{CC} - I_{CQ}R_c - I_{EQ}R_e \approx U_{CC} - I_{CQ}(R_c + R_e)$$

$$= 24 - 3.8 \times (3.3 + 1.5) = 5.76 \text{ V}$$

$$I_{BQ} = \frac{I_{CQ}}{\beta} = \frac{3.8}{66} = 57.6 \ \mu\text{A}$$

（2）画小信号电路，如图 3.5.3 所示。

（3）计算电压增益：

$$r_{be} = 200 + (1 + 66) \times \frac{26}{3.8} = 0.658 \text{ k}\Omega$$

$$A_u = \frac{u_o}{u_i} = \frac{-\beta(R_L \ /\!/ \ R_c)}{r_{be} + (1 + \beta)R_e} = \frac{-66 \times (5.1 \ /\!/ \ 3.3)}{0.658 + (1 + 66) \times 1.5} \approx -1.3$$

（4）计算输入、输出电阻：

$$R_i = R_{b1} \ /\!/ \ R_{b2} \ /\!/ \ [r_{be} + (1 + \beta)R_e] = 33 \ /\!/ \ 10 \ /\!/ \ [0.658 + (1 + 66) \times 1.5] \approx 7.1 \text{ k}\Omega$$

$$R_o = R_c = 3.3 \text{ k}\Omega$$

（5）由于电容有隔离直流和传送交流的作用，因此，在 R_e 两端并联旁路电容后，对静态工作点没有影响，对动态工作情况会产生影响，即电容对 R_e 有旁路作用。这种情况下的小信号等效电路如图 3.5.6 所示。其电压增益为

$$A_u = \frac{-\beta R_L^{'}}{r_{be}} \approx -200.97$$

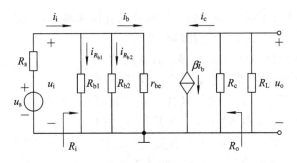

图 3.5.6 例 3.5.1 加射极旁路电容后的小信号等效电路

由此可见，在 R_e 两端并联大电容后，较好地解决了射极偏置电路中稳定静态工作点与提高电压增益的矛盾。

此时的 R_i 和 R_o 分别为

$$R_i = \frac{u_i}{i_i} = R_{b1} \ /\!/ \ R_{b2} \ /\!/ \ r_{be} = 33 \ /\!/ \ 10 \ /\!/ \ 0.658 \approx 0.606 \text{ k}\Omega$$

$$R_o = R_c = 3.3 \text{ k}\Omega$$

3.6 多级放大电路

在实际应用中，为了满足电子设备对放大系数和其他性能方面的要求，常需要把若干个放大单元电路串接起来，组成多级放大电路。图 3.6.1 是多级放大电路的组成框图。它通常包括输入级、中间级、推动级和输出级几个部分。

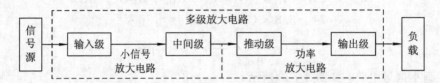

图 3.6.1　多级放大电路的组成框图

多级放大电路的第一级称为输入级，对输入的要求往往与输入信号有关。中间级的用途是进行信号放大，提供足够大的放大系数，常由几级放大电路组成。输入级和中间级是对微弱的信号进行放大，即小信号放大。多级放大电路的最后一级是输出级，它与负载相接。因此对输出级的要求要考虑负载的性质。推动级的用途就是实现小信号到大信号的缓冲和转换。

3.6.1　放大电路的极间耦合方式

耦合方式是指信号源和放大电路之间、放大电路中各级之间、放大电路与负载之间的连接方式。最常用的耦合方式有三种：直接耦合、阻容耦合和变压器耦合。下面仅介绍前两种耦合方式。

1. 直接耦合

放大电路各级之间、放大电路与信号源或负载直接连起来，或者经电阻等能通过直流的元件连接起来的耦合方式，称为直接耦合方式。

直接耦合方式不但能放大交流信号，而且能放大变化极其缓慢的超低频信号以及直流信号。现代集成放大电路都采用直接耦合方式，这种耦合方式得到越来越广泛的应用。然而，直接耦合方式有其特殊的问题，它的静态工作点受到信号源内阻 R_s 和负载电阻 R_L 的影响。接成多级放大电路之后，还有一些新的问题，现以图 3.6.2 中的直接耦合两级放大电路为例来说明。

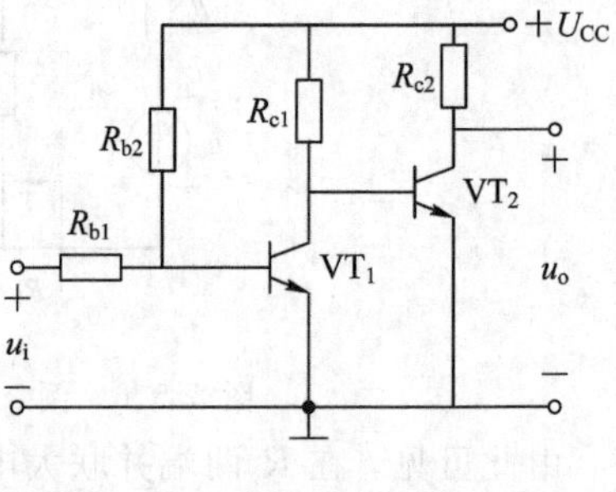

1) 各级静态工作点的相互影响问题

从图 3.6.2 中可知，静态时使输入信号 $u_i = 0$，适

图 3.6.2　直接耦合两级放大电路

当调节 R_{b1}、R_{b2} 的阻值，便可以使 VT_1 管得到所需的基极电流。另外，适当调节 R_{c1} 的阻值，可以保证 VT_2 管有合适的基极电流。这样基本上可以保证 VT_1、VT_2 在放大区工作，但是，由于 $U_{CE1} = U_{BE2} = 0.7\ \text{V}$，则晶体管 VT_1 处于临界饱和状态，它的最大输出电压幅值很小。

为了克服这个缺点，需要抬高 U_{C1}。通常可以采用抬高 VT_2 管发射极电位的方法来实现，有三种常用的改进方案，分别如图 3.6.3 的(a)、(b)、(c)所示。

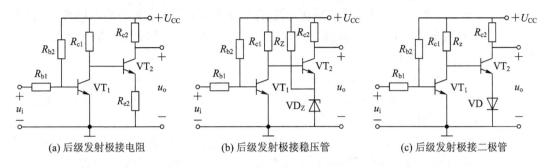

(a) 后级发射极接电阻　　　(b) 后级发射极接稳压管　　　(c) 后级发射极接二极管

图 3.6.3　抬高后级发射极电位的直接耦合电路

图 3.6.3(a)中的电路是在 VT_2 的发射极接电阻 R_{e2}，这时 $U_{CE1}=U_{BE2}+I_{e2}R_{e2}$，增大了 U_{CE1}，VT_2 管的静态工作点由 R_{c1}、R_{e2}、R_{c2} 等元件和直流电源 U_{CC} 来确定。R_{e2} 的接入使第二级电路的电压放大系数大为降低，R_{e2} 越大，电压放大系数降低得越多，因此需要进一步改进电路。

图 3.6.3(b)中的电路是用稳压管 VD_Z 来代替 R_{e2}，图 3.6.3(c)中的电路用二极管 VD 来代替 R_{e2}。在静态时，稳压管击穿稳压，或者是二极管正向导通。那么，$U_{CE1}=U_{BE2}+U_Z$，或者是 $U_{CE1}=U_{BE2}+U_D$。这样可以增大 U_{CE1}。对于信号来说，稳压管和二极管分别等于它们的动态电阻 r_z 和 r_d。而 r_z 和 r_d 都比较小，信号电流在动态电阻上产生的压降也小，因而对信号的反馈作用小，不会引起放大系数显著下降。

由于直接耦合放大电路的静态工作点互相影响，采取上述三种措施抬高发射极电位以后，又产生了新的问题。从图 3.6.3 的电路可知，VT_2 管的基极电位 $U_{B2}=U_{C1}>U_{B1}$，集电极电位 $U_{C2}=U_{C1}-U_{BE2}+U_{CE2}>U_{C1}$。在多级直接耦合的情况下，各级的基极和集电极电位将逐级抬高，但是电源电压是有限值，这将使放大电路后面的各级动态范围减小，因此必须采取措施在保证各级正常放大的前提下把直流电位降下来。另外在实际应用中，常要求一个放大电路在输入信号为零时，输出端直流电位应该为零，即负载上静态电压应当为零。以上两点都要求在直接耦合电路中必须采取电位移动措施。

图 3.6.4 所示的电路采用 NPN 和 PNP 型管直接耦合方式。NPN 型晶体管在放大区工作时，$U_C>U_B$，而 PNP 型管在放大区工作时，$U_C<U_B$。因此像图 3.6.4 那样，将两管配合使用，就可以使每一级都获得合适的静态工作点，而且由于 VT_2 是 PNP 管，$U_{C2}<U_{B2}=U_{C1}$，降低了直流电位，再采用正、负两组电源，通过调节元件参数使静态时 $U_{C2}=0$。这样就可以实现输入信号为零时，输出端电位也是零。

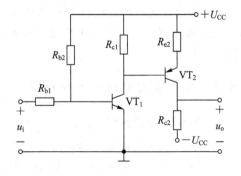

图 3.6.4　NPN 和 PNP 型管直接耦合方式

2) 零点漂移问题

在直接耦合放大电路中，当输入信号为零时，输出电压会随时间改变，出现忽大忽小不规则的变化。这种输入电压为零、输出电压偏离静态值的变化，称为零点漂移（简称零漂）。零点漂移现象严重时，能淹没真正的输出信号，所以零点漂移的大小是衡量直接耦合放大电路性能的一个重要指标。

衡量放大电路零点漂移的大小不能单纯看输出零漂电压的大小，还要看它的放大系数。因为放大系数越高，输出零漂电压就越大，所以对零漂一般都用输出零漂电压折合到输入端来衡量，称为输入等效零漂电压。

放大电路产生零漂的原因，除了元件参数的老化和电源电压的波动以外，最主要的是温度对晶体管参数的影响所造成的静态工作点波动，因温度变化引起的零点漂移，也称为温漂。而在多级直接耦合放大电路中，前级静态工作点的微小波动都能像信号一样被后面逐级放大并且输出。因而整个放大电路的零漂指标主要由第一级电路的零漂决定，所以为了提高放大电路放大微弱信号的能力，在提高放大系数的同时，必须减小输入级的零点漂移。

减小零点漂移的主要措施有以下几种：采用高质量的电阻元件，并通过"老化"来提高它们的稳定性；采用高稳定度的稳压电源；采用高质量的硅晶体管；采用温度补偿电路；采用差分式放大电路。

2. 阻容耦合

放大电路各级间、放大电路与信号源、放大电路与负载采用电阻和电容的连接来传送信号的耦合方式，称为阻容耦合方式。图3.6.5所示的阻容耦合两级放大电路中，第一级电路的输出信号通过耦合电容C_2传送到第二级的输入电阻上，即级间也采用了阻容耦合方式。

阻容耦合方式的优点是：由于电容有隔直作用，因此各电路的直流通路互不相通，即每一级的静态工作点彼此独立，这样就避免了由于工作点不稳定而引起的温漂信号（它的频率极低，难以通过电容）的逐级放大和传送。因此在温漂指标方面，阻容耦合方式要优于直接耦合方式。此外，这种耦合方式使得放大电路的设计计算大为简便。这些优点使阻容耦合方式在多级交流放大电路中得到了广泛应用。但是在实际应用中，例如自动控制系统中，经常需要放大和传送缓慢变化的信号，这时耦合电容阻碍了信号的传递。另外，由于集成工艺难以制作大容量的电容器，因此阻容耦合方式不能应用于集成放大电路的内部电路。

3.6.2 多级放大电路的分析计算

1. 静态工作点的分析计算

阻容耦合放大电路是通过电容互相连接的，如图3.6.5所示，由于电容的隔直作用，各级的静态工作点彼此独立互不影响。因此可以画出每一级的直流通路，分别计算各级的静态工作点。

直接耦合放大电路的各级静态工作点互相影响，因此在分析计算电路的静态工作点时，比阻容耦合电路要复杂得多。如图3.6.2所示的直接耦合两级放大电路，它的直流通路画出来如图 3.6.6 所示。显见，如能满足前级的 I_{C1} 远远大于后级 I_{B2} 的条件，可以近似忽略 I_{B2} 的分流影响，把各级的静态工作点看成独立的，分别计算，否则，就要综合考虑，运用电路理论来求解。

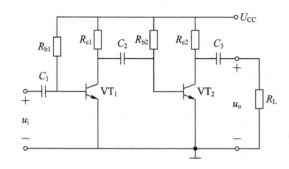 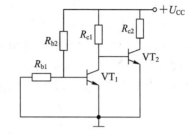

图 3.6.5 阻容耦合两级放大电路　　　　图 3.6.6 图 3.6.2 的直流通路

2. 主要动态性能指标的分析计算

阻容耦合放大电路中，放大的信号是频率足够大的交流信号。直接耦合放大电路中放大的信号除了交流信号外，还有变化缓慢的直流信号，但这些信号也都是变化量。因此，这两种耦合方式的放大电路都可以使用微变等效电路来计算性能指标。下面以图 3.6.2 所示的直接耦合放大电路为例来说明。阻容耦合放大电路请参阅后面的例 3.6.1。

1）电压增益

在多级放大电路中，前一级的输出信号就是后一级的输入信号，因此多级放大电路的电压增益等于各级电路的电压增益的乘积。

在计算各级的电压增益时，必须考虑后级对前级的影响，常用的方法是把后级的输入电阻作为前级的负载电阻；另一种方法是把前级的输出电阻作为后级的信号源内阻。两种方法不能混用。

图 3.6.7 是图 3.6.2 的小信号等效电路。

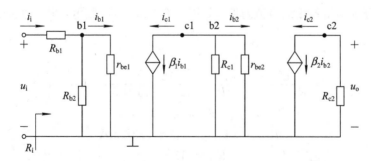

图 3.6.7 图 3.6.2 的小信号等效电路

第一级的电压增益为

$$A_{u1} = \frac{u_{o1}}{u_i} = \frac{-\beta_1 (R_{c1} /\!/ r_{be2})}{r_{be1}} \cdot \frac{R_{b2} /\!/ r_{be1}}{R_{b1} + (R_{b2} /\!/ r_{be1})} \tag{3.6.1}$$

第二级的电压增益为

$$A_{u2} = \frac{u_o}{u_{i2}} = \frac{u_o}{u_{o1}} = \frac{-\beta_2 R_{c2}}{r_{be2}} \qquad (3.6.2)$$

总的电压增益为

$$A_u = A_{u1} \cdot A_{u2} = \frac{\beta_1 \beta_2 R_{c2} (R_{c1} /\!/ r_{be2})}{r_{be1} r_{be2}} \cdot \frac{R_{b2} /\!/ r_{be1}}{R_{b1} + (R_{b2} /\!/ r_{be1})} \qquad (3.6.3)$$

2）输入电阻和输出电阻

多级放大电路的输入电阻就是第一级放大电路的输入电阻。在有些电路中，后级放大电路的输入电阻会影响到前级放大电路的输入电阻。

多级放大电路的输出电阻就是最后一级放大电路的输出电阻。在有些电路中，前级放大电路的输出电阻会影响到后级放大电路的输出电阻。对于图 3.6.7 所示的电路有

$$R_i = R_{i1} = R_{b1} + (R_{b2} /\!/ r_{be1})$$
$$R_o = R_{o2} = R_{c2}$$

例 3.6.1 图 3.6.8(a) 为一阻容耦合两级放大电路，其中 $R_{b1} = 300 \text{ k}\Omega$，$R_{b2} = 40 \text{ k}\Omega$，$R_{c2} = 2 \text{ k}\Omega$，$R_{e1} = 3 \text{ k}\Omega$，$R_{b3} = 20 \text{ k}\Omega$，$R_{e2} = 3.3 \text{ k}\Omega$，$R_L = 2 \text{ k}\Omega$，$U_{CC} = 12 \text{ V}$。晶体管 VT_1 和 VT_2 的 $\beta = 50$，$U_{BE} = 0.7 \text{ V}$。各电容容量足够大。

（1）计算各级的静态工作点；

（2）计算 A_u、R_i 和 R_o。

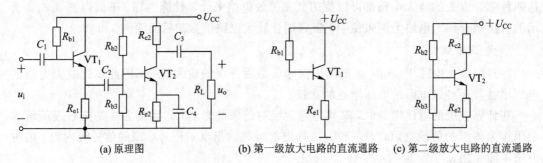

(a) 原理图　　　(b) 第一级放大电路的直流通路　　(c) 第二级放大电路的直流通路

图 3.6.8　阻容耦合两级放大电路的原理图和各级直流通路

解　（1）分别画出各级的直流通路，如图 3.6.8(b)、(c) 所示，根据直流通路计算静态工作点。

第一级：

$$I_{B1Q} = \frac{U_{CC} - U_{BEQ}}{R_{b1} + (1+\beta) R_{e1}} = \frac{12 - 0.7}{300 + 51 \times 3} = 0.025 \text{ mA}$$

$$I_{C1Q} = \beta I_{B1Q} = 1.25 \text{ mA}$$

$$I_{E1Q} = (1+\beta) I_{B1Q} = 1.27 \text{ mA}$$

$$U_{CE1Q} = U_{CC} - I_{E1Q} R_{e1} = 12 - 1.27 \times 3 = 8.18 \text{ V}$$

第二级：

$$U_{B2Q} = \frac{R_{b3} U_{CC}}{R_{b2} + R_{b3}} = \frac{20 \times 12}{40 + 20} = 4 \text{ V}$$

$$I_{E2Q} = \frac{U_{B2} - U_{BEQ}}{R_{e2}} = \frac{4 - 0.7}{3.3} = 1 \text{ mA}$$

$$I_{B2Q} = \frac{I_{E2Q}}{1+\beta} = \frac{1}{51} = 0.0196 \text{ mA}$$

$$I_{C2Q} = \beta I_{B2Q} = 50 \times 0.0196 = 0.98 \text{ mA}$$

$$U_{CE2Q} = U_{CC} - I_{C2Q}(R_{c2} + R_{e2}) = 12 - 0.98 \times (2 + 3.3) = 6.8 \text{ V}$$

（2）画出这个两级放大电路的微变等效电路，如图 3.6.9 所示。

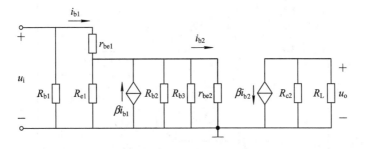

图 3.6.9　阻容耦合两级放大电路的小信号等效电路

图中，

$$r_{be1} = 300 + (1+\beta)\frac{26}{I_{E1Q}} = 300 + \frac{51 \times 26}{1.27} = 1.34 \text{ k}\Omega$$

$$r_{be2} = 300 + (1+\beta)\frac{26}{I_{E2Q}} = 300 + \frac{51 \times 26}{1} = 1.63 \text{ k}\Omega$$

$$A_{u1} = \frac{u_{o1}}{u_i} = \frac{(1+\beta)(R_{e1} /\!/ R_{i2})}{r_{be1} + (1+\beta)(R_{e1} /\!/ R_{i2})}$$

式中

$$R_{i2} = R_{b2} /\!/ R_{b3} /\!/ r_{be2} = 40 /\!/ 20 /\!/ 1.63 = 1.45 \text{ k}\Omega$$

所以，

$$A_{u1} = \frac{51 \times (3 /\!/ 1.45)}{1.34 + 51 \times (3 /\!/ 1.45)} = 0.974$$

$$A_{u2} = \frac{-\beta(R_{c2} /\!/ R_L)}{r_{be2}} = \frac{-50 \times (2 /\!/ 2)}{1.63} = -30.7$$

$$A_u = A_{u1} \cdot A_{u2} = 0.974 \times (-30.7) = -29.9$$

$$R_i = \frac{u_i}{i_i} = R_{b1} /\!/ [r_{be1} + (1+\beta)(R_{e1} /\!/ R_{i2})]$$

$$= 300 /\!/ [1.34 + 51 \times (3 /\!/ 1.45)]$$

$$= 43.8 \text{ k}\Omega$$

$$R_o = R_{c2} = 2 \text{ k}\Omega$$

3.7　Multisim 仿真例题

1. 题目

单管共射极放大电路的仿真与分析。

2. 仿真电路

单管共射极放大电路（NPN 型三极管）的仿真电路如图 3.7.1 所示。

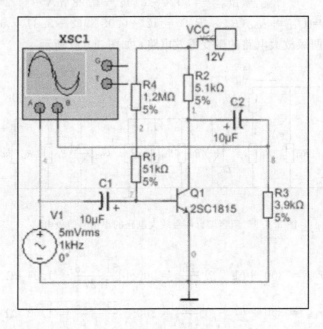

图 3.7.1　单管共射极放大电路

3. 仿真内容

1）静态工作点分析

静态工作点分析如图 3.7.2 所示，图 3.7.3 是静态工作点分析结果。分析结果表明晶体管 Q_1 工作在放大状态。

图 3.7.2　静态工作点分析对话框

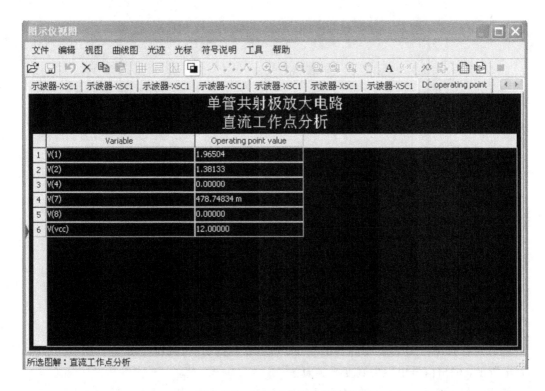

图 3.7.3　静态工作点分析结果

2）输入信号的变化对放大电路输出的影响

输入信号 $U_i=5$ mVrms，$f=1$ kHz，输出波形如图 3.7.4 所示。

输入信号 $U_i=20$ mVrms，$f=1$ kHz，输出波形如图 3.7.5 所示。

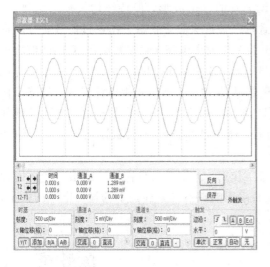 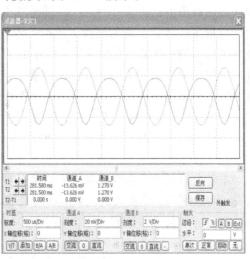

图 3.7.4　单管共射极放大电路的输入/输出波形　　图 3.7.5　$U_i=20$ mVrms 时的输出波形

3）R_b 变化对 Q 点的影响

当 $R_4=400$ kΩ 时，输出波形如图 3.7.6 所示。

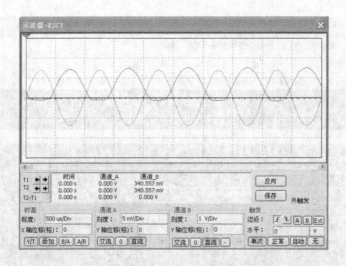

图 3.7.6　R_b 为 400 kΩ 时的输出波形

4. 仿真结果

三极管 Q_1 三端电压为 $U_E = 0$ V，$U_C = 1.38$ V，$U_B = 0.48$ V。

静态工作点不变时，输入信号由 5 mVrms 增大到 20 mVrms，如仿真图 3.7.4 和图 3.7.5 所示，输出信号由不失真变为失真。

输入信号不变时，R_b 电阻值由 1.2 MΩ 减小到 400 kΩ，如仿真图 3.7.4 和图 3.7.6 所示，输出信号由不失真变为失真。

5. 结论

由波形图可观察到电路的输入、输出电压信号反相位关系。当静态工作点合适，并且加入合适幅值的正弦信号时，可以得到基本无失真的输出波形，但持续增大输入信号时，由于超出了晶体管工作的线性工作区，将导致输出波形失真，静态工作点过低或者过高也会导致输出波形失真，在图 3.7.1 所示的共射极基本放大电路中，偏置电阻 R_b 的阻值大小直接决定了静态电流 I_C 的大小，保持输入信号不变，改变 R_b 的阻值，可以观察到输出电压波形的失真情况。如图 3.7.6 所示，由于基极电阻 R_b 过小，导致基极电流过大，静态工作点靠近饱和区，集电极电流也因此变大，输出电压 $u_o = U_{CC} - i_C R_C$，大的集电极电流导致整个电路的输出电压变小，因此从输出波形上看，输出波形的负半周被削平了，属于饱和失真。

单管共射极放大电路必须设置合适的静态工作点。工作点太高将使输出信号产生饱和失真，太低则产生截止失真。工作点的选取，直接影响在不失真前提下的输出电压的大小，也就影响电压放大系数的大小。

本 章 小 结

晶体管 BJT 是由两个 PN 结组成的三端有源器件，分 NPN 和 PNP 两种类型。无论何种类型，内部均包含两个 PN 结，即发射结和集电结，并引出三个电极：发射极、基极和集电极。

重点例题详解

利用晶体管的电流控制作用可以实现放大，实现放大作用的条件是：保证发射结正向偏置；集电结反向偏置。描述晶体管放大作用的重要参数是共射极电流放大系数 β，以及共基极电流放大系数 α。另外，可以用输入、输出特性曲线来描述晶体管的特性。晶体管的共射极输出特性曲线可以划分为三个区，即截止区、放大区和饱和区。

用 BJT 可以组成共射、共集、共基三种组态的放大电路。共射极电路具有较大的电压放大系数、适中的输入和输出电阻，适用于一般放大；共集极电路的输入电阻大、输出电阻小、电压放大系数接近于 1，适用于信号的跟随；共基极电路的输入电阻小，适用于高频放大。

放大电路的分析方法有图解法和小信号模型分析法，前者是承认电子器件的非线性，后者则是将非线性的局部线性化。通常使用图解求 Q 点，而用小信号模型分析法求电压增益、输入电阻和输出电阻。

环境温度的变化会引起静态工作点的变化，因此常采用分压式偏置电路、集电极－基极偏置电路、二极管补偿电路来稳定工作点。

多级放大电路有直接耦合和阻容耦合。直接耦合有温漂问题，但便于集成化，从而使体积缩小，可靠性提高，性能改善，且价格便宜，是今后的发展方向；阻容耦合能克服温漂，但低频响应差，不便于集成化。多级放大电路的分析计算方法与单级放大电路相同，要注意的是看清各级的类型（共射或共集），正确画出微变等效电路，按电路逐级求出各性能指标，最后即可得到多级放大电路的总指标。

习　题

3.1　判断下列说法是否正确，用"√"或"×"表示判断结果。

(1) 只有电路能既放大电流又放大电压，才称其有放大作用。　　　　（　　）

(2) 可以说任何放大电路都有功率放大作用。　　　　　　　　　　（　　）

(3) 放大电路中输出的电流和电压都是由有源元件提供的。　　　　（　　）

(4) 电路中各电量的交流成分是交流信号源提供的。　　　　　　　（　　）

(5) 放大电路必须加上合适的直流电源才能正常工作。　　　　　　（　　）

(6) 由于放大的对象是变化量，所以当输入信号为直流信号时，任何放大电路的输出都毫无变化。　　　　　　　　　　　　　　　　　　　　　　　　　　　（　　）

(7) 只要是共射极放大电路，输出电压的底部失真都是饱和失真。　（　　）

3.2　某晶体管的极限参数 $I_{CM}=100$ mA，$P_{CM}=150$ mW，$U_{(BR)CEO}=30$ V，若它的工作电压 $U_{CE}=10$ V，则工作电流 I_C 不得超过多大？若工作电流 $I_C=1$ mA，则工作电压的极限值应为多少？

3.3　已知两只晶体管的电流放大系数 β 分别为 100 和 50，现测得放大电路中这两只管子两个电极的电流如题 3.3 图所示。分别求另一电极的电流，标出其实际方向，并在圆圈中画出管子。

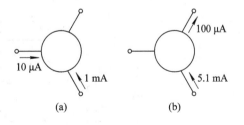

(a)　　　　　　　(b)

题 3.3 图

3.4 测得放大电路中六只晶体管的直流电位如题3.4图所示。在圆圈中画出管子，并分别说明它们是硅管还是锗管。

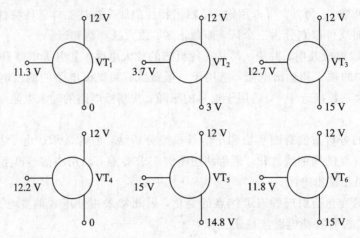

题 3.4 图

3.5 有两只晶体管，一只的 $\beta=200$，$I_{CEO}=200\ \mu A$；另一只的 $\beta=100$，$I_{CEO}=10\ \mu A$，其他参数大致相同。你认为应选用哪只管子？为什么？

3.6 电路如题3.6图所示，试问：β 大于多少时晶体管饱和？

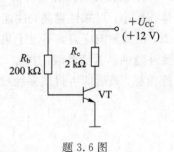

题 3.6 图

3.7 分别找出题3.7图所示各电路中的错误并改正，使它们有可能放大正弦波信号。要求保留电路原来的共射极

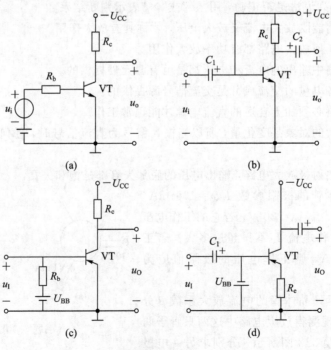

题 3.7 图

接法和耦合方式。

3.8 电路如题 3.8 图(a)所示，题 3.8 图(b)是晶体管的输出特性，静态时 $U_{BEQ} = 0.7\,V$。利用图解法分别求出 $R_L = \infty$ 和 $R_L = 3\,k\Omega$ 时的静态工作点和最大不失真输出电压幅值 U_{om}。

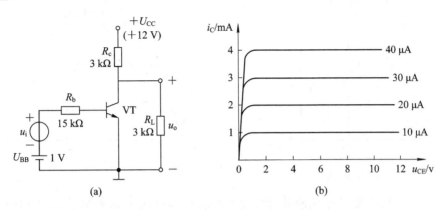

题 3.8 图

3.9 画出题 3.9 图所示各电路的直流通路和交流通路。设所有电容对交流信号均可视为短路。

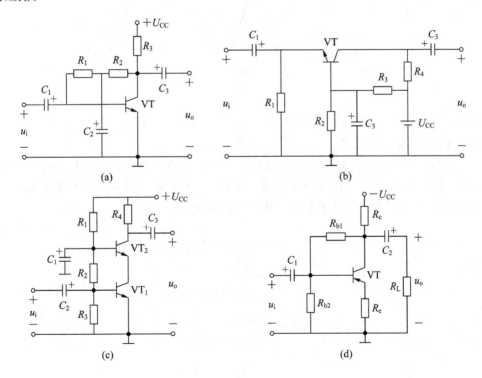

题 3.9 图

3.10 电路如题 3.10 图所示，晶体管的 $\beta = 80$，$r_{bb'} = 100\,\Omega$。分别计算 $R_L = \infty$ 和 $R_L = 3\,k\Omega$ 时的 Q 点、$\dot{A}_u$、R_i 和 R_o。

3.11 在题 3.11 图所示电路中，由于电路参数不同，在信号源电压为正弦波时，测得输出波形如题 3.12 图(a)、(b)、(c)所示,试说明电路分别产生了什么失真,如何消除?

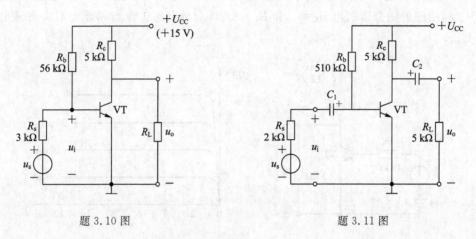

题 3.10 图　　　　　　　　　　　题 3.11 图

3.12 在由 PNP 型管组成的共射极放大电路中,输出电压波形如题 3.12 图(a)、(b)、(c)所示,则分别产生了什么失真?

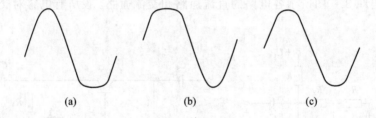

题 3.12 图

3.13 已知题 3.13 图所示电路中晶体管的 $\beta=100$,$r_{be}=1\ k\Omega$。

(1) 现已测得静态管压降 $U_{CEQ}=6\ V$,估算 R_b 的值;

(2) 若测得 $\dot{U}_i$ 和 $\dot{U}_o$ 的有效值分别为 1 mV 和 100 mV,则负载电阻 R_L 为多少千欧?

(3) 设静态时 $I_{CQ}=2\ mA$,晶体管饱和压降 $U_{CES}=0.6\ V$。试问:当负载电阻 $R_L=\infty$ 和 $R_L=3\ k\Omega$ 时,电路的最大不失真输出电压各为多少伏?

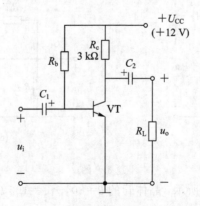

题 3.13 图

3.14 在题 3.13 图所示电路中,当某一参数发生变化(如下表第 1 列所示),而其余参数不变时，在表中各空格内填入"增大"、"减小"或"基本不变"。

参数变化	I_{BQ}	U_{CEQ}	$|\dot{A}_u|$	R_i	R_o
R_b 增大					
R_c 增大					
R_L 增大					

3.15 设电路如题 3.15 图所示，晶体管的 $\beta=100$，$r_{bb'}=100\ \Omega$。

(1) 求电路的 Q 点；

(2) 求 $\dot{A}_u$、R_i 和 R_o；

(3) 若电容 C_e 开路，则将引起电路的哪些动态参数发生变化？如何变化？

3.16 设电路如题 3.16 图所示，电路所加输入电压为正弦波。试问：

(1) $\dot{A}_{u1}=\dot{U}_{o1}/\dot{U}_i\approx?$ $\dot{A}_{u2}=\dot{U}_{o2}/\dot{U}_i\approx?$

(2) 画出输入电压和输出电压 u_i、u_{o1}、u_{o2} 的波形。

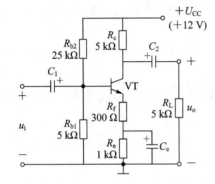
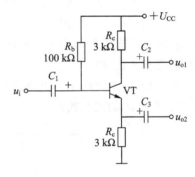

题 3.15 图   题 3.16 图

3.17 电路如题 3.17 图所示，晶体管的 $\beta=80$，$r_{be}=1\ k\Omega$。

(1) 求出 Q 点；

(2) 分别求出 $R_L=\infty$ 和 $R_L=3\ k\Omega$ 时电路的 $\dot{A}_u$ 和 R_i；

(3) 求出 R_o。

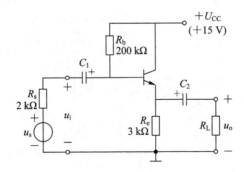

题 3.17 图

3.18 电路如题 3.18 图所示，晶体管的 $\beta=60$，$r_{bb'}=100\ \Omega$。

(1) 求出 Q 点、$\dot{A}_u$、R_i 和 R_o；

（2）设 $U_s = 10\ \mathrm{mV}$（有效值），问：$U_i = ?\ U_o = ?$ 若 C_3 开路，则 $U_i = ?\ U_o = ?$

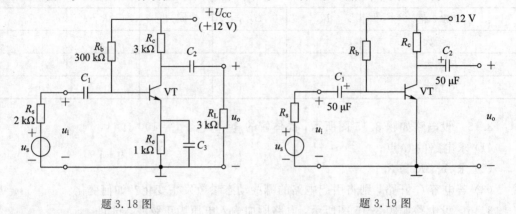

题 3.18 图　　　　　　　　　　　题 3.19 图

3.19　电路如题 3.19 图所示，如 $R_b = 750\ \mathrm{k\Omega}$，$R_c = 6.8\ \mathrm{k\Omega}$，采用 3DG6 型 BJT。

（1）当 $T = 25\,^{\circ}\mathrm{C}$ 时，$\beta = 60$，$U_{BE} = 0.7\ \mathrm{V}$，求 Q 点；

（2）如 β 随温度的变化为 $0.5\%/^{\circ}\mathrm{C}$，而 U_{BE} 随温度的变化为 $-2\ \mathrm{mV}/^{\circ}\mathrm{C}$，当温度升高至 $75\,^{\circ}\mathrm{C}$ 时，估算 Q 点的变化情况；

（3）如温度维持在 $25\,^{\circ}\mathrm{C}$ 不变，只是换一个 $\beta = 115$ 的管子，Q 点如何变化？此时放大电路的工作状态是否正常？

3.20　设题 3.20 图所示各电路的静态工作点均合适，分别画出它们的交流等效电路，并写出 $\dot{A}_u$、R_i 和 R_o 的表达式。

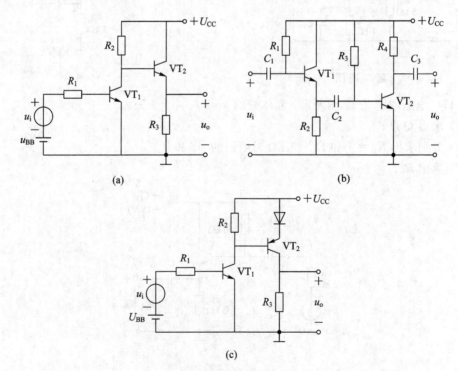

题 3.20 图

3.21　基本放大电路如题 3.21 图（a）、（b）所示，图（a）虚线框内为电路 Ⅰ，图（b）虚线框内为电路Ⅱ。由电路Ⅰ、Ⅱ组成的多级放大电路如图(c)、(d)、(e)所示,它们均正常工作。试说明图(c)、(d)、(e)所示电路中,

(1) 哪些电路的输入电阻比较大?

(2) 哪些电路的输出电阻比较小?

(3) 哪个电路的 $|\dot{A}_{us}| = |\dot{U}_o/\dot{U}_s|$ 最大?

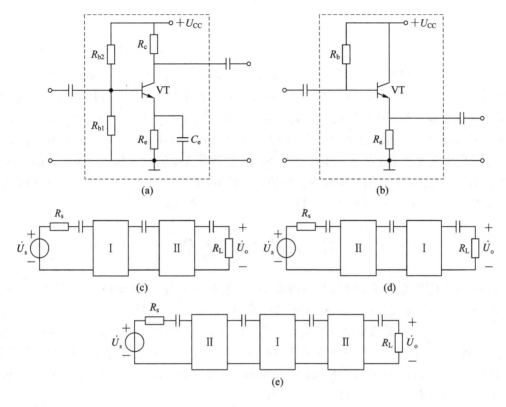

题 3.21 图

习题答案

第4章 场效应管及其基本放大电路

上一章分析了双极型晶体管(BJT)及其放大电路。本章将介绍第二种主要类型的三端放大器件——场效应管(FET)。场效应管外形与晶体管相似,但控制特性却截然不同,晶体管是电流控制元件,通过控制基极电流达到控制集电极电流或者发射极电流的目的,即信号源必须提供一定的电流才能工作,因此它的输入电阻较低。场效应管则是电压控制元件,它的输出电流决定于输入端电压的大小,基本上不需要信号源提供电流,所以它的输入电阻较高,且受温度、辐射等外界条件的影响较小,便于集成,因而获得了广泛的应用,特别是 MOSFET 在大规模和超大规模集成电路中占有重要的地位。

4.1 场 效 应 管

场效应管的种类很多,按基本结构来分,主要有两大类,即 MOSFET(Metal-Oxide-Semiconductor Field Effect Transistor)和 JFET(Junction Field Effect Transistor)。在 MOSFET 中,从导电载流子的带电极性来看,有 N(电子型)沟道 MOSFET 和 P(空穴型)沟道 MOSFET;按照导电沟道形成机理的不同,NMOS 管和 PMOS 管又各有增强型(简称 E 型)和耗尽型(简称 D 型)两种。因此,MOSFET 有四种:E 型 NMOS 管、D 型 NMOS 管、E 型 PMOS 管、D 型 PMOS 管。

4.1.1 金属氧化物-半导体(MOS)场效应管

1. N 沟道增强型 MOSFET

N 沟道增强型 MOSFET 的结构、简图和代表符号分别如图 4.1.1(a)、(b)和(c)所示。它以一块掺杂浓度较低、电阻率较高的 P 型硅半导体薄片作为衬底,利用扩散的方法在 P 型硅中形成两个高掺杂的 N^+ 区。然后在 P 型硅表面生长一层很薄的二氧化硅绝缘层,并在二氧化硅的表面及 N^+ 型区的表面上分别安置三个铝电极——栅极 g(gate)、源极 s(source)和漏极 d(drain),就成了 N 沟道增强型 MOSFET。场效应管的三个电极 g、s 和 d,分别类似于 BJT 的基极 b、射极 e 和集电极 c。

由于栅极与源极、漏极均无电接触,故称绝缘栅极。图 4.1.1(c)是 N 沟道增强型 MOSFET 的电路符号。箭头方向表示由 P(衬底)指向 N(沟道),图中垂直短画线代表沟道,短画线表明在未加适当栅压之前漏极与源极之间无导电沟道。

图 4.1.1(a)中还标出了沟道长度 L(一般为 0.5～10 μm)和宽度 W(一般为 0.5～50 μm),L 的典型值小于 1 μm,这说明 MOSFET 是一个很小的器件。而氧化物的厚度 t_{ox}

的典型值在 $400\text{Å}(0.4\times10^{-7}\text{m})$ 数量级以内。

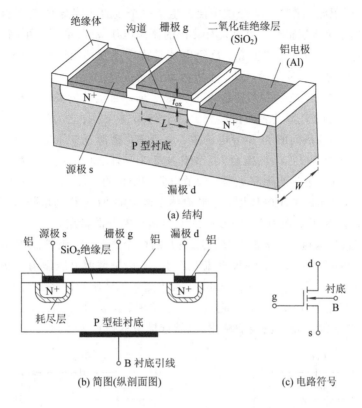

图 4.1.1 N 沟道增强型 MOSFET 结构及符号

1) 工作原理

$u_{GS}=0$ 时，没有导电沟道。在图 4.1.2(a)中，当栅源短接（即栅源电压 $u_{GS}=0$ 时），源区（N^+ 型）、衬底（P 型）和漏区（N^+ 型）就形成两个背靠背的 PN 结，无论 u_{DS} 的极性如何，其中总有一个 PN 结是反偏的。如果源极 s 与衬底 B 相连且接电源 U_{DD} 的负极、漏极接电源正极，则漏极和衬底间的 PN 结是反偏的，此时漏源之间的电阻的阻值很大，可高达 $10^{12}\ \Omega$ 数量级，也就是说，d、s 之间没有形成导电沟道，因此，$i_D=0$。

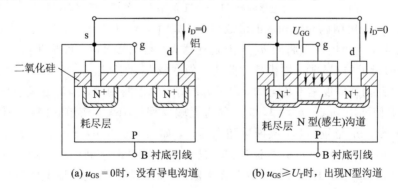

图 4.1.2 N 沟道增强型 MOSFET 的基本工作原理示意图(1)

$u_{GS}\geqslant U_T$ 时，出现 N 型沟道。如图 4.1.2(b)所示，当 $u_{DS}=0$ 时，若在栅源之间加上正

向电压(栅极接正、源极接负),则栅极(铝层)和 P 型硅片相当于以二氧化硅为介质的平板电容器,在正的栅源电压作用下,介质中便产生了一个垂直于半导体表面的由栅极指向 P 型衬底的电场(由于绝缘层很薄,即使只有几伏的栅源电压 u_{GS},也可产生高达 $10^5 \sim 10^6$ V/cm 数量级的强电场),但不会产生 i_G。这个电场是排斥空穴而吸引电子的,因此,使栅极附近的 P 型衬底中的空穴被排斥,留下不能移动的受主离子(负离子),形成耗尽层,同时 P 型衬底中的少子(电子)被吸引到栅极下的衬底表面。当正的栅源电压达到一定数值时,这些电子在栅极附近的 P 型硅表面便形成了一个 N 型薄层,称之为反型层,这个反型层实际上就组成了源、漏两极间的 N 型导电沟道。由于它是栅源正电压感应产生的,所以也称感生沟道。显然,栅源电压 u_{GS} 的值愈大,则作用于半导体表面的电场就愈强,吸引到 P 型硅表面的电子就愈多,感生沟道将愈厚,沟道电阻的阻值将愈小。这种在 $u_{GS}=0$ 时没有导电沟道,而必须依靠栅源电压的作用,才形成感生沟道的 FET 称为增强型 FET。图 4.1.1(c)中的短画线即反映了增强型 FET 在 $u_{GS}=0$ 时沟道断开的特点。

一旦出现了感生沟道,原来被 P 型衬底隔开的两个 N^+ 型区就被感生沟道连通了。因此,此时若有漏源电压 u_{DS},将有漏极电流 i_D 产生。一般把漏源电压作用下开始导电的栅源电压 u_{GS} 叫做开启电压 U_T(T 即 Threshold)。对于图 4.1.2 所示衬底 B 与源极 s 连在一起,即 $u_{BS}=0$ 时的开启电压称为零衬偏开启电压,也常用 U_{TO} 表示)。因此,当 $u_{GS}<U_T$,$i_D \approx 0$ 时,场效应管工作于输出特性曲线的截止区(靠近横坐标处),如图 4.1.3(a)所示。

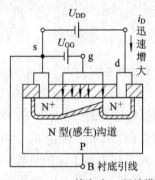
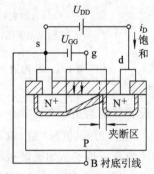

(a) $u_{GS} \geqslant U_T$,u_{DS} 较小时,i_D 迅速增大   (b) $u_{GS}>U_T$,u_{DS} 较大出现夹断时,i_D 趋于饱和

图 4.1.3 N 沟道增强型 MOSFET 的基本工作原理示意图(2)

下面叙述可变电阻区和饱和区的形成机制。如图 4.1.3(a)所示,当 $u_{GS}=U_{GS}>U_T$,外加较小的 u_{DS} 时,漏极电流 i_D 将随 u_{DS} 上升迅速增大,与此相对应,反映在输出特性上就有如图 4.1.4(a)所示的 OA 段,输出特性曲线的斜率较大。但随着 u_{DS} 的上升,由于沟道存在电位梯度,因此沟道厚度是不均匀的:靠近源端厚,靠近漏端薄,即沟道呈楔形。当 u_{DS} 增大到一定数值使 $u_{GD}=u_{GS}-u_{DS}=U_T$ 时,靠近漏端反型层消失,沟道在漏极一侧出现夹断点,称为预夹断。u_{DS} 继续增加,夹断区随之延长,如图 4.1.3(b)所示。值得注意的是,虽然沟道夹断,但耗尽区中仍可有电流通过,只有将沟道全部夹断,才能使 $i_D=0$。只是当 u_{DS} 继续增加时,u_{DS} 增加的部分主要降落在夹断区,而降落在导电沟道上的电压基本不变。从外部看,i_D 几乎不因 u_{DS} 的增大而变化,管子进入饱和区,见图 4.1.4(a)中的 AB 段。i_D 几乎仅决定于 u_{GS}。预夹断的临界条件为 $u_{GD}=u_{GS}-u_{DS}=U_T$ 或 $u_{DS}=u_{GS}-U_T$,它也是可变电阻区与饱和区的分界点。

在 $u_{DS} > u_{GS} - U_T$ 时，对应于每一个 u_{GS} 就有一个确定的 i_D。此时，可将 i_D 看做电压 u_{GS} 控制的电流源。

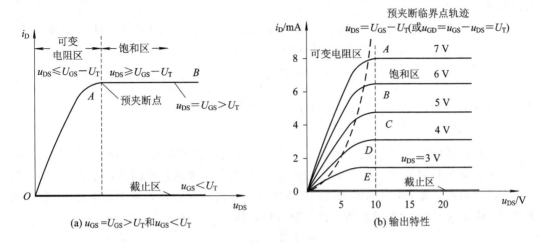

图 4.1.4　N 沟道增强型 MOSFET 输出特性

2）输出特性

MOSFET 的输出特性是指在栅源电压 u_{GS} 一定的情况下，漏极电流 i_D 与漏源电压 u_{DS} 之间的关系，即

$$i_D = f(u_{DS})\big|_{u_{GS}=常数}$$

图 4.1.4（b）所示为一 N 沟道增强型 MOSFET 完整的输出特性。因为 $u_{GD} = u_{GS} - u_{DS} = U_T$ 是预夹断的临界条件，据此可在输出特性上画出预夹断轨迹，如图 4.1.4（b）中左边的虚线所示。显然，该虚线也是可变电阻区和饱和区的分界线。现分别对三个区域进行讨论。

（1）截止区：当 $u_{GS} < U_T$ 时，导电沟道尚未形成，$i_D = 0$，为截止工作状态。

（2）可变电阻区：在可变电阻区内有

$$u_{DS} \leqslant u_{GS} - U_T \tag{4.1.1}$$

其 U-I 特性可近似表示为

$$i_D = K_n[2(u_{GS} - U_T)u_{DS} - u_{DS}^2] \tag{4.1.2}$$

其中，

$$K_n = \frac{K_n'}{2} \cdot \frac{W}{L} = \frac{\mu_n C_{ox}}{2} \cdot \frac{W}{L} \tag{4.1.3}$$

式中，K_n' 是本征导电因子，它等于 $\mu_n C_{ox}$（通常情况下为常量），μ_n 是反型层中电子迁移率，C_{ox} 是栅极（与衬底间）氧化层单位面积电容，$C_{ox} = 氧化物介电常数 \varepsilon_{ox}/氧化物的厚度 t_{ox}$；$K_n$ 是电导常数，单位为 mA/V^2。

在特性曲线原点附近，因为 u_{DS} 很小，可以忽略 u_{DS}^2，式（4.1.2）可近似表示为

$$i_D \approx 2K_n(u_{GS} - U_T)u_{DS} \tag{4.1.4}$$

由此可以求出当 u_{GS} 一定时，在可变电阻区内，原点附近的输出电阻 r_{dso} 为

$$r_{dso} = \frac{du_{DS}}{di_D}\bigg|_{u_{GS}=常数} = \frac{1}{2K_n(u_{GS} - U_T)} \tag{4.1.5}$$

式(4.1.5)表明 r_{dso} 是一个受 u_{GS} 控制的可变电阻。

（3）饱和区（即恒流区，又称放大区）：当 $u_{GS} \geqslant U_T$，且 $u_{DS} \geqslant u_{GS} - U_T$ 时，MOSFET 进入饱和区。

由于在饱和区内，可近似看成 i_D 不随 u_{DS} 变化，因此，将预夹断临界条件 $u_{DS} = u_{GS} - U_T$ 代入式(4.1.2)，便得到饱和区的 $U-I$ 特性表达式：

$$i_D = K_n (u_{GS} - U_T)^2 = K_n U_T^2 \left(\frac{u_{GS}}{U_T} - 1 \right)^2 = I_{DO} \left(\frac{u_{GS}}{U_T} - 1 \right)^2 \qquad (4.1.6)$$

式中，$I_{DO} = K_n U_T^2$，它是 $u_{GS} = 2U_T$ 时的 i_D。

3）转移特性

电流控制器件 BJT 的工作性能，是通过它的输入特性和输出特性及一些参数来反映的。FET 是电压控制器件，除了用输出特性及一些参数来描述其性能外，由于栅极输入端基本上没有电流，故讨论它的输入特性没有意义。所谓转移特性是在漏源电压 u_{DS} 一定的条件下，栅源电压 u_{GS} 对漏极电流 i_D 的控制特性，即

$$i_D = f(u_{GS}) \big|_{u_{DS} = 常数}$$

由于输出特性与转移特性都是反映 FET 工作的同一物理过程，所以转移特性可以直接从输出特性上用作图法求出。例如，在图 4.1.4(b)的输出特性中，作 $u_{DS} = 10$ V 的一条垂直线，此垂直线与各条输出特性曲线的交点分别为 A、B、C、D 和 E，将上述各点相应的 i_D 及 u_{GS} 值画在 $i_D = u_{GS}$ 的直角坐标系中，就可得到转移特性 $i_D = f(u_{GS}) \big|_{u_{DS} = 10 \text{ V}}$ 的曲线，如图 4.1.5 所示。

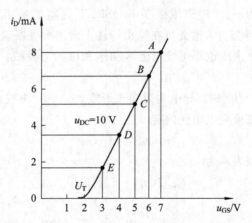

图 4.1.5　根据图 4.1.4 画出的转移特性曲线

由于饱和区内 i_D 受 u_{DS} 的影响很小，因此，在饱和区内不同 u_{DS} 下的转移特性曲线基本重合。

此外，转移特性曲线也可由式(4.1.6)画出。由式(4.1.6)可知，这是一条二次曲线，而 BJT 的输入特性中 i_C 与 u_{BE} 是指数关系，故 MOSFET 的转移特性比 BJT 输入特性的线性要好些。

2. N 沟道耗尽型 MOSFET

1）结构和工作原理简述

N 沟道耗尽型 MOSFET 的结构与增强型基本相同。由前面的讨论知道，对于 N 沟道

增强型 MOSFET，必须在 $u_{GS}>U_T$ 的情况下从源极到漏极才有导电沟道，但 N 沟道耗尽型 MOSFET 则不同。这种管子在制造时，由于二氧化硅绝缘层中掺有大量的正离子，即使在 $u_{GS}=0$ 时，由于正离子的作用，也和增强型接入正栅源电压并使 $u_{GS}>U_T$ 时相似，能在源区（N^+ 层）和漏区（N^+ 层）的中间 P 型衬底上感应出较多的负电荷（电子），形成 N 型沟道，将源区和漏区连通起来，如图 4.1.6(a) 所示，图 4.1.6(b) 是其电路符号（注意与增强型符号的差别）。因此在栅源电压为零时，在正的 u_{DS} 作用下，也有较大的漏极电流 i_D 由漏极流向源极。

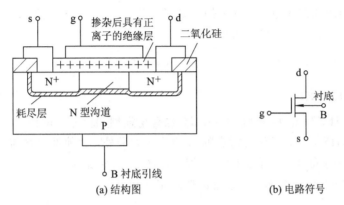

(a) 结构图　　　　　　　　　　　　(b) 电路符号

图 4.1.6　N 沟道耗尽型 MOSFET

当 $u_{GS}>0$ 时，由于绝缘层的存在，并不会产生栅极电流 i_G，而是在沟道中感应出更多的负电荷，使沟道变宽。在 u_{DS} 作用下，i_D 将具有更大的数值。

如果所加的栅源电压 u_{GS} 为负，则沟道中感应的负电荷（电子）减少，沟道变窄，从而使漏极电流减小。当 u_{GS} 为负电压并到达某值时，会使感应的负电荷消失，耗尽区扩展到整个沟道，沟道完全被夹断。这时即使有漏源电压 u_{DS}，也不会有漏极电流 i_D。此时的栅源电压称为夹断电压 U_P。

这种 N 沟道耗尽型 MOSFET 可以在正或负的栅源电压下工作，而且基本上无栅流，这是耗尽型 MOSFET 的重要特点之一。

2）U-I 特性曲线及电流方程

N 沟道耗尽型 MOSFET 的输出特性和转移特性曲线如图 4.1.7(a)、(b) 所示。

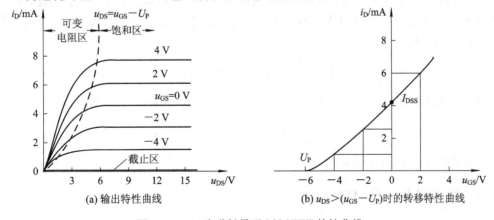

(a) 输出特性曲线　　　　　　(b) $u_{DS}>(u_{GS}-U_P)$ 时的转移特性曲线

图 4.1.7　N 沟道耗尽型 MOSFET 特性曲线

耗尽型 MOSFET 的工作区域同样可以分为截止区、可变电阻区和饱和区。所不同的是 N 沟道耗尽型 MOSFET 的夹断电压 U_P 为负值，而 N 沟道增强型 MOSFET 的开启电压 U_T 为正值。

耗尽型 MOSFET 的电流方程可以用增强型 MOSFET 的电流方程(4.1.2)、(4.1.4)和(4.1.6)表示，但这时必须用 U_P 取代 U_T。

在饱和区内，当 $u_\mathrm{GS}=0$，$u_\mathrm{DS} \geqslant u_\mathrm{GS}-U_\mathrm{T}$（即进入预夹断后）时，则由式(4.1.6)可得

$$i_D \approx K_n U_\mathrm{P}^2 = I_\mathrm{DSS} \tag{4.1.7}$$

式中，I_DSS 为零栅压的漏极电流，称为饱和漏极电流。I_DSS 下标中的第二个 S 表示栅源极间短路的意思。因此式(4.1.6)可改写成

$$i_D \approx I_\mathrm{DSS}\left(1-\frac{u_\mathrm{GS}}{U_\mathrm{P}}\right)^2 \tag{4.1.8}$$

3. P 沟道 MOSFET

与 N 型 MOSFET 相似，P 型 MOSFET 也有增强型和耗尽型两种。它们的电路符号如图 4.1.8(a)、(b)所示，除了代表衬底的 B 的箭头方向外，其他部分均与 NMOS 相同，此处不再赘述。但为了能正常工作，PMOS 管外加的 u_DS 必须是负值，开启电压 U_T 也是负值。而实际的电流方向为流出漏极，与通常的假定正好相反。

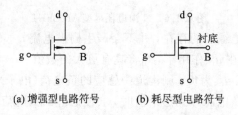

(a) 增强型电路符号　　(b) 耗尽型电路符号

图 4.1.8　P 沟道 MOSFET 电路符号

4. 沟道长度调制效应

在理想情况下，当 MOSFET 工作于饱和区时，漏极电流 i_D 与漏源电压 u_DS 无关。而实际 MOSFET 在饱和区的输出特性曲线还应考虑 u_DS 对沟道长度 L 的调制作用。当 u_GS 固定、u_DS 增加时，i_D 会有所增加，也就是说，输出特性的每根曲线会向上倾斜，因此，常用沟道长度调制参数 λ 对描述输出特性的公式进行修正。以 N 沟道增强型 MOS 管为例，考虑到沟道调制效应后，式(4.1.6)应修正为

$$i_\mathrm{D} = K_n(u_\mathrm{GS}-U_\mathrm{T})^2(1+\lambda u_\mathrm{DS}) = I_\mathrm{DO}\left(\frac{u_\mathrm{GS}}{U_\mathrm{T}}-1\right)^2(1+\lambda u_\mathrm{DS}) \tag{4.1.9}$$

对于典型器件，λ 的值可近似表示为

$$\lambda \approx \frac{0.1}{L}\ \mathrm{V}^{-1} \tag{4.1.10}$$

式中，沟道长度 L 的单位为 μm。

4.1.2　结型场效应管(JFET)

JFET 是利用半导体内的电场效应进行工作的，也称为体内场效应器件。JFET 的结构

示意图如图 4.1.9(a)所示，是在一块 N 型半导体材料两边扩散高浓度的 P 型区(用 P$^+$ 表示)，形成两个 PN 结。两边 P$^+$ 型区引出两个欧姆接触电极并连接在一起，称为栅极 g，在 N 型本体材料的两端各引出一个欧姆接触电极，分别称为源极 s 和漏极 d。两个 PN 结中间的 N 型区域称为导电沟道。这种结构称为 N 型沟道 JFET。图 4.1.9(b)是它的代表符号，其中箭头的方向表示栅结正向偏置时，栅极电流的方向是由 P 指向 N，故从符号上就可识别 d、s 之间是 N 沟道。

实际的 N 沟道 JFET 的结构剖面图如图 4.1.9(c)所示。图中衬底和中间顶部都是 P$^+$ 型半导体，它们连接在一起(图中未画出)，称为栅极 g。分别与源极 s 和漏极 d 相连的 N$^+$ 区是通过光刻和扩散等工艺来完成的隐埋层，其作用是为源极 s、漏极 d 提供低阻通路。三个电极 s、g、d 分别由不同的铝接触层引出。

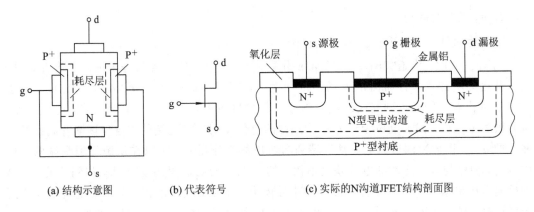

(a) 结构示意图　　(b) 代表符号　　(c) 实际的N沟道JFET结构剖面图

图 4.1.9　N 沟道 JFET

下面以 N 沟道 JFET 为例，分析 JFET 的工作原理。

N 沟道 JFET 工作时，在栅极与源极间需加一负电压($u_{GS}<0$)，使栅极、沟道间的 PN 结反偏，栅极电流 $i_G\approx0$，场效应管呈现高达 10^7 Ω 以上的输入电阻。在漏极与源极间加一正电压($u_{DS}>0$)，使 N 沟道中的多数载流子(电子)在电场作用下由源极向漏极运动，形成电流 i_D。i_D 的大小受 u_{GS} 控制。因此，讨论 JFET 的工作原理同样是讨论 u_{GS} 对 i_D 的控制作用和 u_{DS} 对 i_D 的影响。

1. u_{GS} 对导电沟道及 i_D 的控制作用

为了讨论方便，先假设 $u_{DS}=0$。当 u_{GS} 由零往负向增大时，在反偏电压 u_{GS} 作用下，两个 PN 结的耗尽层(即耗尽区)将加宽，使导电沟道变窄，沟道电阻增大，如图 4.1.10(a)、(b)所示(由于 N 区掺杂浓度小于 P$^+$ 区，即 $N_D<N_A$，P$^+$ 区的耗尽层宽度较小，图中只画出了 N 区的耗尽层)。当 $|u_{GS}|$ 进一步增大到某一定值 $|U_P|$ 时，两侧耗尽层在中间合拢，沟道全部被夹断，如图 4.1.10(c)所示。此时漏源极间的电阻将趋于无穷大，相应的栅源电压称为夹断电压 U_P。

上述分析表明，改变 u_{GS} 的大小，可以有效地控制沟道电阻的大小。若在漏源极间加上固定的正向电压 u_{DS}，则由漏极流向源极的电流 i_D 将受 u_{GS} 的控制，$|u_{GS}|$ 增大时，沟道电阻增大，i_D 减小。

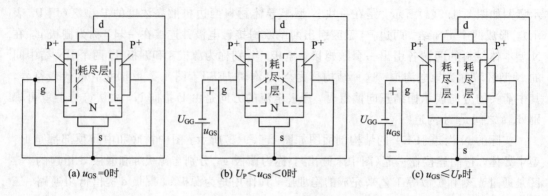

(a) $u_{GS}=0$时　　(b) $U_P<u_{GS}<0$时　　(c) $u_{GS}\leqslant U_P$时

图 4.1.10　$u_{DS}=0$ 时，栅源电压 u_{GS} 改变对导电沟道的影响

2. u_{DS} 对 i_D 的影响

为简明起见，首先从 $u_{GS}=0$ 开始讨论。

当 $u_{DS}=0$ 时，沟道如图 4.1.11(a)所示，并有 $i_D=0$，这是容易理解的。但随着 u_{DS} 的接入并逐渐增加，一方面沟道电场强度加大，有利于漏极电流 i_D 增加；另一方面，有了 u_{DS}，就在由源极经沟道到漏极组成的 N 型半导体区域中，产生了一个沿沟道的电位梯度。若源极为零电位，漏极电位为 $+u_{DS}$，沟道区的电位差则从靠源端的零电位逐渐升高到靠近漏端的 u_{DS}。由于 N 沟道的电位从源端到漏端是逐渐升高的，所以在从源端到漏端的不同位置上，栅极与沟道之间的电位差是不相等的，离源极愈远，电位差愈大，加到该处 PN 结的反向电压也愈大，耗尽层也愈向 N 型半导体中心扩展，使靠近漏极处的导电沟道比靠近源极要窄，导电沟道呈楔形，如图 4.1.11(a)所示。所以从这方面来说，增加 u_{DS}，又产生了阻碍漏极电流 i_D 提高的因素。但在 u_{DS} 较小时，导电沟道靠近漏端区域仍较宽，这时阻碍的因素是次要的，故 i_D 随 u_{DS} 的升高几乎成正比地增大，构成图 4.1.12 所示 $u_{GS}=0$ 的输出特性曲线的上升段。

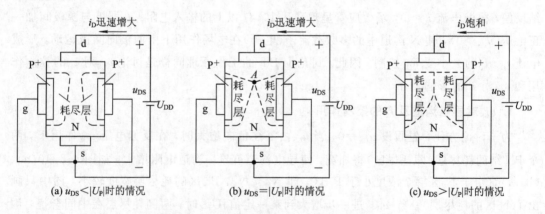

(a) $u_{DS}<|U_P|$时的情况　　(b) $u_{DS}=|U_P|$时的情况　　(c) $u_{DS}>|U_P|$时的情况

图 4.1.11　$u_{GS}=0$ 时，改变 u_{DS} 后 JFET 导电沟道的变化

当 u_{DS} 继续增加时，漏栅极间的电位差加大，靠近漏端电位差最大，耗尽层也最宽。如图 4.1.11(b)所示，当两耗尽层在 A 点相遇时，称为预夹断，此时，A 点耗尽层两边的电位差用夹断电压 U_P 来描述。由于 $u_{GS}=0$，故有 $u_{GD}=-u_{DS}=U_P$。当 $u_{GS}\neq0$ 时，在预夹断点 A 处 U_P 与 u_{GS}、u_{DS} 之间有如下关系：

$$u_{GD} = u_{GS} - u_{DS} = U_P \qquad (4.1.11)$$

沟道一旦在 A 点预夹断后，随着 u_{DS} 上升，夹断长度会有增加，亦即 A 点将向源极方向延伸，如图 4.1.11(c)所示。但由于夹断处场强也增高，仍能将电子拉过夹断区（即耗尽层），形成漏极电流，这与 E 型 MOSFET 在漏端夹断时，仍能把感应沟道中的电子拉向漏极是相似的。在从源极到夹断处的沟道上，沟道内电场基本上不随 u_{DS} 改变而变化。所以，i_D 基本上不随 u_{DS} 增加而上升，漏极电流趋于饱和。

如果 JFET 栅极与源极间接一可调负电源，由于栅源电压愈负，耗尽层愈宽，沟道电阻就愈大，相应的 i_D 就愈小。因此，改变栅源电压 u_{GS} 可得一族曲线，如图 4.1.12 所示。由于每个管子的 U_P 为一定值，因此，从式(4.1.11)可知，预夹断点随 u_{GS} 改变而变化，它在输出特性上的轨迹如图 4.1.12 中左边虚线所示。

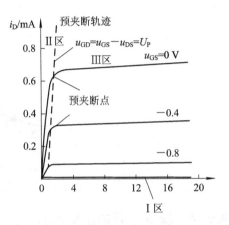

图 4.1.12　N 沟道 JFET 的输出特性

综上分析，可得下述结论：

（1）JFET 栅极、沟道之间的 PN 结是反向偏置的，因此，其 $i_G \approx 0$，输入电阻的阻值很高。

（2）JFET 是电压控制电流器件，i_D 受 u_{GS} 控制。

（3）预夹断前，i_D 与 u_{DS} 呈近似线性关系；预夹断后，i_D 趋于饱和。

P 沟道 JFET 工作时，其电源极性与 N 沟道 JFET 的电源极性相反。

4.1.3　JFET 的特性曲线

1. 输出特性

图 4.1.12 所示为一 N 沟道 JFET 的输出特性。图中管子的工作情况仍可分为三个区域，现分别加以讨论。

（1）Ⅰ区为截止区（夹断区），此时，$u_{GS} < U_P$，$i_D = 0$。

（2）Ⅱ区为可变电阻区（线性区），当 $U_P < u_{GS} \leqslant 0$，$u_{DS} \leqslant u_{GS} - U_P$ 时，N 沟道 JFET 工作在可变电阻区，其 $U\text{-}I$ 特性可表示为

$$i_D = K_n [2(u_{GS} - U_P)u_{DS} - u_{DS}^2] \qquad (4.1.12)$$

（3）Ⅲ区为饱和区（放大区），当 $U_P < u_{GS} \leqslant 0$，$u_{DS} > u_{GS} - U_P$ 时，JFET 工作在饱和区，此时

$$i_D = K_n(u_{GS} - U_P)^2 = I_{DSS}\left(1 - \frac{u_{GS}}{U_P}\right)^2 \qquad (4.1.13)$$

式中，$K_n = I_{DSS}/U_P^2$。如果考虑沟道调制效应（即 $\lambda \neq 0$），则上式应修正为

$$i_D = I_{DSS}\left(1 - \frac{u_{GS}}{U_P}\right)^2 (1 + \lambda u_{DS}) \qquad (4.1.14)$$

2. 转移特性

JFET 的转移特性同样可以直接根据输出特性作图法求出。

图 4.1.13 所示为一族典型的转移特性曲线。由图可看出，当 u_{DS} 大于某一定的数值后（例如 5 V），不同 u_{DS} 的转移特性曲线是很接近的，这时可认为转移特性曲线重合为一条曲线，使分析得到简化。

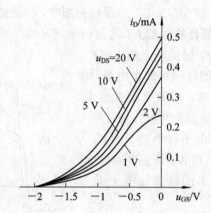

图 4.1.13　N 沟道 JFET 的转移特性

此外，只要已知 I_{DSS} 和 U_P，转移特性曲线也可由式(4.1.13)绘出。

4.1.4　场效应管的主要参数

1. 直流参数

1）开启电压 U_T

U_T 是增强型 MOSFET 的参数。当 u_{DS} 为某一固定值（例如 10 V），使 i_D 等于一微小电流（例如 50 μA）时，栅源间的电压为 U_T。

2）夹断电压 U_P

U_P 是耗尽型 FET 的参数。通常令 u_{DS} 为某一固定值（例如 10 V），使 i_D 等于一个微小的电流（例如 20 μA）时，栅源之间所加的电压称为夹断电压。

3）饱和漏极电流 I_{DSS}

I_{DSS} 也是耗尽型 FET 的参数。

在 $u_{GS}=0$ 的情况下，当 $|u_{DS}| \geqslant |U_P|$ 时的漏极电流称为饱和漏极电流 I_{DSS}。通常在 $|u_{DS}|=10$ V，$u_{GS}=0$ V 时测出的 i_D 就是 I_{DSS}。

4）直流输入电阻 R_{GS}

在漏源之间短路的条件下，栅源之间加一定电压时的栅源直流电阻就是直流输入电阻 R_{GS}。MOSFET 的 R_{GS} 可达 $10^9 \sim 10^{15}$ Ω。

2. 交流参数

1）低频互导 g_m

u_{DS} 等于常数时，漏极电流的微变量和引起这个变化的栅源电压的微变量之比称为互导，即

$$g_m = \left. \frac{\partial i_D}{\partial u_{GS}} \right|_{U_{DS}} \tag{4.1.15}$$

互导反映了栅源电压对漏极电流的控制能力，它相当于转移特性上工作点的斜率。互导 g_m 是表征 FET 放大能力的一个重要参数，单位为 mS 或 μS。g_m 一般在十分之几至几毫西的范围内，特殊的可达 100 mS，甚至更高。值得注意的是，互导随管子的工作点不同而不同，它是 FET 小信号建模的重要参数之一。

以 N 沟道增强型 MOSFET 为例，如果手头没有 FET 的特性曲线，则可利用式 (4.1.6) 和式 (4.1.15) 近似估算 g_m 值，即

$$g_m = \frac{\partial i_D}{\partial u_{GS}}\bigg|_{U_{DS}} = \frac{\partial\left[K_n(u_{GS}-U_T)^2\right]}{\partial u_{GS}}\bigg|_{U_{DS}} = 2K_n(u_{GS}-U_T) \tag{4.1.16}$$

考虑到 $i_D = K_n(u_{GS}-U_T)^2$ 和 $I_{DO} = K_n U_T^2$，式 (4.1.16) 又可改写为

$$g_m = 2\sqrt{K_n i_D} = \frac{2}{U_T}\sqrt{I_{DO} i_D} \tag{4.1.17}$$

上式说明，i_D 越大，g_m 愈高，考虑到 $K_n = \dfrac{\mu_n C_{ox}}{2} W/L$，所以沟道宽长比 W/L 愈大，g_m 也愈高。

因为，$g_m = \dfrac{\partial i_D}{\partial u_{GS}}\bigg|_{U_{DS}}$ 代表转移特性曲线的斜率，因此，互导 g_m 值也可由移特性曲线图解确定。

2）输出电阻 r_{ds}

输出电阻 r_{ds} 为

$$r_{ds} = \frac{\partial u_{DS}}{\partial i_D}\bigg|_{U_{GS}} \tag{4.1.18}$$

输出电阻 r_{ds} 说明了 u_{DS} 对 i_D 的影响，是输出特性某一点上切线斜率的倒数。当不考虑沟道调制效应（$\lambda=0$）时，在饱和区输出特性曲线的斜率为 0，$r_{ds} \rightarrow \infty$。

3. 极限参数

1）最大漏极电流 I_{DM}

I_{DM} 是管子正常工作时漏极电流允许的上限值。

2）最大耗散功率 P_{DM}

FET 的耗散功率等于 u_{DS} 和 i_D 的乘积，即 $P_{DM} = u_{DS} i_D$。这些耗散在管子中的功率将变为热能，使管子的温度升高。为了限制它的温度不要升得太高，就要限制它的耗散功率不能超过最大数值 P_{DM}。显然，P_{DM} 受管子最高工作温度的限制。

3）最大漏源电压 $U_{(BR)DS}$

$U_{(BR)DS}$ 是指发生雪崩击穿、i_D 开始急剧上升时的 u_{DS} 值。

4）最大栅源电压 $U_{(BR)GS}$

$U_{(BR)GS}$ 是指栅源间反向电流开始急剧增加时的 u_{GS} 值。

除以上参数外，还有极间电容、高频参数等其他参数。

4.2 场效应管单管放大电路

场效应管和双极型晶体管一样能实现信号的控制，所以也能组成放大电路。与晶体管

放大电路相对应，场效应管放大电路有共源极、共漏极和共栅极三种接法。由 FET 组成的放大电路和 BJT 放大电路一样，要建立合适的静态工作点。所不同的是，FET 是电压控制器件，因此它需要有合适的栅极-源极电压。场效应管放大电路的分析与晶体管放大电路相同，也包括静态分析和动态分析。分析方法有图解法和计算分析法。下面以 N 沟道增强型 MOS 场效应管构成的放大电路为例介绍其静态和动态分析。

4.2.1　静态工作点的计算

图 4.2.1(a)是用 N 沟道增强型 MOSFET 构成的共源极放大电路的原理图。直流时耦合电容 C_{b1}、C_{b2} 视为开路，交流时 C_{b1} 将输入电压信号耦合到 MOSFET 的栅极，而通过 C_{b2} 的隔离和耦合将放大后的交流信号输出。

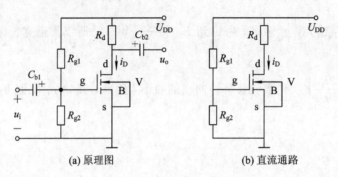

(a) 原理图　　　　　　　　(b) 直流通路

图 4.2.1　NMOS 共源极放大电路

图 4.2.1(a)的直流通路如图 4.2.1(b)所示。由图可知，栅源电压 U_{GS} 由 R_{g1}、R_{g2} 组成的分压式偏置电路提供，因此有

$$U_{GS} = \left(\frac{R_{g2}}{R_{g1} + R_{g2}}\right)U_{DD} \tag{4.2.1}$$

假设场效应管 V 的开启电压为 U_T，NMOS 管工作于饱和区，则漏极电流为

$$I_D \approx K_n(U_{GS} - U_T)^2 \tag{4.2.2}$$

漏源电压为

$$U_{DS} = U_{DD} - I_D R_d \tag{4.2.3}$$

若计算出来的 $U_{DS} > (U_{GS} - U_T)$，则说明 NMOS 管的确工作在饱和区，前面的分析正确。若 $U_{DS} < (U_{GS} - U_T)$，说明管子工作于可变电阻区，漏极电流可由式 $I_D \approx K_n[2(U_{GS} - U_T)U_{DS} - U_{DS}^2]$ 确定。

例 4.2.1　电路如图 4.2.1(a)所示，设 $R_{g1} = 60$ kΩ，$R_{g2} = 40$ kΩ，$R_d = 15$ kΩ，$U_{DD} = 5$ V，$U_T = 1$ V，$K_n = 0.2$ mA/V^2。试计算电路的静态漏极电流 I_{DQ} 和漏源电压 U_{DSQ}。

解　由图 4.2.1(b)和式(4.2.1)可得

$$U_{GS} = \left(\frac{R_{g2}}{R_{g1} + R_{g2}}\right)U_{DD} = \frac{40}{60 + 40} \times 5 = 2 \text{ V}$$

假设场效应管 V 工作于饱和区，则漏极电流为

$$I_D \approx K_n(U_{GS} - U_T)^2 = 0.2 \times (2 - 1)^2 = 0.2 \text{ mA}$$

漏源电压为

$$U_{DS} = U_{DD} - I_D R_d = 5 - 0.2 \times 15 = 2 \text{ V}$$

由于 $U_{DS}>(U_{GS}-U_T)$，说明 NMOS 管的确工作在饱和区，前面的分析正确。

综上分析，对于 N 沟道增强型 MOS 管电路的直流计算，可以采取下述步骤：

（1）设 MOS 管工作于饱和区，则有 $U_{GSQ}>U_T$，$I_{DQ}>0$，$U_{DSQ}>(U_{GSQ}-U_T)$。

（2）利用饱和区的电流-电压关系曲线分析电路。

（3）如果出现 $U_{GSQ}<U_T$，则 MOS 管可能截止；如果 $U_{DSQ}<(U_{GSQ}-U_T)$，则 MOS 管可能工作在可变电阻区。

（4）如果初始假设被证明是错误的，则必须作出新的假设，同时重新分析电路。

4.2.2 图解分析法

图 4.2.2 所示共源极放大电路采用的是 N 沟道增强型 MOS 管，图中 $U_{GG}>U_T$，为使场效应管工作于饱和区，U_{DD} 应足够大。R_d 的作用与共射极放大电路中 R_c 的作用相同，将漏极电流 i_D 的变化转换成电压 U_{DS} 的变化，从而实现电压放大。

令 $u_i=0$，则有 $u_{GS}=U_{GSQ}=U_{GG}$。可在场效应管的输出特性上找出 $i_D=f(u_{DS})\big|_{u_{GS}=U_{GG}}$ 的曲线，然后作负载线 $u_{DS}=U_{DD}-i_D R_d$，如图 4.2.3 所示，曲线与负载线的交点就是静态工作点 Q，其相应的坐标值为 I_{DQ} 和 U_{DSQ}。

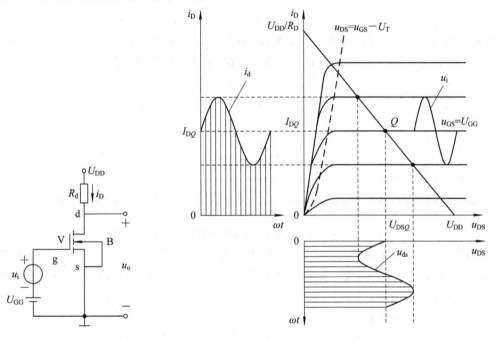

图 4.2.2　NMOS 共源极放大电路　　　　图 4.2.3　图 4.2.2 的图解分析

如果 $u_i\neq 0$，$u_{GS}=U_{GG}+u_i=U_{GS}+u_i=U_{GS}+u_{gs}$（$u_{gs}$ 是加在栅源上的电压变化量），则相应要产生 $i_D(=I_{DQ}+i_d)$ 和 $u_{DS}(=U_{DSQ}+u_{ds})$ 变化量。注意：一般情况下应利用交流负载线求 i_D 和 u_{DS}，这里是特例，交流负载线与直流负载线相同。通常 u_{ds} 远大于 $u_{gs}(=u_i)$，从而实现了电压放大。

4.2.3 小信号模型分析法

如果输入信号很小，场效应管工作在饱和区，和 BJT 一样，可以将场效应管也看成一个双口网络，栅极与源极看成入口，漏极与源极看成出口。以 N 沟道增强型 MOS 管为例，栅极电流为零，栅源之间只有电压 u_{GS} 存在。设在饱和区内近似看成 i_D 不随 u_{DS} 变化，工作在饱和区的漏极电流为

$$i_D = K_n(u_{GS} - U_T)^2 = K_n(U_{GSQ} + u_{gs} - U_T)^2 = K_n[(U_{GSQ} - U_T) + u_{gs}]^2$$

即

$$i_D = K_n(U_{GSQ} - U_T)^2 + 2K_n(U_{GSQ} - U_T)u_{gs} + K_n u_{gs}^2 \qquad (4.2.4)$$

式中，第一项为直流或静态工作点电流 I_{DQ}。

第二项是漏极信号电流 $i_d = 2K_n(U_{GSQ} - U_T)u_{gs}$，它和 u_{gs} 是线性关系。考虑到在静态工作点 Q 处有 $i_D = K_n(U_{GSQ} - U_T)^2 + 2K_n(U_{GSQ} - U_T)u_{gs} = I_{DQ} + g_m u_{gs} = I_{DQ} + i_d$，同时根据式 $g_m = 2K_n(U_{GS} - U_T)$，因此有

$$i_d = 2K_n(U_{GS} - U_T)u_{gs} = g_m u_{gs}$$

第三项与输入信号电压的平方成正比，当 $u_i = u_{gs}$ 为正弦波时，平方项将使输出电压产生谐波或非线性失真。我们要求上式中第三项必须远小于第二项，即 $u_{gs} \ll 2(U_{GSQ} - U_T)$，这就是线性放大器必须满足的小信号条件。忽略式（4.2.4）中的 u_{gs}^2 项，可得

$$i_D = K_n(U_{GSQ} - U_T)^2 + 2K_n(U_{GSQ} - U_T)u_{gs} = I_{DQ} + g_m u_{gs} = I_{DQ} + i_d$$

考虑到 NMOS 管的 $i_G = 0$，栅源极间的电阻很大，可看成开路，而 $i_d = g_m u_{gs}$，因此，可画出图 4.2.4(a) 所示的共源极 NMOS 管的低频小信号模型，如图 4.2.4(b) 所示。图 4.2.4(c) 是考虑 $\lambda \neq 0$ 和场效应管输出电阻 r_{ds} 为有限值时的低频小信号模型。

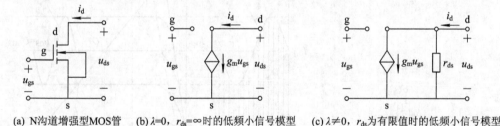

(a) N沟道增强型MOS管　　(b) $\lambda = 0$，$r_{ds} = \infty$ 时的低频小信号模型　　(c) $\lambda \neq 0$，r_{ds} 为有限值时的低频小信号模型

图 4.2.4　共源极 NMOS 管的低频小信号模型

例 4.2.2　电路如图 4.2.2 所示，设 $R_d = 3.9 \text{ k}\Omega$，$U_{DD} = 5 \text{ V}$，$U_{GS} = 2 \text{ V}$，场效应管的 $U_T = 1 \text{ V}$，$K_n = 0.8 \text{ mA/V}^2$，$\lambda = 0.02 \text{ V}^{-1}$。当 MOS 管工作于饱和区时，试确定电路的小信号电压增益。

解　(1) 求静态值：

$$I_D \approx K_n(U_{GS} - U_T)^2 = 0.8 \times (2-1)^2 = 0.8 \text{ mA}$$
$$U_{DSQ} = U_{DD} - I_{DQ}R_d = 5 - 0.8 \times 3.9 = 1.88 \text{ V}$$

而 $U_{GS} - U_T = 1 \text{ V} < U_{DS}$，说明 MOS 管的确工作于饱和区，满足线性放大器电路的要求。

(2) 求 FET 的互导和输出电阻：

$$g_m = 2K_n(u_{GS} - U_T) = 2 \times 0.8 \times (2-1) = 1.6 \text{ mS}$$
$$r_{ds} = [\lambda K_n(u_{GS} - U_T)^2]^{-1} = \frac{1}{0.02 \times 0.8} = 62.5 \text{ k}\Omega$$

(3) 求电压增益。图 4.2.2 的小信号等效电路如图 4.2.5 所示。

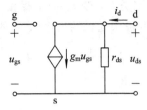

图 4.2.5　图 4.2.2 的小信号等效电路

由图可得电压增益为

$$A_u = \frac{u_o}{u_i} = -\frac{g_m u_{gs}(r_{ds} \;/\!/\; R_d)}{u_{gs}} = -g_m(r_{ds} \;/\!/\; R_d) = -5.87$$

由于场效应管的 g_m 较低，因此与 BJT 放大电路相比，MOS 管放大电路的电压增益也较低。上式中的 A_u 是负值，表明若输入为正弦电压，输出电压 u_o 与输入 u_i 的相位相差 $180°$，共源极电路属倒相电压放大电路。

例 4.2.3　电路如图 4.2.6(a) 所示，设耦合电容对信号频率可视为交流短路，场效应管工作在饱和区，r_{ds} 很大，可忽略。试画出其小信号等效电路，求出其输入电阻、小信号电压增益、小信号源电压增益和输出电阻。

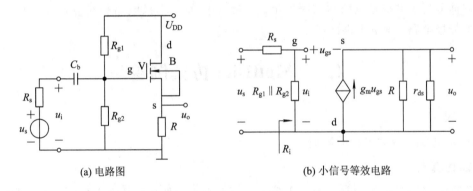

(a) 电路图　　　　　　　　　　(b) 小信号等效电路

图 4.2.6　NMOS 源极跟随器及其小信号等效电路

解　图 4.2.6(a) 的小信号等效电路如图 4.2.6(b) 所示。由图可得

$$u_o = g_m u_{gs}(R \;/\!/\; r_{ds})$$

$$u_i = u_{gs} + u_o = u_{gs} + g_m u_{gs}(R \;/\!/\; r_{ds})$$

$$R_i = R_{g1} \;/\!/\; R_{g2}$$

$$u_i = \frac{R_i}{R_s + R_i} u_s$$

因此，有

$$A_u = \frac{u_o}{u_i} = \frac{(g_m u_{gs})(R \;/\!/\; r_{ds})}{u_{gs} + g_m u_{gs}(R \;/\!/\; r_{ds})} = \frac{g_m(R \;/\!/\; r_{ds})}{1 + g_m(R \;/\!/\; r_{ds})} \tag{4.2.5}$$

$$A_{us} = \frac{u_o}{u_s} = \frac{u_o}{u_i} \cdot \frac{u_i}{u_s} = \frac{g_m(R \;/\!/\; r_{ds})}{1 + g_m(R \;/\!/\; r_{ds})} \cdot \left(\frac{R_i}{R_i + R_s}\right) \tag{4.2.6}$$

式 (4.2.5) 和式 (4.2.6) 表明，与 BJT 射极跟随器一样，源极跟随器的电压增益小于 1 但接近于 1。

求输出电阻的方法与 BJT 电路类似，令 $u_s=0$，保留其内阻，将 R_L 开路，然后在输出端加一测试电压 u_t，由此画出求源极跟随器输出电阻 R_o 的电路，如图 4.2.7 所示。

$$R_o = \frac{u_t}{i_t} = \frac{1}{\dfrac{1}{R} + \dfrac{1}{r_{ds}} + g_m} = R \; /\!/ \; r_{ds} \; /\!/ \; \frac{1}{g_m} \tag{4.2.7}$$

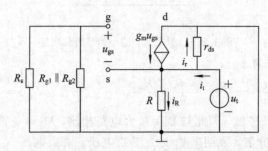

图 4.2.7　例 4.2.3 求 R_o 的电路

由以上分析结果可知，共漏极放大电路的电压放大倍数小于 1，但接近 1，输出电压与输入电压同相；具有输入电阻高、输出电阻低等特点。由于它与晶体三极管共集电极放大电路的特点相同，所以可用作多级放大电路的输入级、输出级和中间阻抗变换级。

前面分析了共源极电路和共漏极电路，与 BJT 的共基极电路相对应，FET 放大电路也有共栅极电路，这里不再详述。

4.3　Multisim 仿真例题

1. 题目

u_{GS} 对共源极放大电路的影响。

2. 仿真电路

仿真电路如图 4.3.1(a)、图 4.3.2(a)、图 4.3.3(a) 所示。其中 MOS 场效应管的型号为 2N7000。

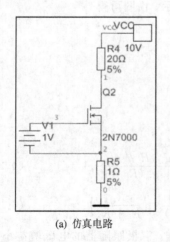

(a) 仿真电路

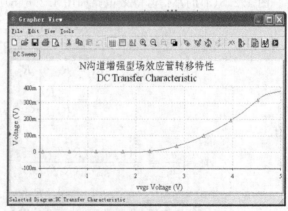

(b) 转移特性仿真结果

图 4.3.1　场效应管转移特性直流扫描分析

3．仿真内容

1）场效应管的转移特性

场效应管的转移特性指漏源电压 u_{DS} 固定时，栅源电压 u_{GS} 对漏极电流 i_D 的控制特性，即 $i_D = f(u_{GS})|_{u_{DS}=常数}$，按照图 4.3.1 搭建 N 沟道增强型场效应管转移特性实验电路，选择直流扫描分析功能对节点 2 的电压 V[2] 进行分析，由于源极电阻 $R_5 = 1\ \Omega$，所以电压 V[2] 的数值等于源极电流，也等于漏极电流 i_D。由图 4.3.1(b)可知，N 沟道增强型场效应管的开启电压 $U_{GS(th)} \approx 2\ V$。

2）场效应管共源极放大电路

图 4.3.2(b)、图 4.3.3(b)所示为电阻 R_1 分别等于 3 MΩ 和 4 MΩ 情况下 u_{GSQ}、u_{DSQ} 和 u_o 的测试结果。

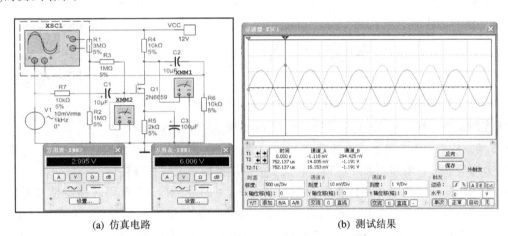

(a) 仿真电路　　　　　　　　　　　　(b) 测试结果

图 4.3.2　场效应管共源极放大电路仿真测试（$R_1 = 3$ MΩ）

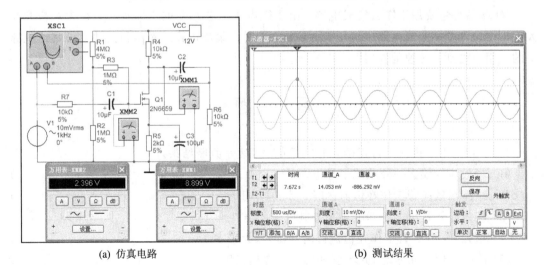

(a) 仿真电路　　　　　　　　　　　　(b) 测试结果

图 4.3.3　场效应管共源极放大电路仿真测试（$R_1 = 4$ MΩ）

4. 仿真结果

整理图 4.3.2 和图 4.3.3 中电压表和示波器上的数据，可得表 4.3.1。

表 4.3.1 仿 真 数 据

输入电压 U_i/mV	R_1/MΩ	u_{GSQ}/V	u_{DSQ}/V	漏极电流/mA	输出电压/mV	电压放大倍数
10	3	2.995	6.006	0.5994	1191	119
10	4	2.396	8.899	0.3101	886.292	88

5. 结论

用直流扫描分析可测试场效应管的转移特性。调整电阻 R_1 和 R_2 构成的分压网络可以改变 u_{GSQ}，从而改变电压放大倍数。此外，改变电阻 R_4、R_5 也可改变输出电压。

本 章 小 结

重点例题详解

场效应管利用栅源之间电压的电场效应来控制漏极电流，是一种电压控制器件。场效应管分为结型和绝缘栅型两大类，后者又称为 MOS 场效应管。无论结型或绝缘栅型场效应管，都有 N 沟道和 P 沟道之分。对于绝缘栅型场效应管，又有增强型和耗尽型两种类型，但结型场效应管只有耗尽型。

表征场效应管放大作用的重要参数是跨导 $g_m = \Delta i_D / \Delta u_{GS}$。也可用转移特性和漏极特性来描述场效应管各极电流与电压之间的关系。场效应管组成的共源、共漏极放大电路，与晶体管共射、共集极电路对应。它们的输入电阻高，噪声系数低，输入方式灵活，但电压放大倍数比相应的晶体管电路小，还要防止栅源极击穿。

MOS 器件主要用于制造集成电路。由于微电子工艺水平的不断提高，在大规模和超大规模模拟和数字集成电路中应用极为广泛，同时在集成运算放大器和其他模拟集成电路中的应用也得到了迅速的发展。

习 题

4.1 判断下列说法是否正确，用"√"或"×"表示判断结果。

(1) 场效应管仅靠一种载流子导电。 （ ）

(2) 结型场效应管工作在恒流区时，其 u_{GS} 小于零。 （ ）

(3) 场效应管是由电压即电场来控制电流的器件。 （ ）

(4) 增强型 MOS 管工作在恒流区时，其 u_{GS} 大于零。 （ ）

(5) $u_{GS} = 0$ 时，耗尽型 MOS 管能够工作在恒流区。 （ ）

(6) 低频跨导 g_m 是一个常数。 （ ）

4.2 判断题 4.2 图所示各电路能否具有电压放大作用。

4.3 改正图 4.2 所示各电路中的错误，使它们有可能放大正弦波电压。

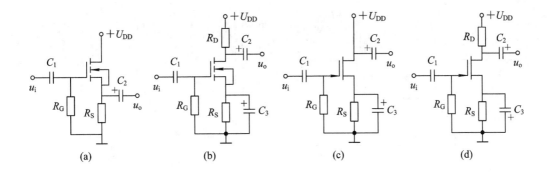

(a)　　　　　(b)　　　　　(c)　　　　　(d)

题 4.2 图

4.4　已知某结型场效应管的 $I_{DSS}=2$ mA，$U_{GS(off)}=-4$ V，试画出它的转移特性曲线和输出特性曲线，并近似画出预夹断轨迹。

4.5　已知场效应管的输出特性曲线如题 4.5 图所示，画出它在恒流区的转移特性曲线。

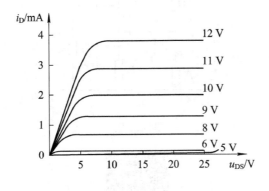

题 4.5 图

4.6　电路如题 4.6 图所示，已知场效应管的 g_m，写出 $\dot{A}_u$、R_i 和 R_o 的表达式。

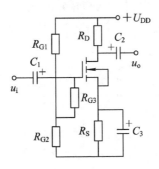

题 4.6 图

4.7　已知题 4.7 图(a)所示电路中场效应管的转移特性如图(b)所示。求解电路的 Q 点和 $\dot{A}$。

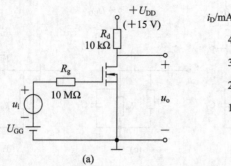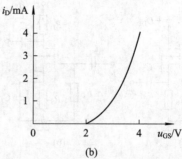

(a) (b)

题 4.7 图

4.8 电路如题 4.8 图所示，已知场效应管的低频跨导为 g_m，试写出 $\dot{A}_u$、R_i 和 R_o 的表达式。

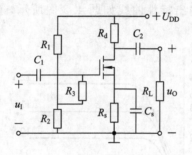

题 4.8 图

习题答案

第5章　放大电路的频率响应

本章主要介绍频率响应的基本概念，单级放大电路的高频和低频等效模型及其频率响应，以及多级放大电路的频率响应。

5.1　频率响应概述

在放大电路中，由于电抗元件及半导体管极间电容的存在，当输入信号频率过低或过高时，不但放大倍数的数值会变小，而且还将产生超前或者滞后的相移，说明放大倍数是频率的函数，这种函数关系称为放大电路的频率响应或频率特性。在前面的电路分析中，所用的晶体管和场效应管的等效模型均未考虑极间电容的作用，因而它们只适用于低频信号的分析。本章将引入半导体管的高频等效模型，并阐明放大电路上限频率、下限频率和通频带的求解方法。

5.1.1　基本概念

放大电路的频率响应可用如下的放大电路的增益与频率的关系描述：

$$\dot{A}_u(f) = |\dot{A}_u(f)| \angle \varphi_u(f) \tag{5.1.1}$$

式中，$|\dot{A}_u(f)|$表示电压放大倍数的模与频率 f 的关系，称为幅频特性；$\varphi_u(f)$表示放大电路输出电压与输入电压之间的相位差与频率的关系，称为相频特性。它们总称为放大电路的频率响应。

图 5.1.1 为某一阻容耦合单级共射极放大电路的幅频特性曲线，图中 f_L 和 f_H 分别称为下限截止频率和上限截止频率（简称为下限频率和上限频率），定义为放大倍数下降为中频时的 0.707 倍所

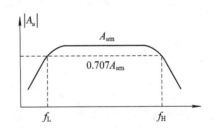

图 5.1.1　阻容耦合放大电路幅频特性

对应的频率；f_L 主要由放大电路中晶体管外部的电容（耦合电容、旁路电容等）决定，f_H 主要由晶体管的极间电容决定。不同的放大电路具有不同的频率特性；对于直接耦合电路（主要指模拟集成电路），由于没有晶体管外部电容，所以无下限频率 f_L。低于 f_L 的频率范围称为低频区；高于 f_H 的频率范围称为高频区；在 f_L 与 f_H 之间的频率范围称为中频区。中频区频率特性曲线的平坦部分对应的放大倍数称为中频放大倍数。中频区的频率范围通常又称为放大电路的通频带或带宽，用 B_W 表示：

$$B_W = f_H - f_L$$

一般情况下，$f_H \gg f_L$，所以 $B_W \approx f_H$，对直接耦合方式，$B_W = f_H$。

对于任何一个具体的放大电路都有一个确定的通频带，因此，在设计电路时，必须首先了解信号的频率范围，以便使所设计的电路具有适应于该信号频率范围的通频带；在使用电路前，应查阅手册、资料，或者实测电路的通频带，以便确定电路的适用范围。

5.1.2 典型 *RC* 电路的频率响应分析

前面已提及，一个阻容耦合放大电路的频率响应可划分为三个频区，即低频区、中频区和高频区。对应于三个频区，可分别画出相应的等效电路，然后再进行分析。在中频区，放大电路中的各个电容的影响均可忽略，其等效电路中不包含电容元件，因而增益为一常数，这在前面基本放大电路中已经详细讨论过。在低频区和高频区，电容的影响不可忽略，这时可用典型的 *RC* 电路来模拟，通过对典型 *RC* 电路的分析，可得出绘制频率响应曲线的工程近似方法。

1. 高频特性

在放大电路中，由于半导体极间电容的存在，对信号构成了低通电路，即对于频率足够低的信号相当于开路，对电路不产生影响；而当信号频率高到一定程度时，极间电容将分流，从而导致增益数值的减小且产生相移。因此这些电容对高频响应的影响可用图 5.1.2 所示的 *RC* 低通电路来模拟。设输出电压 $\dot{U}_o$ 与输入电压 $\dot{U}_i$ 之比为 $\dot{A}_{uH}$，则

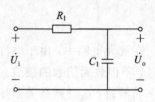

图 5.1.2　用来模拟放大电路高频
特性的 *RC* 低通电路

$$\dot{A}_{uH} = \frac{\dot{U}_o}{\dot{U}_i} = \frac{\dfrac{1}{\mathrm{j}\omega C_1}}{R_1 + \dfrac{1}{\mathrm{j}\omega C_1}} = \frac{1}{1 + \mathrm{j}\omega R_1 C_1} \tag{5.1.2}$$

式中，ω 为输入信号的角频率，$R_1 C_1$ 为回路的时间常数 τ，令

$$f_H = \frac{1}{2\pi R_1 C_1} \tag{5.1.3}$$

则式(5.1.2)变为

$$\dot{A}_{uH} = \frac{\dot{U}_o}{\dot{U}_i} = \frac{1}{1 + \mathrm{j}(f/f_H)} \tag{5.1.4}$$

$\dot{A}_{uH}$ 为高频电压增益，其幅值 $|\dot{A}_{uH}|$ 和相角 φ_H 分别为

$$|\dot{A}_{uH}| = \frac{1}{\sqrt{1 + \left(\dfrac{f}{f_H}\right)^2}} \tag{5.1.5}$$

$$\varphi_H = -\arctan\left(\frac{f}{f_H}\right) \tag{5.1.6}$$

1) 幅频特性

幅频响应波特图可按式(5.1.5)由下列步骤画出：

当 $f \ll f_H$ 时，

$$|\dot{A}_{uH}| = \frac{1}{\sqrt{1 + \left(\dfrac{f}{f_H}\right)^2}} \approx 1$$

用分贝表示则有

$$20 \lg |\dot{A}_{uH}| \approx 20 \lg 1 \approx 0 \text{ dB}$$

这是一条与横轴平行的零分贝线。

当 $f \gg f_H$ 时，

$$|\dot{A}_{uH}| = \frac{1}{\sqrt{1 + \left(\dfrac{f}{f_H}\right)^2}} \approx \frac{f_H}{f}$$

用分贝表示，则有

$$20 \lg |\dot{A}_{uH}| \approx 20 \lg \left(\frac{f_H}{f}\right)$$

这是一条斜线，其斜率为 -20 dB/十倍频程，与零分贝线在 $f = f_H$ 处相交。由上述两条直线构成的折线，就是近似的幅频特性曲线，如图 5.1.3(a)所示。f_H 对应于两条直线的交点，所以 f_H 称为转折频率。当 $f = f_H$ 时，$|\dot{A}_{uH}| = \frac{1}{\sqrt{2}} = 0.707$，即在 $f = f_H$ 时，电压增益下降到中频值的 0.707 倍，所以 f_H 又是放大电路的上限频率。

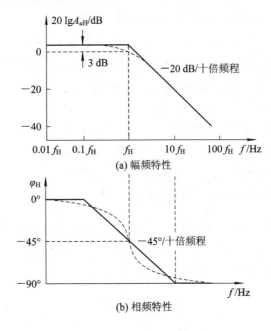

图 5.1.3 RC 低通电路的频率特性

如果只要求对幅频特性进行粗略估算，则用近似法得到的结果已经可用了。用折线代替实际的幅频特性的误差如表 5.1.1 所示。当 $f = f_H$ 时，$|\dot{A}_{uH}| = \frac{1}{\sqrt{2}}$，则 $20 \lg |\dot{A}_{uH}| = 20 \lg \left(\frac{1}{\sqrt{2}}\right) = -3$ dB，此时误差最大，因此 f_H 也是对应于 -3 dB 处的频率，离 f_H 愈远，误差愈小。如需精确计算，可在折线的基础上加以修正，如图 5.1.3 虚线所示。

表 5.1.1　*RC* 低通电路的近似频率响应误差

f/f_H	0.1	0.5	1.0	2	10
幅值误差/dB	0.04	1	3	1	0.04
相位误差/度	+5.7	−4.0	0	+4.0	−5.7

2）相频特性

在同一图上，可根据式(5.1.6)得出相频特性，它可以用三条直线来近似描述：

当 $f \ll f_H$ 时，$\varphi_H \to 0°$，得一条 $\varphi_H = 0°$ 的直线。

当 $f \gg f_H$ 时，$\varphi_H \to -90°$，得一条 $\varphi_H = -90°$ 的直线。

当 $f = f_H$ 时，$\varphi_H = -45°$。

由于当 $f/f_H = 0.1$ 或 $f/f_H = 10$ 时，相应地可近似得 $\varphi_H = 0°$ 和 $\varphi_H = -90°$，故在 $0.1f_H$ 和 $10f_H$ 之间，可用一条斜率为 $-45°/$ 十倍频程的直线来表示，于是得到相频特性，如图 5.1.3(b)所示。图中虚线表示实际的相频特性曲线。从表 5.1.1 可看出由三条直线组成的折线相频特性与实际相频特性之间的误差在 $f = 0.1f_H$ 和 $10f_H$ 处最大。

由上面结果可知，随着 f 的上升，$|\dot{A}_{uH}|$ 越来越小以及输出电压的相角 φ_H 越来越大，而且幅频特性和相频特性都与上限频率 f_H 有着确定的关系。

2. 低频特性

在放大电路中，与极间电容相反，耦合电容对信号构成了高通电路，即对于频率足够高的信号电容相当于短路，信号几乎毫无损失地通过；而当信号频率低到一定程度时，电容的容抗不可忽略，信号将在其上产生压降，从而导致增益的数值减小且产生相移。在低频区内，耦合电容对低频特性的影响可用图 5.1.4 所示的 *RC* 高通电路来模拟。设输出电压 $\dot{U}_o$ 与输入电压 $\dot{U}_i$ 之比为 $\dot{A}_{uL}$，则

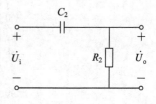

图 5.1.4　用来模拟放大电路低频特性的 *RC* 高通电路

$$\dot{A}_{uL} = \frac{\dot{U}_o}{\dot{U}_i} = \frac{R_2}{R_2 + \dfrac{1}{j\omega C_2}} = \frac{1}{1 + \dfrac{1}{j\omega R_2 C_2}} \qquad (5.1.7)$$

回路的时间常数 $\tau = R_2 C_2$，令

$$f_L = \frac{1}{2\pi R_2 C_2} \qquad (5.1.8)$$

则式(5.1.7)变为

$$\dot{A}_{uL} = \frac{\dot{U}_o}{\dot{U}_i} = \frac{1}{1 - j(f_L/f)} \qquad (5.1.9)$$

式中，$\dot{A}_{uL}$ 为低频电压传输系数，其幅值 $|\dot{A}_{uL}|$ 和相角 φ_L 分别为

$$|\dot{A}_{uL}| = \frac{1}{\sqrt{1 + \left(\dfrac{f_L}{f}\right)^2}} \qquad (5.1.10)$$

$$\varphi_L = \arctan\left(\frac{f_L}{f}\right) \qquad (5.1.11)$$

采用与低通电路同样的折线近似方法，可画出高通电路的幅频特性和相频特性曲线，

如图 5.1.5(a)和图 5.1.5(b)所示。图中 f_L 是转折频率，即放大电路的下限频率。

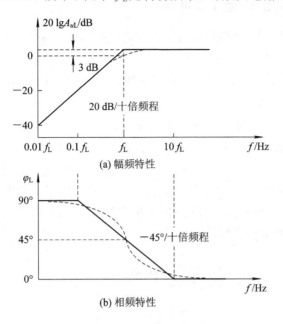

(a) 幅频特性

(b) 相频特性

图 5.1.5 *RC* 高通电路的频率特性

用折线代替实际的频率特性的误差，列于表 5.1.2 中。图中的虚线表示实际的特性曲线。

表 5.1.2 *RC* 高通电路的近似频率响应误差

f/f_L	0.1	0.5	1.0	2	10
幅值误差/dB	0.04	1	3	1	0.0
相位误差/度	+5.7	−4.0	0	+4.0	−5.7

由上面的结果可见，随着 f 的减小，$|\dot{A}_{uL}|$ 开始下降，输出电压的相角 φ_L 也随之增大。同时幅频特性和相频特性都与下限频率 f_L 有确定的关系。

综上所述，可归纳出以下几点：

（1）放大电路的频率响应可用 *RC* 低通电路和高通电路来模拟。

（2）转折频率 f_H 和 f_L 是频率特性的关键点，无论是幅频特性还是相频特性，基本上都是以它为中心变化的，求出 f_H 和 f_L 后，就可以近似地描绘放大电路的完整的频率特性曲线。

（3）f_H 和 f_L 都决定于相关电容所在回路的时间常数 τ，$\tau = RC$。

5.2 单管放大电路的高频特性

研究放大电路的高频性能，无论对模拟集成电路或分立元件电路都是必要的。下面首先讨论晶体管的混合 Ⅱ 型等效电路，然后分析共射极放大电路和共基极放大电路的高频特性。

5.2.1 晶体管的混合 Ⅱ 型等效电路

晶体管在高频运用时的物理过程与低频时是不相同的。例如在高频时，晶体管极间电容的影响不可忽略。

下面采用物理模拟的方法，从晶体管的物理模型抽象出等效电路。

1. 混合 Ⅱ 型等效电路的引出

在前面的章节中我们导出了晶体管在放大区的 H 参数低频小信号模型，但在高频小信号下，晶体管的发射结电容和集电结电容必须考虑，由此可得到晶体管的高频小信号模型，如图 5.2.1 所示。图中 b′ 点是基区内的一个端点，它与基区引出端 b 点不同，它是基区内一个等效点，是为了分析方便引出来的。由于图中各元件参数具有不同的量纲，而电路又具有"Ⅱ"的形式，因此称其为"混合参数 Ⅱ 型"等效电路，简称混合 Ⅱ 型等效电路，它是晶体管高频等效电路的一种形式。

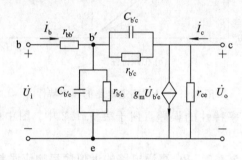

图 5.2.1　晶体管的高频小信号模型

2. 混合等效电路中各元件的讨论

1）受控电流源 $g_m \dot{U}_{b'e}$

在图 5.2.1 中，晶体管 c、e 间表示为受控电流源等效电路的形式，这与 H 参数等效电路是相似的。但是由于高频时考虑了结电容的影响，$\dot{I}_c$ 和 $\dot{I}_b$ 已不能保持正比关系，所以用电流源 $g_m \dot{U}_{b'e}$ 来表示基极回路对集电极回路的控制作用。$g_m \dot{U}_{b'e}$ 是受控电流源，它是由直接加于基极和发射极之间的电压 $\dot{U}_{b'e}$ 所控制的，且与信号频率无关。g_m 称为互导或跨导，它表明发射结电压对集电极电流的控制作用，定义为

$$g_m = \frac{\Delta i_C}{\Delta u_{B'E}} \bigg|_{U_{CE}}$$

2）发射结参数 $r_{b'e}$ 和 $C_{b'e}$

$r_{b'e}$ 是发射结正偏电阻 r_e 折算到基极回路的等效电阻，即 $r_{b'e} = (1+\beta)r_e = (1+\beta)U_T/I_E$。$C_{b'e}$ 为发射结电容，对于小功率管，大约在几十～几百 pF 范围内。

3）集电结参数 $r_{b'c}$ 和 $C_{b'c}$

$r_{b'c}$ 表示集电结的结电阻，由于集电结工作时处于反向偏置，故 $r_{b'c}$ 很大，一般在 $100\ \text{k}\Omega \sim 10\ \text{M}\Omega$ 之间。$C_{b'c}$ 为集电结电容，对于小功率管一般在 $2 \sim 10\ \text{pF}$ 范围内。

4）基区电阻 $r_{bb'}$

$r_{bb'}$ 表示从基极引出端到内部端点 b′ 之间的等效电阻。由于 $r_{bb'}$ 的作用，输入电流 $\dot{I}_b$ 通

过 $r_{bb'}$ 将产生压降，使真正加到发射结的电压 $\dot{U}_{b'e}$ 小于输入电压 $\dot{U}_{be}$。由下面的分析可知，$r_{bb'}$ 的值直接影响放大电路的高频特性，$r_{bb'}$ 的值相差很大，一般器件手册多在高频管中给出 $r_{bb'}$ 的值。

同低频 H 参数等效电路一样，混合 Π 型等效电路只在小信号的条件下适用，因此要采用静态工作点上的参数。在室温及取 $I_C = 1.3$ mA 时，一组典型参数如下：$g_m = 50$ mS，$r_{bb'} = 100$ Ω，$r_{b'e} = 1$ kΩ，$r_{b'c} = 4$ MΩ，$r_{ce} = 80$ kΩ，$C_{b'e} = 100$ pF，$C_{b'c} = 3$ pF。

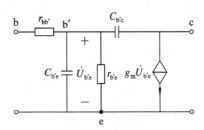

由上列数据可见，$r_{b'c}$ 的数值很大，与 $C_{b'c}$ 并联可以忽略不计，而 r_{ce} 是与负载 R_L 并联的，一般 $r_{ce} \gg R_L$，因此 r_{ce} 也可以忽略，这样就得到图 5.2.2 所示的简化混合 Π 型等效电路。

图 5.2.2　简化混合 Π 型等效电路

3. 混合 Π 型等效电路参数的获得

混合 Π 型等效电路参数可通过实验求得，这里通过另外一种方法，即通过它和 H 参数低频等效电路的关系得到。

由于混合 Π 型等效电路中的元件参数在很宽的频率范围内与频率无关，所以等效电路中的电阻参数和互导 g_m 都可以通过低频 H 参数的换算得到。在低频区，如果忽略 $C_{b'e}$ 和 $C_{b'c}$ 的影响，图 5.2.2 可表示为图 5.2.3(a) 的形式，图 5.2.3(b) 是简化 H 参数低频小信号等效电路。

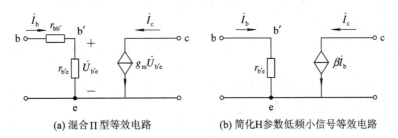

(a) 混合Π型等效电路　　　　(b) 简化H参数低频小信号等效电路

图 5.2.3　低频等效电路

对比两电路，它们的电阻参数是完全相同的，从器件手册中可查到 $r_{bb'}$，而

$$r_{b'e} = (1 + \beta_0) \frac{U_T}{I_{EQ}} \tag{5.2.1}$$

式中，β_0 为低频段晶体管的电流放大系数。虽然利用 β 和 g_m 表述的受控关系不同，但是它们所要表述的却是同一个物理量，即

$$\dot{I}_c = g_m \dot{U}_{b'e} = \beta_0 \dot{I}_b$$

由于 $\dot{U}_{b'e} = \dot{I}_b r_{b'e}$ 且 $r_{b'e}$ 如式 (5.2.1) 所示，通常 $\beta_0 \gg 1$，所以

$$g_m = \frac{\beta_0}{r_{b'e}} = \frac{\beta_0}{(1 + \beta_0) \frac{U_T}{I_{EQ}}} \approx \frac{I_{EQ}}{U_T} \tag{5.2.2}$$

混合 Π 型高频等效电路还包括电容 $C_{b'e}$ 和 $C_{b'c}$，$C_{b'c}$ 是集电结电容，在近似估算时可使用手册中所提供的 C_{ob} 值代替。$C_{b'e}$ 是发射结电容，可按下式计算：

$$C_{b'e} \approx \frac{g_m}{2\pi f_T} \tag{5.2.3}$$

式中，f_T 是晶体管的特征频率，可查器件手册得到，在稍后的讨论中可以得知式(5.2.3)的由来。通常 $C_{b'e} \gg C_{b'c}$，例如，一个晶体管的 $C_{b'e} = 100$ pF，而 $C_{b'c} = 3$ pF。

晶体管放大电路的高频特性决定于混合 Π 型等效电路的参数 g_m、$r_{bb'}$、$r_{b'e}$、$C_{b'e}$ 及 $C_{b'c}$。由上述分析可知，这些参数可用 β、r_{be}、f_T 及 C_{ob} 来表示。因此，可用 β、r_{be}、f_T 及 C_{ob} 来衡量晶体管的高频性能。

通过上面的叙述可知，混合 Π 型参数与静态工作点有关，此外，它还受温度 T 影响。

4. 晶体管的频率参数

晶体管的频率参数用来描述管子对不同频率信号的放大能力。常用的频率参数有共射极截止频率 f_β、特征频率 f_T、共基极截止频率 f_a 等。下面分别简要介绍。

1) 共射极截止频率 f_β

由前面章节中的微变等效分析可知：

$$\dot{\beta} = \frac{\dot{I}_c}{\dot{I}_b}\bigg|_{U_{ce}=0} \tag{5.2.4}$$

根据式(5.2.4)，将混合 Π 型等效电路中 c、e 输出端短路，则得图 5.2.4。由此图可知，集电极短路电流为

$$\dot{I}_c = (g_m - j\omega C_{b'c})\dot{U}_{b'e} \tag{5.2.5}$$

基极电流 $\dot{I}_b$ 与 $\dot{U}_{b'e}$ 之间的关系可以利用 $\dot{I}_b$ 去乘 b'、e 之间的阻抗来获得：

$$\dot{U}_{b'e} = \dot{I}_b \left(r_{b'e} \ // \ \frac{1}{j\omega C_{b'e}} \ // \ \frac{1}{j\omega C_{b'c}}\right) \tag{5.2.6}$$

由式(5.2.5)和式(5.2.6)可得 $\dot{\beta}$ 的表达式为

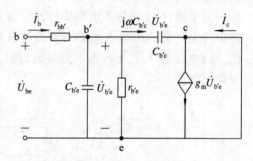

图 5.2.4 计算 $\dot{\beta} = \dot{I}_c/\dot{I}_b$ 的等效电路

$$\dot{\beta} = \frac{\dot{I}_c}{\dot{I}_b} = \frac{g_m - j\omega C_{b'c}}{1/r_{b'e} + j\omega(C_{b'e} + C_{b'c})}$$

在图 5.2.4 所示等效电路的有效频率范围内，$g_m \gg \omega C_{b'c}$，因而有

$$\dot{\beta} = \frac{g_m r_{b'e}}{1 + j\omega(C_{b'e} + C_{b'c}) r_{b'e}}$$

由于 $\beta_0 = g_m r_{b'e}$，则得

$$\dot{\beta} = \frac{\beta_0}{1 + j\omega(C_{b'e} + C_{b'c}) r_{b'e}} = \frac{\beta_0}{1 + j\dfrac{f}{f_\beta}} \tag{5.2.7}$$

其幅频特性和相频特性的表达式为

$$|\dot{\beta}| = \frac{\beta_0}{\sqrt{1 + (f/f_\beta)^2}} \tag{5.2.8a}$$

$$\varphi_\beta = -\arctan\frac{f}{f_\beta} \tag{5.2.8b}$$

式中，

$$f_\beta = \frac{1}{2\pi(C_{b'e} + C_{b'c}) r_{b'e}} \tag{5.2.9}$$

可见 β 为具有一个转折频率 f_β 的频率特性曲线，如图 5.2.5 所示。f_β 称为共射极截止频率，其值主要决定于管子的结构。

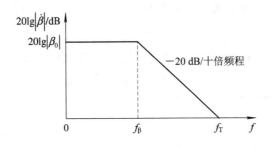

图 5.2.5 $|\dot\beta|$ 的波特图

2）特征频率 f_T

当 β 的频率特性曲线以 -20 dB/十倍频程的斜率下降，直至增益为 0 时的频率称为特征频率，用 f_T 表示。当 $f \gg f_\beta$ 时，由式(5.2.8a)可得

$$f_T = \beta_0 f_\beta \tag{5.2.10a}$$

考虑 $\beta_0 = g_m r_{b'e}$ 和式(5.2.9)的关系，上式可表示为

$$f_T = \frac{g_m}{2\pi(C_{b'e} + C_{b'c})} \tag{5.2.10b}$$

一般 $C_{b'e} \gg C_{b'c}$，故

$$f_T \approx \frac{g_m}{2\pi C_{b'e}} \tag{5.2.10c}$$

特征频率 f_T 是晶体管的重要参数，常在器件手册中给出。f_T 的典型数据约在 100 M～1000 MHz。集成电路中的 NPN 型晶体管的 f_T 值一般约为 400 MHz。

值得注意的是，当频率高于 $5f_\beta$ 或 $10f_\beta$ 时，混合 Π 型等效电路中的电阻 $r_{b'e}$ 可以忽略，因而等效电路中的 $r_{bb'}$ 成为唯一的电阻，它对管子的高频特性产生较大的影响。

利用式(5.2.7)及 $\dot\alpha$ 和 $\dot\beta$ 的关系，可以求出晶体管的共基极截止频率 f_α：

$$\dot\alpha = \frac{\dot\beta}{1+\dot\beta} = \frac{\dfrac{\beta_0}{1+j\dfrac{f}{f_\beta}}}{1+\dfrac{\beta_0}{1+j\dfrac{f}{f_\beta}}} = \frac{\beta_0}{1+\beta_0+j\dfrac{f}{f_\beta}} = \frac{\dfrac{\beta_0}{1+\beta_0}}{1+j\dfrac{f}{(1+\beta_0)f_\beta}} = \frac{\alpha_0}{1+j\dfrac{f}{f_\alpha}}$$

$$\tag{5.2.11}$$

式中，f_α 是 $\dot\alpha$ 下降为 $0.707\alpha_0$ 时的频率，即晶体管的共基极截止频率 f_α。

由式(5.2.11)和式(5.2.10a)可得

$$f_\alpha = (1+\beta_0)f_\beta \approx f_\beta + f_T \tag{5.2.12}$$

式(5.2.12)说明，晶体管的共基极截止频率 f_α 远大于共射极截止频率 f_β，且比特征频率 f_T 还高，即三个频率参数的数量关系为 $f_\beta < f_T < f_\alpha$。这三个频率参数在评价晶体管的高频性能上是等价的，但用得最多的是 f_T。f_T 越高，表明晶体管的高频性能越好，由它构成的放大电路的上限频率就越高。

5.2.2 单管共射极放大电路的高频特性

现以图 5.2.6 所示电路为例，分析其频率响应。

1. 高频响应

在高频范围内，放大电路中的耦合电容、旁路电容的容抗很小，更可视为对交流信号短路，于是可画出图 5.2.6 所示电路的高频小信号等效电路，如图 5.2.7 所示。

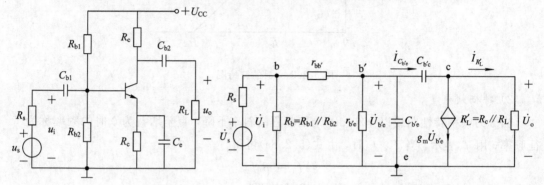

图 5.2.6　共射极放大电路原理图　　图 5.2.7　图 5.2.6 的高频小信号等效电路

现按以下步骤进行分析。

1）求密勒电容

由于电容 $C_{b'c}$ 跨接在输入和输出回路之间，使电路分析较为复杂，为了方便起见，可将 $C_{b'c}$ 进行单向化处理，即将 $C_{b'c}$ 等效变换到输入回路（b、e 之间）和输出回路中（c、e 之间），如图 5.2.8 所示。

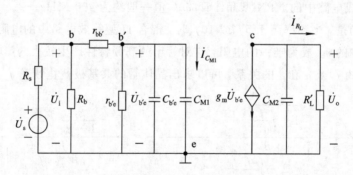

图 5.2.8　图 5.2.7 的密勒等效电路

在图 5.2.7 中，设 $\dot{A}'_u = \dot{U}_o / \dot{U}_{b'e}$，则由 b' 点流入电容 $C_{b'c}$ 的电流为

$$\dot{I}_{C_{b'c}} = \frac{\dot{U}_{b'e} - \dot{U}_o}{\dfrac{1}{j\omega C_{b'c}}} = \frac{(1 - \dot{A}'_u)\dot{U}_{b'e}}{\dfrac{1}{j\omega C_{b'c}}} = \frac{\dot{U}_{b'e}}{\dfrac{1}{j\omega C_{b'c}(1 - \dot{A}'_u)}} = \frac{\dot{U}_{b'e}}{\dfrac{1}{j\omega C_{M1}}} \quad (5.2.13a)$$

由此式可知，只要令图 5.2.8 中输入回路的电容

$$C_{M1} = (1 - \dot{A}'_u)C_{b'c} \quad (5.2.13b)$$

使 $\dot{I}_{C_{M1}} = \dot{I}_{C_{b'c}}$，则电容 $C_{b'c}$ 对输入回路的影响与电容 C_{M1} 的作用相同。同理，在图 5.2.7 的输出回路中，由 c 点流入 $C_{b'c}$ 的电流为

$$\dot{I}'_{C_{b'c}} = \frac{\dot{U}_o - \dot{U}_{b'e}}{\dfrac{1}{j\omega C_{b'c}}} = \frac{\dot{U}_o(1 - 1/\dot{A}'_u)}{\dfrac{1}{j\omega C_{b'c}}} = \frac{\dot{U}_o}{\dfrac{1}{j\omega C_{b'c}(1 - 1/\dot{A}'_u)}} = \frac{\dot{U}_o}{\dfrac{1}{j\omega C_{M2}}} \qquad (5.2.14a)$$

令

$$C_{M2} = \left(1 - \frac{1}{\dot{A}'_u}\right)C_{b'c} \qquad (5.2.14b)$$

使 $\dot{I}_{C_{M2}} = \dot{I}'_{C_{b'c}}$，则电容 $C_{b'c}$ 对输出回路的影响与电容 C_{M2} 的作用相同。

上述各式中的 $\dot{A}'_u$ 是图 5.2.7 所示电路的 $\dot{U}_o$ 对 $\dot{U}_{b'e}$ 的增益，一般有 $|\dot{A}'_u| \gg 1$，由此图可求得 $\dot{A}'_u$ 的表达式如下：

$$\dot{A}'_u = \frac{\dot{U}_o}{\dot{U}_{b'e}} = \frac{(\dot{I}_{C_{b'c}} - g_m \dot{U}_{b'e})R'_L}{\dot{U}_{b'e}} = \frac{[j\omega C_{b'c}(1 - \dot{A}'_u)\dot{U}_{b'e} - g_m \dot{U}_{b'e}]R'_L}{\dot{U}_{b'e}}$$

$$\approx -j\omega C_{b'c}\dot{A}'_u R'_L - g_m R'_L$$

即

$$\dot{A}'_u = \frac{-g_m R'_L}{1 + j\omega C_{b'c}R'_L} \qquad (5.2.15a)$$

因为 $C_{b'c}$ 很小，通常有 $R'_L \ll \dfrac{1}{\omega C_{b'c}}$，所以得

$$\dot{A}'_u \approx -g_m R'_L \qquad (5.2.15b)$$

将上式代入式(5.2.13b)和式(5.2.14b)，即可得 $C_{b'c}$ 的密勒等效电容 C_{M1} 和 C_{M2}。显然有 $C_{M1} \gg C_{b'c}$，$C_{M2} \approx C_{b'c}$，C_{M2} 的影响可以忽略，于是图 5.2.8 可简化为图 5.2.9 的形式，其中 $C = C_{b'e} + C_{M1} = C_{b'e} + (1 + g_m R'_L)C_{b'c}$。

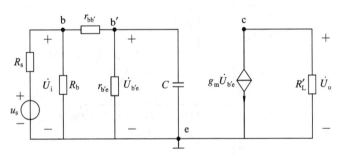

图 5.2.9　图 5.2.8 的简化电路

2) 高频响应和上限频率

利用戴维宁定理将图 5.2.9 所示的电路进一步变换为图 5.2.10 所示的形式，其中

$$\dot{U}'_s = \frac{r_{b'e}}{r_{bb'} + r_{b'e}}\dot{U}_i = \frac{r_{b'e}}{r_{be}} \cdot \frac{R_b \ // \ r_{be}}{R_s + R_b \ // \ r_{be}}\dot{U}_s$$

$$R = r_{b'e} \ // \ (r_{bb'} + R_b \ // \ R_s)$$

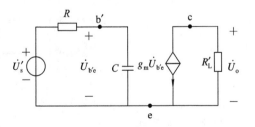

图 5.2.10　图 5.2.9 的等效电路

这时只有输入回路含有电容元件，它与图 5.1.2 所示的 RC 低通电路相似。由此图及 $\dot{U}'_s$ 与 $\dot{U}_s$ 的关系可得图 5.2.6 所示放大电路的高频源电压增益的表达式为

$$\dot{A}_{usH} = \frac{\dot{U}_o}{\dot{U}_s} = \frac{\dot{U}_o}{\dot{U}_{b'e}} \cdot \frac{\dot{U}_{b'e}}{\dot{U}'_s} \cdot \frac{\dot{U}'_s}{\dot{U}_s} = \frac{-g_m \dot{U}_{b'e} R'_L}{\dot{U}_{b'e}} \cdot \frac{\frac{1}{j\omega C}}{R + \frac{1}{j\omega C}} \cdot \frac{r_{b'e}}{r_{be}} \cdot \frac{R_b /\!/ r_{be}}{R_s + R_b /\!/ r_{be}}$$

$$\approx \dot{A}_{usM} \cdot \frac{1}{1 + j\omega RC} = \frac{\dot{A}_{usM}}{1 + j\frac{f}{f_H}} \qquad (5.2.16)$$

式中，

$$\dot{A}_{usM} = -g_m R'_L \cdot \frac{r_{b'e}}{r_{be}} \cdot \frac{R_b /\!/ r_{be}}{R_s + R_b /\!/ r_{be}} = -\frac{\beta_0}{r_{b'e}} R'_L \cdot \frac{r_{b'e}}{r_{be}} \cdot \frac{R_b /\!/ r_{be}}{R_s + R_b /\!/ r_{be}}$$

$$= -\frac{\beta_0 R'_L}{r_{be}} \cdot \frac{R_b /\!/ r_{be}}{R_s + R_b /\!/ r_{be}} \quad \text{（中频源电压增益）} \qquad (5.2.17)$$

$$f_H = \frac{1}{2\pi RC} \quad \text{（上限频率）} \qquad (5.2.18)$$

$\dot{A}_{usH}$ 的对数幅频特性和相频特性的表达式为

$$20\lg|\dot{A}_{usH}| = 20\lg|\dot{A}_{usM}| - 20\lg\sqrt{1 + (f/f_H)^2} \qquad (5.2.19a)$$

$$\varphi = -180° - \arctan\left(\frac{f}{f_H}\right) \qquad (5.2.19b)$$

式(5.2.19b)中的 $-180°$ 表示中频范围内共射极放大电路的 $\dot{U}_o$ 与 $\dot{U}_s$ 反相，而 $-\arctan(f/f_H)$ 是等效电容 C 在高频范围内引起的相移，称为附加相移，一般用 $\Delta\varphi$ 表示，这里的最大附加相移为 $-90°$，当 $f = f_H$ 时，附加相移 $\Delta\varphi = -45°$。

由式(5.2.19)可画出图 5.2.6 所示共射极电路的高频响应波特图，如图 5.2.11 所示。

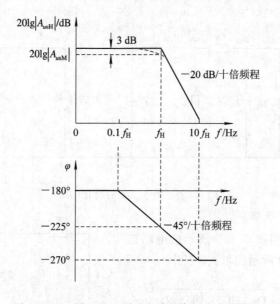

图 5.2.11　图 5.2.6 所示电路的高频响应波特图

3）增益-带宽积

由上述分析可以看出，影响共射极放大电路上限频率的主要元件及参数是 R_s、$r_{bb'}$、$C_{b'e}$ 和 $C_{M1} = (1 + g_m R'_L) C_{b'c}$。因此要提高 f_H，需选择 $r_{bb'}$、$C_{b'c}$ 小而 f_T 高（$C_{b'e}$ 小）的 BJT，同

时应选用内阻 R_s 小的信号源。此外，还必须减小 $g_m R_L'$ 以减小 $C_{b'c}$ 的密勒效应。然而，由式 (5.2.17)知，减小 $g_m R_L'$ 必然会使 $\dot{A}_{usM}$ 减小。可见，f_H 的提高与 $\dot{A}_{usM}$ 的增大是相互矛盾的。对于大多数放大电路而言，都有 $f_H \gg f_L$，即通频带 $B_W = f_H - f_L \approx f_H$，因此可以说带宽与增益是互相制约的。为综合考虑这两方面的性能，引出增益-带宽积这一参数，定义为中频增益与带宽的乘积。对于图 5.2.6 所示电路，其增益-带宽积可由式(5.2.17)和式(5.2.18)相乘获得，即

$$|\dot{A}_{usM} \cdot f_H| = g_m R_L' \cdot \frac{r_{b'e}}{r_{be}} \cdot \frac{R_b /\!/ r_{be}}{R_s + R_b /\!/ r_{be}} \cdot \frac{1}{2\pi[r_{b'e} /\!/ (r_{b'b} + R_b /\!/ R_s)][C_{b'e} + (1 + g_m R_L')C_{b'c}]}$$

当 $R_b \gg R_s$ 及 $R_b \gg r_{be}$ 时，有

$$|\dot{A}_{usM} \cdot f_H| \approx \frac{g_m R_L'}{2\pi(r_{bb'} + R_s)[C_{b'e} + (1 + g_m R_L')C_{b'c}]} \tag{5.2.20}$$

式(5.2.20)说明，在晶体管及电路参数都选定后，增益-带宽积基本上是个常数，即通带增益要增大多少倍，其带宽就要变窄多少倍。因而选择电路参数时，例如负载电阻 R_L，必须兼顾 $|\dot{A}_{usM}|$ 和 f_H 的要求。

5.2.3　共基极放大电路的高频特性

由前面基本放大电路章节的分析可知，共基极放大电路具有低输入阻抗、高输出阻抗和接近于 1 的电流增益。这里着重分析它的高频特性。图 5.2.12(a)表示共基极放大电路的交流通路，图 5.2.12(b)是它的高频微变等效电路。为了简化分析、突出特点，进行某些合理的近似，考虑到共基极电路的输入阻抗很低，可以略去 R_s 的影响。$r_{bb'}$ 和 $C_{b'c}$ 的值比较小，亦可以忽略。

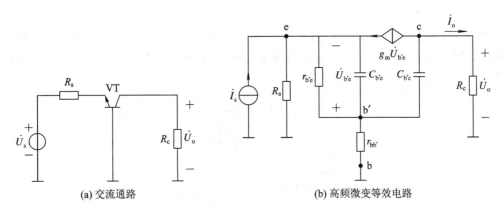

(a) 交流通路　　　　　　　　　(b) 高频微变等效电路

图 5.2.12　共基极放大电路

对于节点 e 可写出电流方程：

$$\dot{I}_s + \frac{\dot{U}_{b'e}}{Z_\Pi} + g_m \dot{U}_{b'e} = 0 \tag{5.2.21}$$

式中，

$$Z_\Pi = \frac{r_{b'e}}{1 + j\omega C_{b'e} r_{b'e}} \tag{5.2.22}$$

将式(5.2.22)代入式(5.2.21)得

$$\dot{I}_s = -\dot{U}_{b'e}\left(g_m + \frac{1}{r_{b'e}} + j\omega C_{b'e}\right) \tag{5.2.23}$$

而

$$\dot{I}_o = -g_m\dot{U}_{b'e} \tag{5.2.24}$$

由式(5.2.23)和式(5.2.24)得

$$\frac{I_o}{I_s} \approx \frac{\alpha_0}{1 + j\omega C_{b'e}/g_m} \tag{5.2.25}$$

其中，

$$\alpha_0 = \frac{\beta_0}{1 + \beta_0} \tag{5.2.26}$$

由上面分析可知，共基极放大电路具有接近 1 的低频电流增益，其电流增益特性的上限频率 $f_H = g_m/2\pi C_{b'e} = f_T$。这就是说，共基极放大电路具有很宽的频带。从图 5.2.12(b) 可以看出，由于输入与输出之间没有反馈电容，因而不存在密勒效应。

上述高频特性是按电流增益来分析的。输出电压 $\dot{U}_o$ 是输出电流 $\dot{I}_o$ 通过 R_c 产生的电压降，因而亦不难得到电压增益的表达式。

共基极放大电路常用于高频、宽频带低输入阻抗的场合，在模拟集成电路中亦兼有电位移动的功能。

5.3 单管放大电路的低频特性

放大电路的低频特性主要取决于外接的电容器，如隔直(耦合)电容和射极旁路电容，这在 5.1 节已经提及。

图 5.3.1 表示一共射极放大电路。为了分析它的低频特性，首先可画出它的低频等效电路，如图 5.3.2(a)所示。注意这里的隔直电容 C_{b1} 和 C_{b2} 及射极旁路电容 C_e 均保留在电路中。

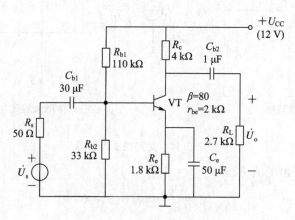

图 5.3.1 共射极放大电路

1. 低频等效电路的简化

根据低频等效电路，可以求出低频区电压增益的表达式，但是直接进行简化是比较繁琐的，因此需要做一些合理的近似，使电路进一步简化。首先假设 $R_b(=R_{b1} /\!/ R_{b2})$ 远大于放大电路本身的输入阻抗，以致 R_b 的影响可以忽略；其次假设 C_e 的值足够大，因而在信号频率范围内，它的容抗 X_{C_e} 远小于 R_e 的值，即

$$\frac{1}{\omega C_e} \ll R_e$$

或

$$\omega C_e R_e \gg 1 \tag{5.3.1}$$

这样，在射极电路里，R_e 可以除去而只剩下 C_e，如图 5.3.2(b) 所示。然后把 C_e 折算到基极回路，用 C_e' 表示，折算后的容抗为 $X_{C_e} = (1+\beta)\dfrac{1}{\omega C_e}$，这就是说，折算后的电容为

$$C_e' = \frac{C_e}{1+\beta}$$

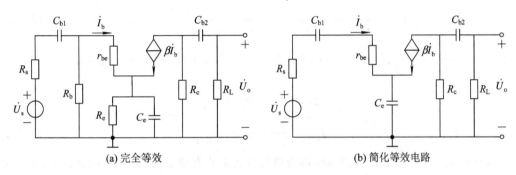

(a) 完全等效　　　　**(b) 简化等效电路**

图 5.3.2　图 5.3.1 的低频等效电路

于是基极回路中的总电容 C_1 可按下式计算：

$$\frac{1}{C_1} = \frac{1}{C_{b1}} + \frac{1+\beta}{C_e}$$

或

$$C_1 = \frac{C_{b1}C_e}{(1+\beta)C_{b1} + C_e} \tag{5.3.2}$$

C_e 对输出回路基本上不存在折算问题，因为 $\dot I_e \approx \dot I_c$，且一般 $C_e \gg C_{b2}$，因而 C_e 对输出回路的作用可忽略。这样可得图 5.3.3 所示的简化电路，图中把输出回路化简成电压源等效电路的形式。

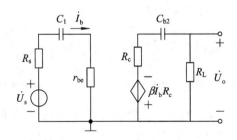

图 5.3.3　将 C_e 折算至基极电路后的电压源等效电路

2. 低频特性及下限频率

图 5.3.3 的输入回路和输出回路都与图 5.1.4 所示的 RC 高通电路相似。由图 5.3.3 可得

$$\dot{U}_{\text{o}} = -\frac{R_{\text{L}}}{R_{\text{c}} + R_{\text{L}} + \dfrac{1}{\text{j}\omega C_{\text{b2}}}} \beta \dot{I}_{\text{b}} R_{\text{c}} = -\frac{\beta R_{\text{L}}' \dot{I}_{\text{b}}}{1 - \dfrac{\text{j}}{\omega C_{\text{b2}}}(R_{\text{c}} + R_{\text{L}})}$$

$$\dot{U}_{\text{s}} = \left(R_{\text{s}} + r_{\text{be}} - \frac{\text{j}}{\omega C_1} \right) \dot{I}_{\text{b}} = (R_{\text{s}} + r_{\text{be}}) \left[1 - \frac{\text{j}}{\omega C_1}(R_{\text{s}} + r_{\text{be}}) \right] \dot{I}_{\text{b}}$$

则低频源电压增益为

$$\dot{A}_{us\text{L}} = \frac{\dot{U}_{\text{o}}}{\dot{U}_{\text{s}}} = -\frac{\beta R_{\text{L}}'}{R_{\text{s}} + r_{\text{be}}} \cdot \frac{1}{1 - \dfrac{\text{j}}{\omega C_1}(R_{\text{s}} + r_{\text{be}})} \cdot \frac{1}{1 - \dfrac{\text{j}}{\omega C_{\text{b2}}}(R_{\text{c}} + R_{\text{L}})}$$

$$= \dot{A}_{us\text{M}} \cdot \frac{1}{1 - \text{j}(f_{\text{L1}}/f)} \cdot \frac{1}{1 - \text{j}(f_{\text{L2}}/f)} \tag{5.3.3}$$

式中，$\dot{A}_{us\text{M}} = -\dfrac{\beta R_{\text{L}}'}{R_{\text{s}} + r_{\text{be}}}$ 是忽略基极偏置电阻 R_{b} 时的中频（即通带）源电压增益。

$$f_{\text{L1}} = \frac{1}{2\pi C_1 (R_{\text{s}} + r_{\text{be}})} \tag{5.3.4}$$

$$f_{\text{L2}} = \frac{1}{2\pi C_{\text{b2}} (R_{\text{c}} + R_{\text{L}})} \tag{5.3.5}$$

由此可见，图 5.3.1 所示的阻容耦合单管放大电路在满足式(5.3.1)的条件下，它的低频特性具有两个转折频率 f_{L1} 和 f_{L2}，如果二者之间的比值在四倍以上，则可取较大的值作为放大电路的下限频率。

要指出的是，由于 C_{e} 在射极电路里，流过它的电流 $\dot{I}_{\text{e}}$ 是基极电流 $\dot{I}_{\text{b}}$ 的 $1+\beta$ 倍，它的大小对放大倍数的影响较大，因此 C_{e} 是决定低频特性的主要因素。

作为一个实例，设电路中参数如图 5.3.1 所示，晶体管的 $\beta = 80$，$r_{\text{be}} = 2\ \text{k}\Omega$，则可由式 (5.3.2)算出 $C_1 = 0.6\ \text{pF}$，由式(5.3.4)和式(5.3.5)分别算得 $f_{\text{L1}} = 129\ \text{Hz}$ 和 $f_{\text{L2}} = 23.7\ \text{Hz}$。可见 $f_{\text{L1}} \gg f_{\text{L2}}$，其比值在四倍以上，因此电路的下限频率 $f_{\text{L}} = f_{\text{L1}} = 129\ \text{Hz}$。

当 C_{b2} 很大时，可只考虑 C_{b1}、C_{e} 对低频特性的影响，此时式(5.3.3)简化为

$$\dot{A}_{us\text{L}} = \dot{A}_{us\text{M}} \cdot \frac{1}{1 - \text{j}(f_{\text{L1}}/f)}$$

其对数幅频特性和相频特性的表达式为

$$20\ \text{lg}\,|\dot{A}_{us\text{L}}| = 20\ \text{lg}\,|\dot{A}_{us\text{M}}| - 20\ \text{lg}\,\sqrt{1 + \left(\frac{f_{\text{L1}}}{f} \right)^2} \tag{5.3.6}$$

$$\varphi = -180° - \arctan\left(\frac{-f_{\text{L1}}}{f} \right) = -180° + \arctan\left(\frac{f_{\text{L1}}}{f} \right) \tag{5.3.7}$$

式(5.3.7)中的 $+\arctan(f_{\text{L1}}/f)$ 是输入回路中等效电容 C_1 在低频范围内引起的附加相移 $\Delta\varphi$，其最大值为 $+90°$，当 $f = f_{\text{L1}}$ 时，$\Delta\varphi = +45°$。由式(5.3.6)和式(5.3.7)可画出图 5.3.1 所示电路在只考虑电容 C_{b1} 和 C_{e} 影响时的低频响应波特图，如图 5.3.4 所示。

在以上的讨论中，曾假设 $\dfrac{1}{\omega C_{\text{e}}} \ll R_{\text{e}}$，如果条件不满足，则对低频特性的影响另当处理。

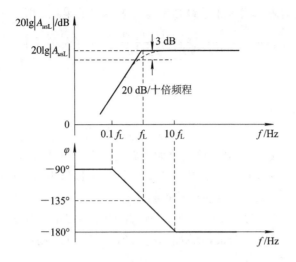

图 5.3.4 只考虑 C_{b1}、C_e 影响时，图 5.3.1 所示电路的低频响应波特图

由上述可知，为了改善放大电路的低频特性，需要加大耦合电容及其相应回路的等效电阻，以增大回路的时间常数，从而降低下限频率。但这种改善是很有限的，因此在信号频率很低的使用场合，可考虑用直接耦合方式。

5.4　多级放大电路的频率特性

1. 多级放大电路频率响应表达式

多级放大电路频率特性是以单级放大电路的频率特性为基础的。例如，图 5.4.1 表示一个两级阻容耦合放大电路，两级之间通过隔直（耦合）电容 C_{b1} 与基极电阻 R_{b12}、R_{b22} 进行耦合。C_{b2} 起传送交流、隔离直流的作用。

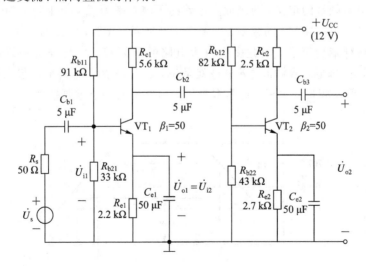

图 5.4.1　两级 RC 耦合放大电路

在分析多级放大电路的频率特性时，一般也是先画出微变等效电路，然后逐级进行计

算，其总的频率特性的表达式等于单级频率特性表达式的乘积，即

$$\dot{A}_u(j\omega) = \frac{\dot{U}_{o1}(j\omega)}{\dot{U}_{i1}(j\omega)} \cdot \frac{\dot{U}_{o2}(j\omega)}{\dot{U}_{o1}(j\omega)} = \dot{A}_{u1}(j\omega)\dot{A}_{u2}(j\omega)$$

或

$$\dot{A}_u = \dot{A}_{u1}\dot{A}_{u2} \tag{5.4.1}$$

上式可以推广到 n 级放大电路：

$$\dot{A}_u = \dot{A}_{u1}\dot{A}_{u2}\cdots\dot{A}_{un} \tag{5.4.2}$$

其中每级的电压增益均可根据单级放大电路的有关公式来计算。应当注意的是，在计算各级的电压增益时，采用的方法是将后一级的输入阻抗作为前一级的负载，还应当划分频区来分析。在增益表达式中，有多个转折频率时，可以采取类似于单级放大电路分析中的方法来处理。例如，$f_{L1} < f_{L2} < f_{L3}$，且 f_{L3} 是 f_{L2} 的 4 倍以上，则放大电路的下限频率 $f_L = f_{L3}$。同样，如果 $f_{H1} < f_{H2} < f_{H3}$，且 f_{H2} 是 f_{H1} 的 4 倍以上，则放大电路的上限频率可以认为是 $f_H = f_{H1}$。

如果各转折频率相近，可按下式计算：

$$f_L \approx 1.1\sqrt{f_{L1}^2 + f_{L2}^2 + \cdots + f_{Ln}^2} \tag{5.4.3}$$

$$\frac{1}{f_H} \approx 1.1\sqrt{\frac{1}{f_{H1}^2} + \frac{1}{f_{H2}^2} + \cdots + \frac{1}{f_{Hn}^2}} \tag{5.4.4}$$

2. 多级放大电路的通频带

以一个具有两个相同单级放大环节的两级放大电路为例，若每级的中频电压增益为 A_{uM1}，则每级的上限频率 f_{H1} 和下限频率 f_{L1} 对应的电压增益为 $0.707A_{uM1}$，两级电压放大电路的中频区电压增益为 A_{uM1}^2，这时，两级放大电路的上限频率、下限频率不能再取 f_{H1} 和 f_{L1} 了，因为这两个频率的电压增益将是 $(0.707A_{uM1})^2 = 0.5A_{uM1}^2$ 了，如图 5.4.2 中的 f_{H1} 和 f_{L1} 两点所示。

根据放大电路频带的定义，两级放大电路的下限频率为 f_L，上限频率为 f_H，它们都对应电压增益为 $A_u = 0.707A_{uM1}^2$ 的频率，如图 5.4.2 所示。显然，$f_L > f_{L1}$，$f_H < f_{H1}$，即两级放大电路总的通频带变窄了，因此多级放大电路的通频带一定比任何一级都窄，级数越多，则 f_L 越高，f_H 越低，通频带越窄；这就是说，将几级放大电路串接起来以后，放大倍数虽然提高了，但通频带变窄了，这是多级放大电路中的一个重要概念。

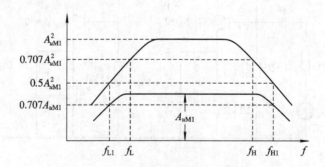

图 5.4.2　单级和两级放大电路频率特性的比较

5.5 放大电路的瞬态响应

对放大电路的研究，目前有两种不同的方法，即稳态分析法和瞬态分析法。

稳态分析法也就是前两节讨论过的频率响应分析法。这种方法以正弦波为放大电路的基本信号，研究放大电路对不同频率信号的幅值和相位的响应（或叫做放大电路的频率响应）。稳态分析法的优点是分析简单，实际测试时不需要很特殊的设备；缺点是用幅频特性和相频特性不能直观地确定放大电路的波形失真。因此也难用这种方法选择使波形失真达到最小的电路参数。

瞬态分析法以单位阶跃信号作为放大电路的输入信号，研究放大电路的输出波形随时间变化的情况，称为放大电路的阶跃响应，又叫做放大电路的时域响应。这里衡量波形失真常以上升时间和平顶降落的大小作为标志。瞬态分析法的优点在于从瞬态响应上可以很直观地判断放大电路放大阶跃信号的波形失真，并可利用示波器直观地观测放大电路的瞬态响应。瞬态分析法的缺点是分析比较复杂，这一点在分析复杂电路和多级放大电路时更为突出。

在工程实际中，这两种方法可以互相结合，根据具体情况取长补短地运用。

1. 阶跃电压作为放大电路的基本信号

图 5.5.1 表示一个阶跃电压，它表示为

$$u(t) = \begin{cases} 0 & t < 0 \\ U & t \geqslant 0 \end{cases} \tag{5.5.1}$$

可见阶跃电压既有变化速度很快的上升部分，又有变化速度很慢的平顶部分。把这样的信号加到放大电路的输入端，如果放大电路对阶跃信号的上升沿能很好反映，即输出电压的上升沿也很陡的话，那么放大电路就能够很好地放大变化极快的信号。另一方面，如果放大电路对阶跃信号的平顶部分也能很好反映，即输出电压的顶部也很平，那么，放大电路就能很好地放大变化缓慢的信号。因此把阶跃电压作为基本信号，可以判断放大电路在放大其他信号时是否会产生很大的失真。

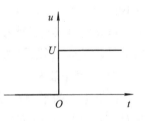

图 5.5.1 阶跃电压

2. 单级放大电路的阶跃响应

分析单级共射极放大电路的阶跃响应时，可采用小信号等效电路，而且可以根据不同的情况把等效电路加以简化。因为阶跃电压可分为上升阶段和平顶阶段，我们就按照这两个时间阶段的特点对电路进行简化。

放大电路的阶跃响应主要由上升时间 t_r 和平顶降落 δ 来表示，下面分析的目的是求出这两个参数，并与稳态分析中的通频带相联系。

1）上升时间 t_r

阶跃电压上升较快的部分，与稳态分析中的高频区相对应，所以可用 RC 低通电路来模拟，如图 5.5.2(a)所示。由图可知

$$u_o = U_s(1 - e^{-t/RC}) \tag{5.5.2}$$

式中，U_s是阶跃信号平顶部分电压值。u_o/U_s与时间的关系如图5.5.2(b)所示。

式(5.5.2)表示在上升阶段时输出电压u_o随时间变化的关系。输入电压u_s是在$t=0$时突然上升到最终值的，而输出电压是按指数规律上升的，需要经过一定的时间，才能到达最终值，这种现象称为前沿失真。

一般用输出电压从最终值的10%上升至90%所需的时间t_r来表示前沿失真。t_r称为上升时间，它的值与RC有关。由图5.5.2(b)可知：当$t=t_1$时，$u_o(t_1)/U_s=1-\mathrm{e}^{-t_1/RC}=0.1$，则$\mathrm{e}^{-t_1/RC}=0.9$；同理，当$t=t_2$时，$u_o(t_2)/U_s=1-\mathrm{e}^{-t_2/RC}=0.9$，则$\mathrm{e}^{-t_2/RC}=0.1$；由此可得

$$\frac{\mathrm{e}^{-t_1/RC}}{\mathrm{e}^{-t_2/RC}}=\frac{0.9}{0.1}=9$$

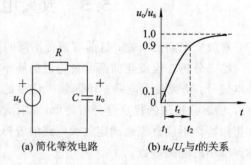

(a) 简化等效电路　　**(b) u_o/U_s与t的关系**

图5.5.2　单级放大电路的上升时间

两边取对数，整理后得

$$t_r=t_2-t_1=(\ln 9)RC$$

由式$f_H=\dfrac{1}{2\pi RC}$可得

$$t_r=\frac{0.35}{f_H}\quad\text{或}\quad t_r f_H=0.35 \tag{5.5.3}$$

因此，上升时间t_r与上限频率f_H成反比，f_H越高，则上升时间越短，前沿失真越小。从物理意义上讲，如果放大电路对阶跃电压的上升沿响应很好，即很陡直，那么，就说明放大电路能真实地放大变化很快的电压。因为实际上频率很高的正弦波正是一种变化很快的信号。例如，当某放大电路的通频带为$1\,\mathrm{MHz}$时，则其前沿上升时间$t_r=0.35\,\mu s$。

2）平顶降落δ

阶跃电压的平顶阶段与稳态分析中的低频区相对应，所以可用RC高通电路来模拟，如图5.5.3(a)所示，由图可得

$$u_o=U_s\mathrm{e}^{-t/RC} \tag{5.5.4}$$

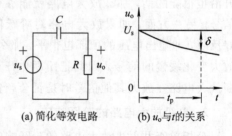

(a) 简化等效电路　　**(b) u_o与t的关系**

图5.5.3　单级放大电路的平顶降落图

u_o与时间t的关系如图5.5.3(b)所示。在t_p内，虽然输入电压是维持不变的，但由于电容C的影响，输出电压却是按指数规律下降的，下降速度决定于时间常数RC，这种现象称为平顶降落。

下面计算在某一时间间隔t_p时的平顶降落值δ。

在平顶阶段，时间常数$RC\gg t_p$，将式(5.5.4)按幂级数展开，并略去高次项后，可得

$$u_o\approx U_s\left(1-\frac{t_p}{RC}\right) \tag{5.5.5}$$

考虑到$f_L=\dfrac{1}{2}\pi RC$，可得

$$\delta = \frac{t_{\mathrm{p}} U_{\mathrm{s}}}{RC} = 2\pi f_{\mathrm{L}} t_{\mathrm{p}} U_{\mathrm{s}} \tag{5.5.6}$$

由此可见，平顶降落 δ 与下限频率 f_{L} 成正比，f_{L} 越低，平顶降落 δ 越小。在物理意义上，如果放大电路对阶跃电压的平顶部分响应很好，即很平，那么就说明放大电路能很好地放大变化很慢的电压。因为实际上频率很低的正弦波正是一种变化很慢的电压。

如果输入电压是一个方波信号，则 t_{p} 代表方波的半个周期，U_{s} 代表输出方波信号的峰值，如图 5.5.4 所示。

以 U_{s} 的百分数来表示平顶降落，则有

$$\delta = \frac{U_{\mathrm{s}} - U_1'}{U_{\mathrm{s}}} \times 100\% = \frac{t_{\mathrm{p}}}{RC} \times 100\% \quad \text{（见式(5.5.6)）}$$

因 $t_{\mathrm{p}} = \dfrac{T}{2}$，而

$$f = \frac{1}{T} \quad \text{及} \quad f_{\mathrm{L}} = \frac{1}{2\pi RC}$$

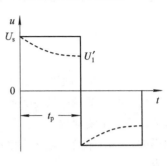

图 5.5.4　方波信号的平顶降落

则有

$$\delta = \frac{\pi f_{\mathrm{L}}}{f} \times 100\% \tag{5.5.7}$$

式(5.5.7)说明 δ 与 f_{L} 成正比。如要求 50 Hz 的方波通过时平顶降落不超过 10%，则 f_{L} 不能高于 1.6 Hz。

从本节的分析可知，瞬态分析法和稳态分析法虽然是两种不同的方法，但它们有内在的联系。当放大电路的输入信号为阶跃电压时，在阶跃电压的上升阶段，放大电路的瞬态响应(上升时间)决定于放大电路的高频响应(f_{H})；而在阶跃电压的平顶阶段，放大电路的瞬态响应(平顶降落)又决定于放大电路的低频响应(f_{L})。

因此，一个频带很宽的放大电路，同时也是一个很好的方波信号放大电路。在实用上常用一定频率的方波信号去测试宽频带放大电路的频率响应，如它的方波响应很好，则说明它的频带较宽。根据式(5.5.3)，如测得上升时间 $t_{\mathrm{r}} = 0.35~\mu\mathrm{s}$，则放大电路的通频带为1 MHz。

但是，稳态分析法在放大电路的分析中仍占主导地位。这是因为：

(1) 任何周期性的信号都可分解为一系列的正弦波，因此放大电路的主要着重点是正弦信号，放大电路的技术指标之一常用频率响应来给定，例如频带宽度。

(2) 关于电路的分析和综合，在频域中比在时域中一般要成熟得多，所以网络(含有源网络)的设计常常在频率响应的基础上进行。

(3) 在瞬态计算极其复杂时，往往可根据稳态响应的研究来间接地对电路的瞬态响应得到一个定性的了解。

(4) 在反馈放大电路中，消除自激的补偿网络也是以频率响应为基础的。

本 章 小 结

重点例题详解

本章主要介绍了频率特性的概念，单级、多级放大电路的频率特性。放大倍数是信号频率的函数，这种函数关系就是放大电路的频率特性；为了对放大倍数的频率特性进行定量的分析，应用了混合参数

Ⅱ型等效电路；通常使用频率特性图和用复数表示的放大倍数表达式来描述频率特性。

一般情况下，放大电路的放大倍数在高频段下降的主要原因是晶体管的极间电容和实际连线间的分布电容的影响；在低频段下降的主要原因是耦合电容和旁路电容的影响。

单级放大电路的频率特性分析是基础，在多级放大电路的分析中，只需要注意级间的相互影响。放大电路的级数越多，频带越窄。

习 题

5.1 选择正确答案填空。

（1）电路的频率特性是指对于不同频率的输入信号放大倍数的变化情况。高频时放大倍数下降，主要原因是＿＿＿＿＿＿＿＿的影响；低频时放大倍数下降，主要原因是＿＿＿＿＿的影响。（A. 耦合电容和旁路电容；B. 晶体管的非线性；C. 晶体管的极间电容和分布电容）

（2）当输入信号频率为 f_L 和 f_H 时，放大倍数的幅值约下降为中频时的＿＿＿＿＿＿（0.5、0.7、0.9）倍，或者说下降了＿＿＿＿＿＿＿（3 dB、5 dB、7 dB）。此时与中频时相比，放大倍数的附加相移约为＿＿＿＿＿＿＿（45°、90°、180°）。

5.2 已知某电路电压的放大倍数为

$$\dot{A}_u = \frac{-10\mathrm{j}f}{\left(1+\mathrm{j}\dfrac{f}{10}\right)\left(1+\mathrm{j}\dfrac{f}{10^5}\right)}$$

试求解 $\dot{A}_{uM}$、f_L、f_H，并画出波特图。

5.3 已知两级共射极放大电路的电的放大倍数为

$$\dot{A}_u = \frac{100\mathrm{j}f}{\left(1+\mathrm{j}\dfrac{f}{10}\right)\left(1+\mathrm{j}\dfrac{f}{10^4}\right)\left(1+\mathrm{j}\dfrac{f}{10^5}\right)}$$

试求解 $\dot{A}_{uM}$、f_L、f_H，并画出波特图。

5.4 某共射极放大电路中 $\dot{A}_u$ 的对数幅频特性如题 5.4 图所示。

（1）试写出 $\dot{A}_u$ 的表达式；

（2）当输入信号的频率 $f = f_L$ 或 $f = f_H$ 时，该电路实际的电压增益是多少？

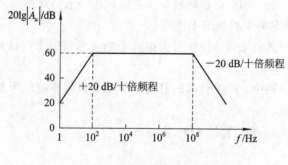

题 5.4 图

5.5 某单级 RC 耦合放大电路的幅频响应如下式所示：

$$\dot{A}_{uH} = \frac{\dot{A}_{uM}}{\sqrt{1+\left(\dfrac{f}{f_{H}}\right)^{2}}}, \qquad \dot{A}_{uL} = \frac{\dot{A}_{uM}}{\sqrt{1+\left(\dfrac{f_{L}}{f}\right)^{2}}}$$

而且放大电路的通频带为 30 Hz～15 kHz，求增益由中频值下降 0.5 dB 时所确定的频率范围。

5.6 一个高频晶体管，在 $I_{C}=1.5$ mA 时，测出其低频 H 参数为 $r_{be}=1.1$ kΩ，$\beta=50$，特征频率 $f_{T}=100$ MHz，$C_{b'c}=3$ pF。试求混合 Π 型参数及 f_{β}。

5.7 电路如题 5.7 图所示，晶体管 $\beta=40$，$C_{b'c}=3$ pF，$C_{b'e}=100$ pF，$r_{bb'}=100$ Ω，$r_{b'e}=1$ kΩ，画出混合 Π 型等效电路，求上限频率。

5.8 假设一放大电路的开环频率特性的表达式为

$$\dot{A}_{u} = \frac{-10^{3}}{\left(1+j\dfrac{f}{f_{1}}\right)\left(1+j\dfrac{f}{f_{2}}\right)\left(1+j\dfrac{f}{f_{3}}\right)}$$

其中 $f_{1}=1$ MHz，$f_{2}=10$ MHz，$f_{3}=50$ MHz，试画出它的波特图。

5.9 电路如题 5.9 图所示(射极偏置电路)，设在它的输入端接一内阻 $R_{s}=5$ kΩ 的信号源。电路参数为：$R_{b1}=33$ kΩ，$R_{b2}=22$ kΩ，$R_{e}=3.9$ kΩ，$R_{c}=4.7$ kΩ，$R_{L}=5.1$ kΩ，$C_{e}=50$ μF，$C_{b1}=30$ μF，$U_{CC}=5$ V，$I_{E}\approx0.33$ mA，$\beta_{0}=120$，$r_{ce}=300$ kΩ，$r_{bb'}=50$ Ω，$f_{T}=700$ MHz 及 $C_{b'c}=1$ pF。求：

(1) 输入电阻 R_{i}；

(2) 中频区电压增益 $|\dot{A}_{uM}|$；

(3) 上限频率 f_{H}。

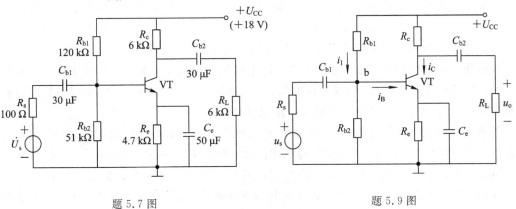

题 5.7 图   题 5.9 图

习题答案

第 6 章　集成运算放大电路

集成电路以其体积小、性能好的特点被广泛使用，本章首先讨论集成运算放大电路中普遍使用的直流偏置技术，即用集成工艺制造的各种 BJT 的电流源；其次，由于集成运算放大电路的另一组成单元是用 BJT 和 FET 组成的差分式放大电路，因此本章将重点讨论其工作原理和主要技术指标的计算；最后，分析一种集成运算放大电路的实际电路，并介绍集成运算放大电路的主要技术参数。

6.1　集成电路概述

集成电路是 20 世纪 60 年代初期发展起来的一种电子器件。它以半导体制造工艺为基础，在一小块单晶硅片上，制成多个二极管、三极管、电阻、电容等元器件，并将它们连接成能够完成一定功能的电子线路。因此，集成电路是由元器件和电路融合成一体的集成组件。

集成电路按其功能可分成数字集成电路和模拟集成电路两大类。数字集成电路是用来产生和加工各种数字信号的集成电子线路。模拟集成电路是用来产生、放大和处理各种模拟信号或进行模拟信号和数字信号之间相互转换的集成电子线路。

模拟集成电路的种类很多，除了本章要讨论的集成运算放大电路和集成功率放大电路外，还有集成宽带放大电路、集成稳压电源、集成乘法器、集成锁相环路、集成模数和数模转换电路以及各种电子设备中配套的模拟集成电路。

集成运算放大电路简称集成运放，是一种实现高增益放大功能的通用集成组件，具有体积小、重量轻、可靠性高、增益高、输入电阻大、输出电阻小、零漂小等优点，广泛用于模拟电子线路的各个领域。从内部结构来看，集成运放是一个多级串接的直接耦合放大器，通常分为输入级、中间放大级、输出级和偏置电路四个部分，如图 6.1.1 所示。为了抑制零漂，输入级通常采用差分放大电路，同时输入级还必须具有较高的输入阻抗和一定的电压增益。中间放大级为一到两级共发射极或组合放大电路，运放的增益主要由中间放大级提供。输出级通常要求有较强的带负载能力，因此，常采用互补对称的射极跟随器。偏

图 6.1.1　集成运放的组成

置电路为各级提供恒流偏置，通常采用电流源电路。此外，集成运放电路中还有电位移动电路、过载保护电路等。

集成运放的电路符号如图 6.1.2(a)所示。它有五个引出端：正电源＋U_{CC} 端、负电源－U_{EE} 端、同相输入端、反相输入端和输出端，其中有＋、－标记的分别为同相输入端和反相输入端。为了简便起见，常把正、负电源端略去，用图 6.1.2(b)所示的简化符号，图 6.1.2(c)为国家标准规定的符号。

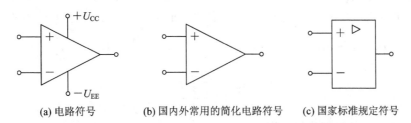

(a) 电路符号   (b) 国内外常用的简化电路符号   (c) 国家标准规定符号

图 6.1.2　集成运放的电路符号

6.2　电流源电路

在分立元件所组成的放大电路中，静态工作点一般是利用外接电阻元件来建立的。但在集成电路中制造一个三端器件比制造一个电阻所占用的面积小，也比较经济，因而采用 BJT 或 FET 制成电流源。电流源除了可以为各级放大电路提供静态偏置电流外，还可以作为三极管的有源负载，提高放大电路的性能。

1. 基本的镜像电流源

基本的镜像电流源电路如图 6.2.1 所示，它由参数完全相同的两个晶体管 VT_1、VT_2 组成。对于 VT_1、VT_2，有

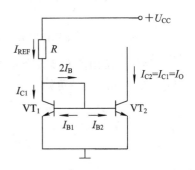

图 6.2.1　基本的镜像电流源电路

$$U_{BE1} = U_{BE2} = U_{BE}$$
$$I_{B1} = I_{B2} = I_B$$
$$I_{C1} = I_{C2} = I_C = \beta I_B = I_O$$

I_{REF}、I_O 分别称为参考电流和输出电流，I_{REF} 的值由 ＋U_{CC}、R、U_{BE} 决定，其值为

$$I_{REF} = \frac{U_{CC} - U_{BE}}{R} \tag{6.2.1}$$

输出电流 I_O 为

$$I_O = I_{C1} = I_{REF} - 2I_B = I_{REF} - 2\frac{I_{C1}}{\beta} = I_{REF} - 2\frac{I_O}{\beta} \tag{6.2.2}$$

$$I_O = \frac{I_{REF}}{1 + \dfrac{2}{\beta}} \tag{6.2.3}$$

当 $\beta \gg 2$ 时，$I_O \approx I_{REF}$，如同镜与像的关系，因此该电路称为镜像电流源。

基本镜像电流源的动态输出电阻为 $r_o = r_{ce2}$。

基本电流源电路结构简单，应用广泛，且具有一定的温度补偿能力，但是，当三极管的 β 值较小时，I_O 不再等于 I_{REF}。同时，该电路对电源电压变化的抑制能力较差，且 β 对温度的变化比较敏感，因此，该恒流源的传输精度和温度稳定性不高，实际应用中，为了提高传输精度，常采用下面介绍的精密镜像电流源。

2. 精密镜像电流源

为了提高镜像电流源的传输精度，常在集成电路中 VT_1 的集电极与基极之间加一个三极管，构成如图 6.2.2 所示的电路。电路中各管子的电流放大系数均为 β，由图可知，

$$I_O = I_{C1} = I_{REF} - I_{B3} = I_{REF} - \frac{I_{E3}}{\beta + 1} = I_{REF} - \frac{2I_B}{\beta + 1} = I_{REF} - \frac{2I_O}{\beta(\beta + 1)} \tag{6.2.4}$$

$$I_O = \frac{I_{REF}}{1 + \dfrac{2}{\beta + \beta^2}} \tag{6.2.5}$$

与式(6.2.3)相比，传输精度提高了。

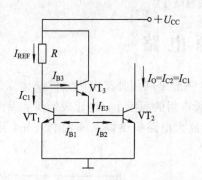

图 6.2.2　精密镜像电流源电路　　　　　图 6.2.3　威尔逊电流源电路

实际中还常用图 6.2.3 所示的威尔逊电流源电路，电路中各管子的电流放大系数均为 β，$I_{C1} = I_{C2} = I_C$，由图可知，

$$I_{REF} = I_{C1} + I_{B3} = I_C + \frac{I_O}{\beta}$$

$$I_O = \frac{\beta I_{E3}}{\beta + 1}$$

$$I_{E3} = I_{C2} + \frac{I_{C1}}{\beta_1} + \frac{I_{C2}}{\beta_2} = I_C + \frac{2I_C}{\beta}$$

综上可得

$$I_O = \frac{I_{REF}}{1 + \dfrac{2}{2\beta + \beta^2}} \tag{6.2.6}$$

可见，威尔逊电流源的传输精度很高，在 β 很小时也可认为 $I_O \approx I_{REF}$。

3. 比例电流源

如果希望电流源的输出电流 I_O 与参考电流 I_{REF} 成某一比例关系，可采用图 6.2.4 所示的比例电流源电路。

由电路可知

$$U_{BE1} + I_{E1}R_{e1} = U_{BE2} + I_{E2}R_{e2}$$

即

$$I_{E2}R_{e2} = I_{E1}R_{e1} + (U_{BE1} - U_{BE2})$$

因此

$$I_{E2} = \frac{I_{E1}R_{e1}}{R_{e2}} + \frac{(U_{BE1} - U_{BE2})}{R_{e2}} \qquad (6.2.7)$$

由 PN 结电流方程

$$I_E \approx I_s e^{\frac{U_{BE}}{U_T}}$$

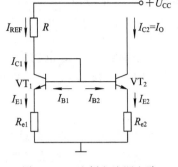

图 6.2.4 比例电流源电路

得

$$U_{BE1} - U_{BE2} \approx U_T \ln \frac{I_{E1}}{I_{E2}}$$

代入式(6.2.7),得

$$I_{E2} = \frac{I_{E1}R_{e1}}{R_{e2}} + \frac{U_T}{R_{e2}} \ln \frac{I_{E1}}{I_{E2}} \qquad (6.2.8)$$

当 β 值足够大时,$I_{REF} \approx I_{C1} \approx I_{E1}$,$I_O = I_{C2} \approx I_{E2}$,式(6.2.8)变为

$$I_O = I_{REF} \frac{R_{e1}}{R_{e2}} + \frac{U_T}{R_{e2}} \ln \frac{I_{REF}}{I_O} \qquad (6.2.9)$$

求解式(6.2.9)不太方便,常温下,当两管的发射极电流相差十倍时,第二项很小,可以忽略,此时有

$$I_O \approx I_{REF} \frac{R_{e1}}{R_{e2}} \qquad (6.2.10)$$

可见,改变 R_{e1} 和 R_{e2} 的比值,即可得到所要求的 I_O,由于 R_{e2} 的存在,使电路的输出电阻增大,进一步提高了 I_O 的恒流特性。

4. 微电流源

为了提高集成运放的性能,通常要求差分电路在 μA 级的电流下工作,此时,如果采用图 6.2.1 所示的电路,R 的值将达几 $M\Omega$,这么大阻值的电阻在集成电路中很难实现。因此,在集成电路中常采用图 6.2.5 所示的微电流源电路。

图中 VT_1、VT_2 的特性完全相同,由电路得

$$I_{REF} = \frac{U_{CC} - U_{BE1}}{R} \qquad (6.2.11)$$

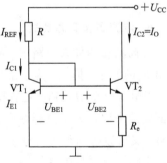

图 6.2.5 微电流源电路

$$U_{BE1} = U_{BE2} + I_{E2}R_e$$

$$U_{BE1} - U_{BE2} = I_{E2}R_e \approx I_O R_e \qquad (6.2.12)$$

由 PN 结方程 $I_C \approx I_E = I_s e^{\frac{U_{BE}}{U_T}}$,得

$$U_{BE} \approx U_T \ln \frac{I_C}{I_s}$$

因此

$$U_{BE1} - U_{BE2} = U_T \ln \frac{I_{C1}}{I_{C2}} \approx U_T \ln \frac{I_{REF}}{I_O} \qquad (6.2.13)$$

结合式(6.2.12)与式(6.2.13)，有

$$U_T \ln \frac{I_{REF}}{I_O} \approx I_O R_e \qquad (6.2.14)$$

电路确定后，I_{REF}也就确定了，求解方程(6.2.14)，可得到I_O；反之，如果已知I_O，可算出电阻R_e。例如，已知参考电流$I_{REF}=0.73$ mA，$I_O=28$ μA，由方程(6.2.14)可得到

$$R_e = \frac{U_T}{I_O} \ln \frac{I_{REF}}{I_O} = 3.0 \text{ k}\Omega$$

可见，用几kΩ的电阻就可得到μA级的电流。与镜像电流源相比，由于微电流源VT_2的发射极接入了R_e，构成了电流负反馈，从而使输出电流的稳定性得到了提高。

5. 多路电流源电路

在集成运放中，需要多路电流源分别给各级提供合适的静态电流。此时可以利用一个基准电流去获得多个不同的输出电流，满足各级的需要，这样构成的电路称为多路电流源电路。图6.2.6为一多路电流源电路。图中参考电流由VT_2、R提供，VT_1与VT_2、VT_3与VT_2分别构成微电流源，VT_4与VT_2构成镜像电流源。

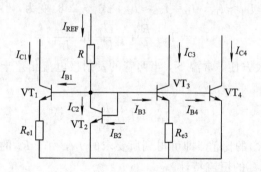

图6.2.6　多路电流源电路

6. 电流源作有源负载

在高增益的放大电路中，常采用共射极电路。为了提高电压增益，可采用增大集电极电阻R_c的方法。但是，为了维持晶体管的静态电流不变，在增大R_c的同时必须提高电源电压。当电源电压增大到一定程度时，电路的设计就变得不合理了。在集成电路中，常用电流源电路来取代R_c，这样在电源电压不变的情况下，既可获得合适的静态电流，对于交流信号，又可以得到很大的等效R_c。由于晶体管和场效应管是有源器件，电路以它们作为负载，故称之为有源负载。

图6.2.7为有源负载共射极放大电路。图中，VT_1接成共射极电路，VT_2、VT_3组成的镜像电流源作为VT_1的集电极有源负载。镜像电流源的动态输出电阻约为r_{ce2}，因此，该放大器的电压增益为

$$A_u = \frac{u_o}{u_i} = \frac{\beta(r_{ce1} \ // \ r_{ce2} \ // \ R_L)}{r_{be1}}$$

三极管的r_{ce}一般很大，可达几百kΩ，因此利用镜像电流源作为有源负载对提高放大器的增益是有益的。

图6.2.8是采用有源负载的共集电极电路。

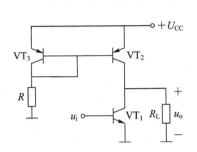

图 6.2.7　带有源负载的共射极放大电路

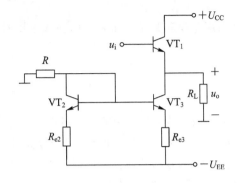

图 6.2.8　带有源负载的共集电极电路

6.3　差分放大电路

差分放大电路又称为差动式放大电路，具有温漂小、便于集成等优点，通常作为集成运算放大器的输入级。在分立元件构成的直流放大器中，差分放大电路也是基本的低漂移直流放大电路。

6.3.1　差分放大电路概述

1. 差分放大电路的一般结构

典型的差分放大电路如图 6.3.1 所示。由此图可知，差分放大电路实际上是由两个完全对称的共射极电路组成的，其中 R_e 为两管公共的发射极电阻，R_s 为信号源内阻。差分放大电路有两个输入端和两个输出端。两个输出端分别为两个管子的集电极，当输出信号取自两个输出端时，称为双端输出，当取自其中的一个管子时，称为单端输出。

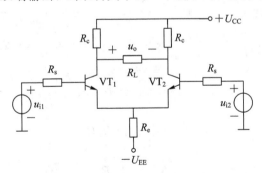

图 6.3.1　典型的差分放大电路

2. 差模信号和共模信号的概念

首先应当明确什么叫差模信号和共模信号。如图 6.3.1 所示，u_{i1}、u_{i2} 为两个输入端所加的输入信号，u_{i1} 和 u_{i2} 之差称为差模电压，用 u_{id} 表示，即

$$u_{id} = u_{i1} - u_{i2} \tag{6.3.1}$$

两输入电压 u_{i1} 和 u_{i2} 的算术平均值称为共模电压，用 u_{ic} 表示，即

$$u_{ic} = \frac{u_{i1} + u_{i2}}{2} \qquad (6.3.2)$$

当用差模和共模电压表示两输入电压时，由式(6.3.1)和式(6.3.2)可得

$$u_{i1} = u_{ic} + \frac{1}{2}u_{id} \qquad (6.3.3)$$

$$u_{i2} = u_{ic} - \frac{1}{2}u_{id} \qquad (6.3.4)$$

由上面二式可知，两输入端的共模信号 u_{ic} 的大小相等、极性相同，而输入端的差模信号 $+u_{id}/2$ 和 $-u_{id}/2$ 的大小相等、极性相反。

在差模信号和共模信号同时存在的情况下，对于线性放大电路来说，可借助叠加原理来求出总的输出电压，即

$$u_{o} = u_{od} + u_{oc} = A_{ud}u_{id} + A_{uc}u_{ic} \qquad (6.3.5)$$

式中，u_{od} 为差模输出电压，u_{oc} 为共模输出电压，$A_{ud} = u_{od}/u_{id}$ 为差模电压增益；$A_{uc} = u_{oc}/u_{ic}$ 为共模电压增益。

6.3.2 差分放大电路静态分析

如图 6.3.1 所示电路，当 $u_{i1} = u_{i2} = 0$ 时，差分放大电路中只有直流信号，其直流通路如图 6.3.2 所示。由于电路对称，VT_1、VT_2 两个管子的静态工作点相同，即

$$I_{BQ1} = I_{BQ2} = I_{BQ}$$
$$I_{CQ1} = I_{CQ2} = I_{CQ}$$
$$I_{EQ1} = I_{EQ2} = I_{EQ}$$

因此，流过 R_e 的电流为 $2I_{EQ}$，根据回路的电压方程，在管子的基极回路存在下列方程：

$$I_{BQ}R_s + U_{BE} + 2I_{EQ}R_e = U_{EE} \qquad (6.3.6)$$

而 $I_{EQ} = (\beta+1)I_{BQ}$，因此

$$I_{BQ} = \frac{U_{EE} - U_{BE}}{R_s + 2(\beta+1)R_e} \qquad (6.3.7)$$

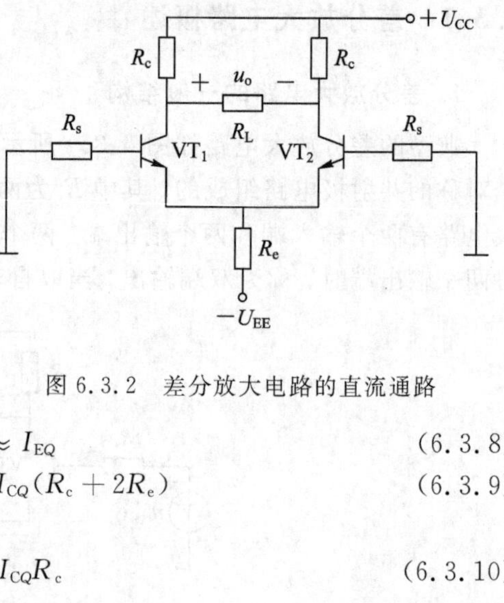

图 6.3.2　差分放大电路的直流通路

$$I_{CQ} = \beta I_{BQ} \approx I_{EQ} \qquad (6.3.8)$$
$$U_{CEQ} = U_{CC} + U_{EE} - I_{CQ}(R_c + 2R_e) \qquad (6.3.9)$$

每管的集电极电位为

$$U_C = U_{CC} - I_{CQ}R_c \qquad (6.3.10)$$

基极电位为

$$U_B = -I_{BQ}R_s \qquad (6.3.11)$$

由于两管的集电极电位相等，因此 R_L 中没有电流，输出电压 $u_o = 0$，实现了零输入时零输出。

6.3.3 差分放大电路动态技术指标计算

1. 输入信号为差模信号

当差分放大电路的输入为差模信号，即 $u_{i1} = -u_{i2} = u_{id}/2$ 时，根据图 6.3.1，如果 VT_1

管的集电极电流增量为 Δi_c，则 VT$_2$ 管的集电极电流增量为 $-\Delta i_c$，由于发射极电流 i_e 近似等于集电极电流 i_c，因此流过 R_e 的电流与差模输入信号的大小无关，R_e 上只有直流电压，不产生差模电压信号，即 R_e 对差模信号无反馈作用，所以输入信号为差模信号时，R_e 可看成短路。同时，双端输出时，VT$_1$ 管和 VT$_2$ 管的集电极电位向相反的方向变化，一边增量为正，另一边增量为负，并且大小相等，负载 R_L 的中点电位不变，相当于接地，即每管的负载为 $R_L/2$，这样，可得到双端输出、差模输入时的交流通路和微变等效电路，如图 6.3.3(a)、(b)所示。为便于分析，可画出差模信号的半边电路的交流通路和半边小信号等效电路，如图 6.3.3(c)、(d)所示。

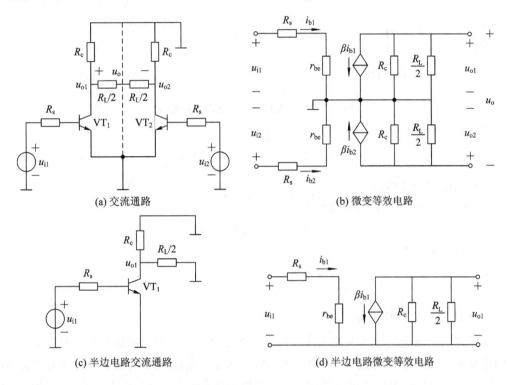

(a) 交流通路   (b) 微变等效电路

(c) 半边电路交流通路   (d) 半边电路微变等效电路

图 6.3.3 双端输出时的差模等效电路

由差模微变等效电路可得到差模输入时的指标。

(1) 差模电压增益 A_{ud}：

双端输出时，

$$A_{ud} = \frac{u_o}{u_{id}} = \frac{u_{o1} - u_{o2}}{u_{i1} - u_{i2}} = \frac{2u_{o1}}{2u_{i1}} = -\frac{\beta\left(\dfrac{R_L}{2} /\!/ R_c\right)}{R_s + r_{be}} \tag{6.3.12}$$

单端输出时，其交流通路和差模微变等效电路如图 6.3.4(a)、(b)所示。如果 u_o 取自 VT$_1$ 的集电极，即负载接于 VT$_1$ 的集电极与地之间，那么

$$A_{ud} = \frac{u_o}{u_{id}} = \frac{u_{o1}}{u_{i1} - u_{i2}} = \frac{u_{o1}}{2u_{i1}} = -\frac{1}{2} \cdot \frac{\beta(R_L /\!/ R_c)}{R_s + r_{be}} \tag{6.3.13}$$

如果 u_o 取自 VT$_2$ 的集电极，即负载接于 VT$_2$ 的集电极与地之间，那么

$$A_{ud} = \frac{u_o}{u_{id}} = \frac{u_{o2}}{u_{i1} - u_{i2}} = \frac{-u_{o1}}{2u_{i1}} = \frac{1}{2} \cdot \frac{\beta(R_c /\!/ R_L)}{R_s + r_{be}} \tag{6.3.14}$$

可见单端输出时，电压增益为单管电压增益的 1/2，从 VT_1 的集电极得到的输出信号与输入信号反相，而从 VT_2 的集电极得到的输出信号与输入信号同相。

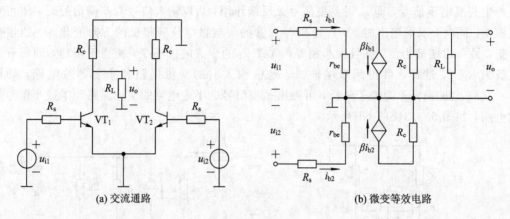

(a) 交流通路 (b) 微变等效电路

图 6.3.4 单端输出时的差模等效电路

（2）差模输入电阻 R_{id} 为

$$R_{id} = \frac{u_{id}}{i_i} = \frac{u_{i1} - u_{i2}}{i_{b1}} = \frac{2u_{i1}}{i_{b1}} = 2(R_s + r_{be}) \tag{6.3.15}$$

是单管输入电阻的两倍。

（3）输出电阻 R_{od}。双端输出时，

$$R_{od} = 2R_c \tag{6.3.16}$$

为单管输出电阻的 2 倍。

单端输出时，

$$R_{od} = R_c \tag{6.3.17}$$

2. 输入信号为共模信号

在差分放大电路的输入端加入共模信号，即 $u_{i1} = u_{i2} = u_{ic}$ 时，两管发射极电流将产生相同的增量电流 Δi_E，因此流过 R_e 的电流为 $2\Delta i_E$，可见，流过 R_e 的共模信号电流为单管的两倍，R_e 上的共模信号电压为单管的两倍。从等效的观点来看，可以认为是 Δi_E 流过阻值 $2R_e$ 所造成的，如图 6.3.5(a) 所示。图 6.3.5(b) 为单管的微变等效电路。

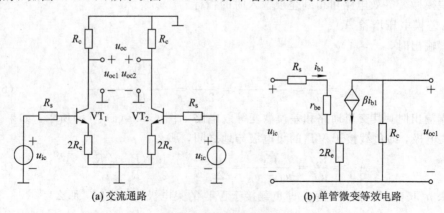

(a) 交流通路 (b) 单管微变等效电路

图 6.3.5 共模等效电路

双端输出时，共模输出电压 $u_{oc} = u_{oc1} - u_{oc2}$。那么，如果电路两边完全对称，$u_{oc1} = u_{oc2}$，则

$$A_{uc} = \frac{u_{oc1} - u_{oc2}}{u_{ic}} \approx 0 \tag{6.3.18}$$

实际上，要达到电路完全对称是不可能的，但即使这样，电路抑制共模信号的能力还是很强的。

单端输出时，负载 R_L 接于 VT_1 或 VT_2 的集电极，共模输出电压为 u_{oc1} 或 u_{oc2}，则

$$A_{uc1} = A_{uc2} = \frac{u_{oc1}}{u_{ic}} = -\frac{\beta(R_c \mathbin{/\mkern-5mu/} R_L)}{R_s + r_{be} + 2(\beta + 1)R_e} \tag{6.3.19}$$

由上面的叙述可知，由于管子的发射极接有较大的电阻 R_e，双端输出时，共模信号基本被抑制，即使在单端输出时，电压增益也比差模输入时小得多，因此，差分放大电路对共模信号有较强的抑制作用。

另外，环境温度的变化或电源电压的波动，会使差分电路两个集电极电流发生相同幅度、相同性质的变化，这种变化就是漂移和干扰，这类漂移和干扰可以等效地看作输入端作用的共模信号的结果。因此可以认为，差分电路对温度漂移和电源电压引起的漂移有很强的抑制作用。

3. 共模抑制比 K_{CMR}

为了说明差分放大电路抑制共模信号的能力，常用共模抑制比 K_{CMR} 作为一项技术指标来衡量，它的定义是放大电路差模信号的电压增益 A_{ud} 与共模信号的电压增益 A_{uc} 之比的绝对值，即

$$K_{CMR} = \left| \frac{A_{ud}}{A_{uc}} \right| \tag{6.3.20}$$

显然，K_{CMR} 越大，表示差分电路抑制共模信号的能力越强。对于双端输出的差分电路，在电路左右完全对称的理想情况下，$K_{CMR} \rightarrow \infty$。

有时也用分贝(dB)数来表示 K_{CMR}，即

$$K_{CMR} = 20 \lg \left| \frac{A_{ud}}{A_{uc}} \right| (\text{dB}) \tag{6.3.21}$$

4. 频率响应

因双端输入、双端输出的差分放大电路的两边电路对称，因而可用单边共射极电路来分析。由于存在密勒效应，其高频响应与共射极放大电路相同。但因差分放大电路采用直接耦合方式，因此它具有极好的低频响应。

5. 差分放大电路对任意输入信号的作用

前面讨论的是差分放大电路对差模信号和共模信号的作用，实际上，差分放大电路的两个输入信号 u_{i1} 和 u_{i2} 往往是一对任意数值的信号，它们既不是差模信号也不是共模信号，此时，可将 u_{i1} 和 u_{i2} 分解为差模与共模信号之和，即

$$u_{i1} = \frac{u_{i1} + u_{i2}}{2} + \frac{u_{i1} - u_{i2}}{2} \tag{6.3.22}$$

$$u_{i2} = \frac{u_{i1} + u_{i2}}{2} - \frac{u_{i1} - u_{i2}}{2} \tag{6.3.23}$$

可见

$$u_{ic} = \frac{u_{i1} + u_{i2}}{2} \tag{6.3.24}$$

$$u_{id} = \frac{u_{i1} - u_{i2}}{2} - \left(-\frac{u_{i1} - u_{i2}}{2}\right) = u_{i1} - u_{i2} \tag{6.3.25}$$

例如，当 $u_{i1} = 3.5\ \mathrm{mV}$，$u_{i2} = 2.5\ \mathrm{mV}$ 时，可将 u_{i1} 和 u_{i2} 分解为

$$u_{i1} = 3 + 0.5(\mathrm{mV}), \quad u_{i2} = 3 - 0.5(\mathrm{mV})$$

$$u_{ic} = 3\ \mathrm{mV}, \quad u_{id} = 0.5 - (-0.5) = 1\ \mathrm{mV}$$

差分放大电路中三极管通常工作于线性区，如果差模与共模电压增益分别为 A_{ud} 和 A_{uc}，那么，由线性叠加原理可知，双端输出时的输出电压为

$$u_o = A_{ud} u_{id} + A_{uc} u_{ic} = A_{ud}\left(u_{id} + \frac{A_{uc}}{A_{ud}} u_{ic}\right) = A_{ud}\left(u_{id} + \frac{1}{K_{CMR}} u_{ic}\right) \tag{6.3.26}$$

当电路完全对称或 K_{CMR} 很高时，

$$u_o \approx A_{ud} u_{id} = A_{ud}(u_{i1} - u_{i2}) \tag{6.3.27}$$

可见，不论是单端输出或双端输出，也不论电路两边对称与否，只要共模抑制比足够高，就可近似认为差分放大电路的输出与两个输入电压的差值成正比，而与输入电压本身的大小无关，这也是图 6.3.1 所示的电路之所以称为差分电路的原因。

差分放大电路的上述特点在实际中是十分有用的，例如，当需要测量两个电压的差值，而这两个电压的数值很大，差值却很小时，如果分别测量它们各自的值，再求差值，必然会产生很大的误差。如果利用差分电路，则可直接测出它们的差值。

6.3.4　带有恒流源的差分放大电路

从前面的分析可以看出，增大 R_e 能提高共模负反馈，进而提高共模抑制比；但是增大 R_e 时，如果电源电压不变，静态工作点电流必然减小；如果要保证静态工作点不变，发射极负电源电压必须增大。例如，取 $R_e = 100\ \mathrm{k\Omega}$，$I_{EQ} = 0.5\ \mathrm{mV}$，则 $U_{EE} \approx 2R_e I_{EQ} = 100\ \mathrm{V}$。显然采用这种高压直流电源是很不现实的。为了解决这一矛盾，必须用直流压降小而交流增量电阻很高的电路来代替 R_e，恒流源就是具有这种特点的电路。用三极管恒流源构成的简单差分放大电路如图 6.3.6 所示。

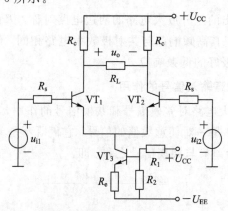

图 6.3.6　用三极管恒流源构成的简单差分放大电路

不论哪种形式的电路，估算静态工作点时，都应从恒流源部分入手，对于图6.3.6所示的电路，应由 U_{CC}、U_{EE}、R_1、R_2 值求出 VT_3 的基极电位 U_{B3}，具体表达式为

$$U_{B3} = -U_{EE} + \frac{R_2}{R_1 + R_2}(U_{CC} + U_{EE})$$

$$U_{E3} = U_{B3} - U_{BE3}$$

$$I_{E3} = \frac{U_{E3} + U_{EE}}{R_e}$$

$$I_{C1} = I_{C2} \approx \frac{1}{2}I_{E3}$$

上述电路在差模与共模输入时的分析方法与典型差分电路的分析方法相同。

另外，实际中为了简化电路，放大器中的恒流源通常用电流源符号代替，这样图6.3.6就可以简化为图6.3.7。图中箭头的方向代表恒流源电流的方向。

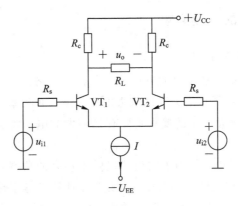

图 6.3.7　简化的带恒流源差动电路

6.3.5　差分放大电路的调零

实际的差分放大电路很难做到完全对称，为减小不对称引起的误差，电路中常接有调零电路，常用的调零电路如图 6.3.8 和图 6.3.9 所示。

具有恒流的
差分放大电路

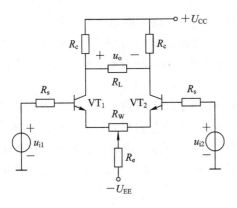

图 6.3.8　发射极调零电路

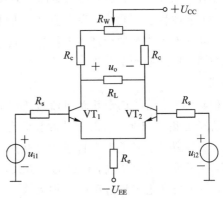

图 6.3.9　集电极调零电路

图 6.3.8 为发射极调零电路，是在两管发射极之间串接电位器 R_w，调节 R_w，可改变两管 VT_1、VT_2 的发射极电流，从而使放大器的静态输出电压为 0 V。图 6.3.9 为集电极调零电路，它是在两管集电极电阻之间串接电位器 R_w，调节 R_w，可改变两管 VT_1、VT_2 的集电极电阻，从而改变两管的集电极电压，使放大器的静态输出电压为 0 V。

6.4 功率放大电路

多级放大电路的输出信号往往用来驱动一定的负载装置，例如使扬声器发声，推动电机旋转，使继电器或记录指示仪动作等，这就要求放大电路能输出有一定功率的信号。因此多级放大电路除了应有电压放大级外，还要求有一个能输出一定功率信号的输出级。这类主要用于向负载提供功率的放大电路常称为功率放大电路。

6.4.1 功率放大电路的一般问题

1. 对功率放大电路的要求

从能量控制的观点来看，功率放大电路与电压放大电路没有本质的区别，只是完成的任务不同，电压放大电路主要是不失真地放大电压信号，而功率放大电路是为负载提供足够的功率。因此，对电压放大电路的要求是要有足够大的电压增益，而对功率放大电路则有些特殊要求。

(1) 要求输出功率尽可能大。为了向负载提供足够大的功率，要求功率放大电路中功放管的电压和电流都有足够大的输出幅度，因此管子往往工作于接近极限的状态。

(2) 具有较高的效率。功率放大电路的效率 η 定义为电路输出到负载上的有用信号功率 P_o 和电源供给的直流功率 P_U 的比值，即

$$\eta = \frac{P_o}{P_U} \tag{6.4.1}$$

功率放大电路的输出功率是由直流电源提供的。直流电源提供的功率一部分输出到负载，另一部分消耗在管子上。低效率的电路不但造成能源浪费，而且易使器件升温，影响正常工作。因此，要求功率放大电路的效率要高。

(3) 非线性失真要小。为了输出尽可能大的功率，功率放大电路通常工作于大信号状态下，因此不可避免地会产生非线性失真，而且同一电路的输出功率越大，非线性失真往往越严重。这就使输出功率与非线性失真成为一对矛盾。不同场合下，对非线性失真的要求不同。

(4) 要考虑管子的散热及过流过压保护措施。在功率放大电路中，有相当大的功率消耗在管子的集电结上，从而使结温和管壳温度升高。为了充分利用允许的管耗而使管子输出足够大的功率，必须考虑管子的散热问题。同时，在功率放大电路中，为了输出较大的功率，管子承受的电压高，通过的电流大，功率管损坏的可能性也较大。因此，在电路的设计上，一定要考虑过流过压的保护措施。

2. 功率放大电路的分类

功率放大电路按放大信号的频率，可分为低频功率放大电路(几十 Hz 到几十 kHz)和

高频功率放大电路(几百 kHz 到几十 MHz)。

功率放大电路按输出端与负载的耦合方式,可分为无输出电容器 OCL(Output Capacitorless)电路、无输出变压器 OTL(Output Transformerless)电路和变压器耦合电路。

功率放大电路按功放管的导通情况,主要分为以下几类:

(1) 甲类功率放大电路。甲类功率放大电路中管子的静态工作点在输出负载线的中间,在输入信号的整个周期内,晶体管都导通(导通角为 $360°$),集电极都有电流 $i_C>0$,工作点和电流波形如图 6.4.1(a)所示。前面介绍的共射极放大电路等电压放大电路均为甲类功率放大电路。

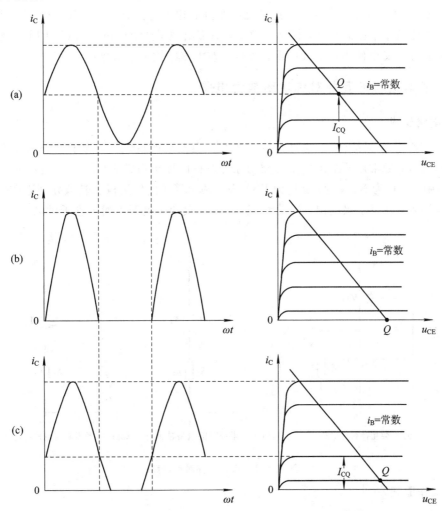

图 6.4.1 静态工作点 Q 的位置不同对放大电路工作状态的影响

在甲类功率放大电路中,电源始终不断地输送功率。电路在静态没有信号输入时,这些功率全部消耗在管子上,并转化为热量的形式耗散出去。当有信号输入时,其中一部分电源功率转化为有用的输出功率输送给负载,另一部分消耗在管子上。甲类放大电路的效率较低,即使在理想情况下,也只能达到 50%。

从甲类功率放大电路可知,静态电流是造成管耗的主要因素。如果把静态工作点 Q 向下移动,使静态电流接近于零,甚至等于零,则可使静态时管耗接近于零,甚至等于零,从而提高电路的效率。

(2) 乙类功率放大电路。乙类功率放大电路的静态工作点 Q 下移到负载线的最低点，在输入信号的整个周期内，晶体管仅导通半个周期(导通角为 180°)，如图 6.4.1(b)所示。

(3) 甲乙类功率放大电路。甲乙类功率放大电路的静态工作点 Q 介于甲类和乙类之间，在输入信号的整个周期内，晶体管导通时间大于半个周期而小于一个周期(导通角大于 180° 而小于 360°)，如图 6.4.1(c)所示。

另外，在高频功率放大电路中，还常采用一种晶体管导通角小于 180° 的工作方式，称为丙类功率放大电路。

提高功率放大电路效率的主要途径是减小静态电流，从而减少管耗。乙类和甲乙类放大电路，虽然减小了静态功耗，提高了效率，但都出现了严重的波形失真，因此，既要保持静态时管耗小，又要使失真不太严重，就需要在电路结构上采取措施。

6.4.2 乙类双电源互补对称功率放大电路

1. 电路组成

工作在乙类的放大电路，虽然提高了效率，但波形严重失真，为了既提高效率，又能避免波形失真，通常用两个工作于乙类的互补对称的管子构成图 6.4.2(a)所示的互补对称电路。图中，VT_1 为 NPN 管，VT_2 为 PNP 管，两个管子的发射极和基极分别连在一起，信号从基极输入，从发射极输出，R_L 为负载。由正、负两个电源为两个管子供电。

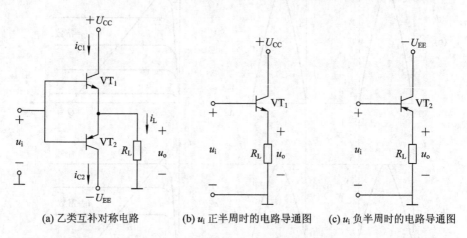

(a) 乙类互补对称电路　　(b) u_i 正半周时的电路导通图　　(c) u_i 负半周时的电路导通图

图 6.4.2　乙类互补对称电路

2. 工作原理

由于该电路无基极偏置，所以 $u_{BE1} = u_{BE2} = u_i$。当 $u_i = 0$ 时，VT_1、VT_2 均处于截止状态，所以该电路为乙类放大电路。

考虑到 BJT 发射结处于正向偏置时才导电，若忽略发射结的管压降，则当输入信号 u_i 处于正半周时，VT_2 截止，VT_1 承担放大任务，有电流通过负载 R_L，电路可等效为图 6.4.2(b)；而输入信号 u_i 处于负半周时，VT_1 截止，VT_2 承担放大任务，仍有电流通过负载 R_L，电路可等效为图 6.4.2(c)。这样，图 6.4.2(a)所示的互补对称电路实现了静态时两管不导电，而有输入信号时，VT_1 和 VT_2 轮流导电，一个在信号的正半周工作，而另一个在负半周工作，同时使这两个管子的输出波形都能加到负载上，从而在负载上得到一个完整的波形，这样就解决了效率与失真的矛盾。

由于两管互补对方的不足，工作性能对称，所以这种电路通常称为互补对称电路。乙类双电源互补对称电路又称为 OCL 电路。

3. 分析计算

1）输出功率 P_o

输出功率用输出电压的有效值 U_o 和输出电流有效值 I_o 的乘积来表示。设输出电压的幅值为 U_{om}，则输出功率为

$$P_o = U_o I_o = \left(\frac{U_{om}}{\sqrt{2}}\right)^2 \frac{1}{R_L} = \frac{1}{2}\frac{U_{om}^2}{R_L} \tag{6.4.2}$$

当输入信号 u_i 的幅度足够大时，在信号正半周时，VT_1 接近于饱和状态，而在信号负半周时，VT_2 接近于饱和状态，从而使 $U_{om} \approx U_{CC} - U_{CES}$，若忽略饱和压降 U_{CES}，$U_{om} \approx U_{CC}$，则可获得最大输出功率：

$$P_{om} = \frac{1}{2}\frac{U_{CC}^2}{R_L} \tag{6.4.3}$$

2）管耗 P_T

考虑到 VT_1 和 VT_2 在一个信号周期内各导通约 $180°$，且通过两管的电流和两管两端的电压 u_{CE} 在数值上都分别相等（只是在时间上错开了半个周期）。因此为求出总管耗，只需先求出单管的管耗即可。设输出电压 $u_o = U_{om} \sin\omega t$，则 VT_1 的管耗为

$$
\begin{aligned}
P_{T1} &= \frac{1}{2\pi}\int_0^\pi (U_{CC} - u_o)\frac{u_o}{R_L}\mathrm{d}(\omega t) = \frac{1}{2\pi}\int_0^\pi (U_{CC} - U_{om}\sin\omega t)\frac{U_{om}\sin\omega t}{R_L}\mathrm{d}(\omega t) \\
&= \frac{1}{2\pi}\int_0^\pi \left(\frac{U_{CC}U_{om}}{R_L}\sin\omega t - \frac{U_{om}^2}{R_L}\sin^2\omega t\right)\mathrm{d}(\omega t) \\
&= \frac{1}{R_L}\left(\frac{U_{CC}U_{om}}{\pi} - \frac{U_{om}^2}{4}\right)
\end{aligned}
\tag{6.4.4}
$$

而两管的管耗为

$$P_T = P_{T1} + P_{T2} = \frac{2}{R_L}\left(\frac{U_{CC}U_{om}}{\pi} - \frac{U_{om}^2}{4}\right) \tag{6.4.5}$$

3）电源提供的功率 P_U

直流电源供给的功率 P_U 包括负载得到的信号功率和 VT_1、VT_2 消耗的功率两部分。

当 $u_i = 0$ 时，$P_U = 0$；当 $u_i \neq 0$ 时，由式(6.4.2)和式(6.4.5)得

$$P_U = P_o + P_T = \frac{2U_{CC}U_{om}}{\pi R_L} \tag{6.4.6}$$

当输出电压幅值达到最大，即 $U_{om} \approx U_{CC}$ 时，则得电源供给的最大功率为

$$P_{Um} = \frac{2}{\pi} \cdot \frac{U_{CC}^2}{R_L} \tag{6.4.7}$$

4）效率

一般情况下，效率为

$$\eta = \frac{P_o}{P_U} = \frac{\pi}{4}\frac{U_{om}}{U_{CC}} \tag{6.4.8}$$

当 $U_{om} \approx U_{CC}$ 时，则

$$\eta_{max} = \frac{\pi}{4} = 78.5\% \tag{6.4.9}$$

4. 最大管耗和最大输出功率的关系

由式(6.4.4)可以知道，管耗 P_{T1} 是输出电压幅值 U_{om} 的函数。实际进行设计时，必须找出对管子最不利的情况，即最大管耗 P_{Tmax}，可以用求极值的方法来求解。由式(6.4.4)有

$$\frac{dP_{T1}}{dU_{om}} = \frac{1}{R_L}\left(\frac{U_{CC}}{\pi} - \frac{U_{om}}{2}\right)$$

令 $\frac{dP_{T1}}{dU_{om}} = 0$，可得管耗最大时，$U_{om} = \frac{2}{\pi}U_{CC}$，而最大管耗为

$$P_{T1m} = \frac{1}{R_L}\left(\frac{2U_{CC}^2}{\pi^2} - \frac{4U_{CC}^2}{4\pi^2}\right) = \frac{1}{\pi^2}\frac{U_{CC}^2}{R_L} \tag{6.4.10}$$

考虑到 $P_{om} = \frac{1}{2}\frac{U_{CC}^2}{R_L}$，则每个管子的最大管耗和电路的最大输出功率之间具有如下关系：

$$P_{T2m} = P_{T1m} = \frac{1}{\pi^2}\frac{U_{CC}^2}{R_L} \approx 0.2P_{om} \tag{6.4.11}$$

式(6.4.11)常用来作为乙类互补对称电路选择功率晶体管的依据。它表明，如果要求输出功率为 10 W，则只要用两个额定管耗大于 2 W 的管子就可以了。当然，在实际选管子时，还应留有充分的安全余量，因为上面的计算是在理想情况下进行的。

5. 功率 BJT 的选择

在功率放大电路中，为了输出较大的信号功率，管子承受的电压要高，通过的电流要大，功率管损坏的可能性也就比较大，所以功率管的参数选择不容忽视。选择时一般应考虑 BJT 的三个极限参数，即集电极最大允许功率损耗 P_{CM}，集电极最大允许电流 I_{CM} 和集电极-发射极间的反向击穿电压 $U_{(BR)CEO}$。

由前面的分析可知，若想得到最大输出功率，又要使功率 BJT 安全工作，BJT 的参数必须满足下列条件：

(1) 每只 BJT 的最大允许功率损耗 P_{CM} 必须大于 $0.2P_{om}$。

(2) 通过每只 BJT 的最大集电极电流为 U_{CC}/R_L，所以功率 BJT 的 I_{CM} 不宜低于此值。

(3) 考虑到当 VT_2 导通时，$-u_{CE2} = U_{CES} \approx 0$，此时 u_{CE1} 具有最大值，且等于 $2U_{CC}$，因此，应选用反向击穿电压 $|U_{(BR)CEO}| > 2U_{CC}$ 的管子。

注意，在实际选择管子时，其极限参数还要留有充分的余地。

例 6.4.1 试设计一个图 6.4.2(a)所示的乙类互补对称电路，要求能给 8 Ω 的负载提供 20 W 功率，为了避免晶体管饱和引起的非线性失真，要求 U_{CC} 比 U_{om} 高出 5 V，求：

(1) 电源电压 U_{CC}；

(2) 效率 η；

(3) 单管的最大管耗。

解 (1) 求电源电压：

由式(6.4.2)的 $P_o = \frac{1}{2}\frac{U_{om}^2}{R_L}$ 可知：

$$U_{om} = \sqrt{2P_oR_L} = \sqrt{2 \times 20 \times 8} = 17.9 \text{ V}$$

由 $U_{CC} - U_{om} > 5$，得 $U_{CC} > 17.9 + 5 = 22.9$ V，可取 $U_{CC} = 23$ V。

（2）求效率 η：

$$\eta = \frac{P_o}{P_U} = \frac{\pi}{4} \frac{U_{om}}{U_{CC}} = \frac{\pi}{4} \frac{17.9}{23} = 61\%$$

（3）求单管的最大管耗：

$$P_{T1m} = P_{T2m} = \frac{1}{\pi^2} \frac{U_{CC}^2}{R_L} \approx 6.7 \text{ W}$$

6.4.3 甲乙类互补对称功率放大电路

1. 甲乙类双电源互补对称电路

在分析乙类互补对称电路（图 6.4.3(a)）时，没有考虑 BJT 的门坎电压（NPN 硅管约为 0.6 V，PNP 锗管约为 0.2 V）。实际上，由于没有直流偏置，管子中的电流只有在 u_{BE} 大于门坎电压 U_T 后才会有明显的变化，当 $u_{BE} < U_T$ 时，VT_1、VT_2 都截止，i_{C1} 和 i_{C2} 基本为零，此时负载 R_L 上无电流通过，出现一段死区，使输出波形出现失真，如图 6.4.3(b) 所示，这种失真称为交越失真。

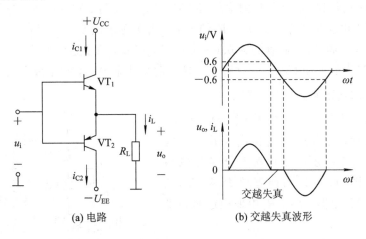

(a) 电路   (b) 交越失真波形

图 6.4.3　交越失真乙类双电源互补对称电路

为了克服乙类互补对称电路的交越失真，可以给两个管子的发射结加一略大于或等于门坎电压的预偏压，使未输入信号时，晶体管处于临界导通或弱导通状态，而加入信号后，每个管子的导通角略大于 180°。这样，晶体管就工作在甲乙类状态，而电路就称为甲乙类互补对称电路。

甲乙类互补对称电路中常用的偏置电路由二极管或三极管组成，如图 6.4.4 所示。其中，图 6.4.4(a) 是由二极管组成的具有温度补偿的偏置电路，它是利用二极管的正向压降，为 VT_1、VT_2 的发射结提供所需的正偏压，VT_3 组成前置放大级（注意，图中未画出 VT_3 的偏置电路），给功放级提供足够的偏置电流，VT_1 和 VT_2 组成互补对称输出级。静态时，在 VD_1、VD_2 上产生的压降为 VT_1、VT_2 提供了一个适当的偏压，使之处于微导通状态；而有信号输入时，VT_1、VT_2 工作在甲乙类状态。即使 u_i 很小（VD_1 和 VD_2 的交流电阻也小），基本上也可以线性地进行放大。

图 6.4.4(a)所示偏置方法的缺点是 VT_1、VT_2 偏置电压不易调整。其改进方法是采用 u_{BE} 扩大电路进行偏置，如图 6.4.4(b)所示。

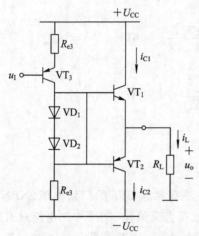 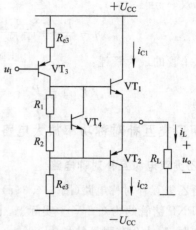

(a) 利用二极管进行偏置的互补对称电路　　(b) 利用 u_{BE} 扩大电路进行偏置的互补对称电路

图 6.4.4　甲乙类互补对称电路

图 6.4.4(b)利用晶体管 VT_4 的集射极电压 U_{CE4} 为 VT_1、VT_2 互补管提供偏压。图中，流入 VT_4 的基极电流远小于流过 R_1、R_2 的电流，由图可求出 $U_{CE4}=U_{BE4}(R_1+R_2)/R_2$。由于 U_{BE4} 基本上为一固定值（硅管约为 $0.6\sim0.7\ V$），因此，只要适当调节 R_1、R_2 的比值，就可改变 VT_1、VT_2 的偏压 U_{CE4} 值。这种方法使用起来非常灵活，在集成电路中经常用到。

2. 甲乙类单电源互补对称电路

OCL 电路必须采用正、负两个电源供电，在只有一个电源时，可以用大电容代替另一个电源，构成图 6.4.5 所示的单电源互补对称电路（OTL 电路）。图中，VT_1 为前置放大级，VT_2、VT_3 组成互补对称电路，R_1、R_2 用来稳定静态工作点。

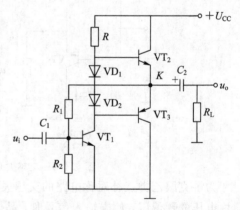

图 6.4.5　单电源互补对称电路

开始时，由于电容未充电，$V_K=0$，电源 U_{CC} 通过 VT_2、R、R_L 对电容充电，K 点电位逐渐升高，直到 $V_K=\dfrac{1}{2}U_{CC}$（如达不到，可调整 R_2），此时，VT_2、VT_3 处于临界导通状态或弱导通状态，

VT_2 的基极电位 V_{B2} 约比 $\dfrac{1}{2}U_{CC}$ 高一个结电压，VT_3 的基极电位 V_{B3} 约比 $\dfrac{1}{2}U_{CC}$ 低一个结电压。

加入 u_i 后，在 $u_i>0$ 时，经 VT_1 放大后，VT_2、VT_3 的基极电位均减小，VT_3 进一步导通，VT_2 进一步截止，电容 C 上的电压充当 VT_3 的直流电源，通过 VT_3、R_L 放电，$u_o<0$，为正弦信号的负半周；在 $u_i<0$ 时，经 VT_1 放大后，V_{B2}、V_{B3} 均增大，VT_2 进一步导通，VT_3 进一步截止，电源通过 VT_2、R_L 对 C 充电，$u_o>0$，为正弦信号的正半周，从而形成一个完整的正弦波形。

单电源互补对称电路的特点是，电容 C 的容量很大，通常为几百 μF 至 $1000\ \mu F$，不便于集成。同时，由于电容电压的影响，每个管子的工作电压为 $\frac{1}{2}U_{CC}$，进行计算时，应将上节公式中的 U_{CC} 用 $\frac{1}{2}U_{CC}$ 代替。

6.4.4 实际的功率放大电路

OTL 互补对称
功率放大电路

实际的功率放大电路大都包括前置放大级、中间放大级和互补或准互补输出级，图 6.4.6 为一典型的准互补推挽电路，该电路是一高保真的功率放大电路，也可用来带动电机或其他换能器。下面分析一下电路的结构和性能。

电路的前置放大级是 VT_1、VT_2 组成的差分放大电路，对信号进行初始放大，VT_3 为 VT_1、VT_2 的有源负载；VT_4 是中间放大级，并为 VT_7、VT_8、VT_9 提供静态偏置电流，VT_5 为 VT_4 的有源负载；最后由 VT_7、VT_9 构成的复合 NPN 管和 VT_8、VT_{10} 构成的复合 PNP 管组成互补推挽输出级，VT_6 和 R_{c4}、R_{c5} 组成 u_{BE} 扩大电路，为互补管提供静态偏压。

集成功率放大电路除了前置放大级、中间放大级、互补或准互补输出级外，有的还有过压、过流保护和自启动等电路。不同规格、型号的集成功率放大电路，内部电路也不尽相同。使用时，可参考有关的说明书。

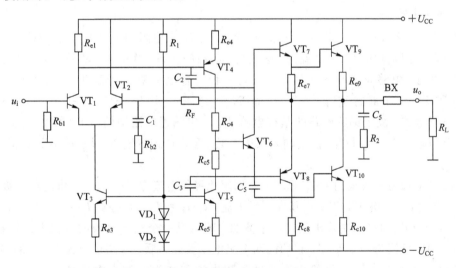

图 6.4.6　典型的准互补推挽功率放大电路

6.5　集成运算放大器

6.5.1　典型的集成运算放大器电路

介绍完组成集成运放的单元电路后，下面将以通用集成运放 BJTML741 为例，分析集成运放的整体结构及其特点，其电路原理图如图 6.5.1 所示。

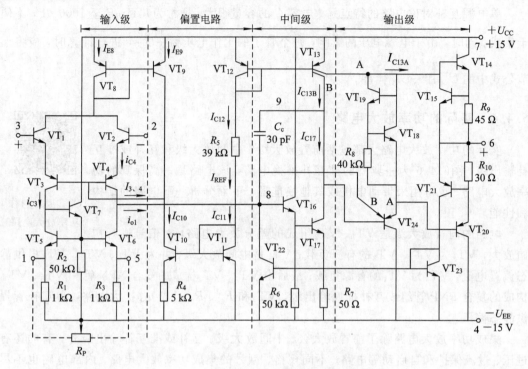

图 6.5.1　741 型集成运算放大器的原理电路

1. 偏置电路

741 型集成运放(以下简称为 741)由 24 个 BJT、10 个电阻和一个电容所组成。在体积小的条件下，为了降低功耗以限制温升，必须减小各级的静态工作电流，故采用微电流源电路。

741 的偏置电路如图 6.5.1 所示，它是一种组合电流源。上部的 VT_8、VT_9、VT_{12}、VT_{13} 为 PNP 管，下部的 VT_{10}、VT_{11} 为 NPN 管。图中由 $+U_{CC} \rightarrow VT_{12} \rightarrow R_5 \rightarrow VT_{11} \rightarrow -U_{EE}$ 构成主偏置电路，决定偏置电路的基准电流 I_{REF}。主偏置电路中的 VT_{11} 和 VT_{10} 组成微电流源电路($I_{REF} \approx I_{C11}$)，由 I_{C10} 供给输入级中 VT_3、VT_4 的偏置电流。I_{C10} 远小于 I_{REF}。I_{C10} 为微安级电流。

VT_8 和 VT_9 为一对横向 PNP 型管，它们组成镜像电流源，$I_{E8} = I_{E9}$，供给输入级 VT_1、VT_2 的工作电流(忽略 VT_3、VT_4 基极偏置电流，即 $I_{E9} \approx I_{C10}$)，这里 I_{E9} 为 I_{E8} 的基准电流。

VT_{12} 和 VT_{13} 构成双端输出的镜像电流源，VT_{13} 是一个双集电极的可控电流增益横向 PNP 型 BJT，可视为两个 BJT，它们的两个集电结彼此并联。一路输出为 VT_{13B} 的集电极，使 $I_{C17} = I_{C13B} = (3/4)I_{C12}$，供给中间级的偏置电流和作为它的有源负载；另一路输出为 VT_{13A} 的集电极，使 $I_{C13A} = (1/4)I_{C12}$，供给输出级的偏置电流。

2. 输入级

图 6.5.2 为 741 的简化电路，只是将图 6.5.1 中电流源电路用电流源代替。

输入级是由 $VT_1 \sim VT_6$ 组成的差分放大电路，由 VT_6 的集电极输出，VT_1、VT_3 和 VT_2、VT_4 组成共集-共基极复合差分电路。纵向 NPN 管 VT_1、VT_2 组成共集极电路，可以提高输入阻抗，而横向 PNP 管(电流增益小，击穿电压大) VT_3、VT_4 组成的共基极电路和

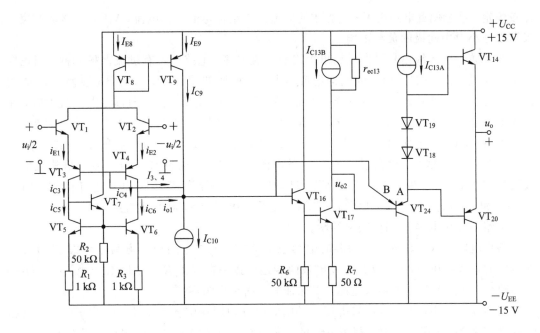

图 6.5.2 741 型集成运算放大器的简化电路

VT_5、VT_6、VT_7 组成的有源负载,有利于提高输入级的电压增益,提高最大差模输入电压 $U_{idm}=\pm 30\ V$,并扩大共模输入电压范围 $U_{icm}\approx\pm 13\ V$,同时可以改善频率响应。另外,有源负载比较对称,有利于提高输入级的共模抑制比。VT_7 用来构成 VT_5、VT_6 的偏置电路。在这一级中,VT_7 的 β_7 比较大,I_{B7} 很小,所以 $I_{C3}=I_{C5}$。这就是说,无论有无差模信号输入,总有 $I_{C3}=I_{C5}=I_{C6}$ 的关系。

当输入信号 $u_i=0$ 时,差分输入级处于平衡状态,由于 VT_{16}、VT_{17} 两管的等效 β 值很大,因而 I_{B16} 可以忽略不计,这时 $I_{C3}=I_{C5}=I_{C4}=I_{C6}$,输出电流 $i_{o1}=0$。

当接入信号 u_i 并使同相输入端 3 为正(+)、反相输入端 2 为负(−)时,则 VT_3、VT_5 和 VT_6 的电流增加,$i_{c3}=i_{c5}=i_{c6}=i_c$,而 VT_4 的电流减小为 $-i_{c4}=-i_c$。所以,输出电流

$$i_{o1}=i_{c4}-i_{c6}=(I_{C4}-i_{c4})-(I_{C6}+i_{c6})=-2i_c$$

这就是说,差分输入级的输出电流为两边输出电流变化量的总和,使单端输出的电压增益提高到近似等于双端输出的电压增益。

当输入为共模信号时,i_{c3} 和 i_{c4} 相等,$i_{o1}=0$,从而使共模抑制比大为提高。

3. 中间电压放大级

如图 6.5.2 所示,这一级由 VT_{16}、VT_{17} 组成。VT_{16} 为共集电极电路,VT_{17} 为共射极放大电路,集电极负载为 VT_{13B} 所组成的有源负载,其交流电阻很大,故本级可以获得很高的电压增益,同时也具有较高的输入电阻。

4. 输出级

本级是由 VT_{14} 和 VT_{20} 组成的互补对称电路。为了使电路工作于甲乙类放大状态,利用 VT_{18} 管的集-射极两端电压 U_{CE18}(见图 6.5.1)接于 VT_{14} 和 VT_{20} 两管基极之间,由 VT_{19}、VT_{18} 的 U_{BE}(见图 6.5.2)给 VT_{14}、VT_{20} 提供一起始偏压,同时利用 VT_{19} 管(接成二极管)的 U_{BE19} 连于 VT_{18} 管的基极和集电极之间,形成负反馈偏置电路,从而使 U_{CE18} 的值

比较恒定。这个偏置电路由 VT_{13A} 组成的电流源供给恒定的工作电流，VT_{24A} 管接成共集电极路以减小对中间级的负载影响。

为了防止输入级信号过大或输出短路而造成损坏，电路内备有过流保护元件。当正向输出电流过大时，流过 VT_{14} 和 R_9 的电流增大，将使 R_9 两端的压降增大到足以使 VT_{15} 管由截止状态进入导通状态，U_{CE15} 下降，从而限制了 VT_{14} 的电流。在负向输出电流过大时，流过 VT_{20} 和 R_{10} 的电流增加，将使 R_{10} 两端电压增大到使 VT_{21} 由截止状态进入导通状态，同时 VT_{23} 和 VT_{22} 均导通，降低 VT_{16} 及 VT_{17} 的基极电压，使 VT_{17} 的 U_{C17} 和 VT_{24} 的 U_{E24A} 上升，使 VT_{20} 趋于截止，因而限制了 VT_{20} 的电流，达到保护的目的。VT_{24B} 发射极构成的二极管接到 VT_{16} 的基极，当 VT_{16}、VT_{17} 过载时，VT_{24B} 导通使 VT_{16} 基极电流旁路，防止 VT_{17} 饱和，从而保护 VT_{16}，以免在 VT_{16} 过流及电压 $U_{CE16} \approx 30$ V 下烧毁 VT_{16}。

电路中外接电容 C_c 用作频率补偿。

整个电路要求当输入信号为零时输出也应为零，这在电路设计方面已考虑了。同时，在电路的输入级中，VT_5、VT_6 管发射极两端还可接一电位器 R_P，中间滑动触头接 $-U_{EE}$，从而改变 VT_5、VT_6 的发射极电阻，以保证静态时输出为零。

在图 6.5.2 中，当接入信号电压 u_i 的瞬时极性使同相输入端（3 端）u_{i1} 为正（＋），反相输入端（2 端）u_{i2} 为负（－）时，利用瞬时极性法分析各放大级输出电压的瞬时极性为

$$u_i \begin{cases} u_{i1}(3)^{(+)} \\ u_{i2}(2)^{(-)} \end{cases} \longrightarrow u_{o1}(即 u_{c4})^{(-)} \longrightarrow u_{o2}(u_{c17})^{(+)} \longrightarrow u_{e24A}{}^{(+)} \longrightarrow u_o{}^{(+)}$$

则输出信号电压 u_o 与 u_{i1}（3 端）同相，与 u_{i2}（2 端）反相。

6.5.2　集成运放的主要参数

评价集成运放的参数很多，大体上可以分为误差特性参数、差模特性参数、共模特性参数、输出瞬态特性参数和电源特性参数，现分别介绍如下。

1. 误差特性参数

误差特性参数用来表示集成运放的失调特性，描述这类特性的主要是以下几个参数：

（1）输入失调电压 U_{IO}：对于理想运放，当输入电压为零时，输出也应为零。实际上，由于差分输入级很难做到完全对称，零输入时，输出并不为零。在室温（25℃）及标准电压下，输入为零时，为了使输出电压为零，输入端所加的补偿电压称为输入失调电压 U_{IO}。U_{IO} 大小反映了运放的对称程度。U_{IO} 越大，说明对称程度越差。一般 U_{IO} 的值约为 $\pm(1 \sim 10)$ mV，超低失调运放为 $(1 \sim 20)\mu$V，高精度运放 OP - 117 的 $U_{IO} = 4$ μV，MOSFET 达 20 mV。

（2）输入失调电压温漂 $\Delta U_{IO}/\Delta T$：$\Delta U_{IO}/\Delta T$ 是指在指定的温度范围内，U_{IO} 随温度的平均变化率，是衡量温漂的重要指标。$\Delta U_{IO}/\Delta T$ 不能通过外接调零装置进行补偿。对于低漂移运放，$\Delta U_{IO}/\Delta T < 1$ μV/℃；普通运放为 $10 \sim 20$ μV/℃。

（3）输入偏置电流 I_{IB}：输入偏置电流是衡量差分管输入电流绝对值大小的标志，指运放零输入时，两个输入端静态电流 I_{B1}、I_{B2} 的平均值，即

$$I_{IB} = \frac{1}{2}(I_{B1} + I_{B2})$$

差分输入级集电极电流一定时，输入偏置电流反映了差分管 β 值的大小。I_{IB} 越小，表明运放的输入阻抗越高。I_{IB} 太大，不仅影响温漂和运算精度，而且在信号源内阻不同时，对静态工作点会有较大的影响。

（4）输入失调电流 I_{IO}：零输入时，两输入偏置电流 I_{B1}、I_{B2} 之差称为输入失调电流 I_{IO}，即 $I_{IO} = |I_{B1} - I_{B2}|$。$I_{IO}$ 反映了输入级差分管输入电流的对称性，一般希望 I_{IO} 越小越好。普通运放的 I_{IO} 约为 10 nA～1 μA，F007 的 I_{IO} 约为 50～100 nA。

（5）输入失调电流温漂 $\Delta I_{IO}/\Delta T$：输入失调电流温漂 $\Delta I_{IO}/\Delta T$ 指在规定的温度范围内 I_{IO} 的温度系数，是对放大器电流温漂的量度。它同样不能用外接调零装置进行补偿。典型值为几 nA/℃。

2. 差模特性参数

差模特性参数用来表示集成运放在差模输入作用下的传输特性。描述这类特性的参数有开环差模电压增益、最大差模输入电压、差模输入阻抗、开环频率响应及其开环带宽。

（1）开环差模电压增益 A_{uo}：是指集成运放工作在线性区，在标称电源电压接规定的负载，无负反馈情况下的直流差模电压增益。A_{uo} 与输出电压 u_O 的大小有关。通常是在规定的输出电压幅度（如 $|u_O| = 10$ V）测得的值。一般运放的 A_{uo} 在 60～130 dB。

（2）最大差模输入电压 U_{idmax}：指集成运放反相和同相输入端所能承受的最大电压值，超过这个值，输入级差分管中的管子将会出现反相击穿，甚至损坏。利用平面工艺制成的硅 NPN 管的 U_{idmax} 为 ±5 V 左右，而横向 PNP 管的 U_{idmax} 可达 ±30 V 以上。

（3）差模输入电阻 r_{id}：$r_{id} = \dfrac{\Delta u_{id}}{\Delta i_i}$，是衡量差分管向输入信号源索取电流大小的标志，F007 的 r_{id} 约为 2 MΩ，用场效应管作差分输入级的运放，r_{id} 可达 10^6 MΩ。

（4）开环带宽 B_W（−3 dB 带宽）：输入正弦小信号时，A_{uo} 是频率的函数，随着频率的增加，A_{uo} 下降。当 A_{uo} 下降 3 dB 时所对应的信号频率 f_H 称为开环带宽，又称为 −3 dB 带宽。一般运放的 −3 dB 带宽为几 Hz～几 kHz，宽带运放可达到几 MHz。

3. 共模特性参数

共模特性参数用来表示集成运放在共模信号作用下的传输特性，这类参数有共模抑制比、共模输入电压等。

（1）共模抑制比 K_{CMR}：这里的共模抑制比的定义与差分电路中介绍的相同，F007 的 K_{CMR} 为 80～86 dB，高质量的可达 180 dB。

（2）最大共模输入电压 U_{icmax}：指运放所能承受的最大共模输入电压，共模电压超过一定值时，会使输入级工作不正常，因此要加以限制。F007 的 U_{icmax} 为 ±13 V。

4. 输出瞬态特性参数

输出瞬态特性参数用来表示集成运放输出信号的瞬态特性，描述这类特性的参数主要是转换速率。

转换速率 $S_R = \left| \dfrac{du_o(t)}{dt} \right|_{max}$ 是指运放在闭环状态下，输入为大信号（如阶跃信号）时，放大器输出电压对时间的最大变化速率。转换速率的大小与很多因素有关，其中主要与运放所加的补偿电容、运放本身各级三极管的极间电容、杂散电容，以及放大器的充电电流等

因素有关。只有信号变化斜率的绝对值小于 S_R 时，输出才能按照线性的规律变化。

S_R 是在大信号和高频工作时的一项重要指标，一般运放的 S_R 为 $1\ V/\mu s$，高速运放可达到 $65\ V/\mu s$。

5. 电源特性参数

(1) 电源电压抑制比 K_{SVR}：用来衡量电源电压波动对输出电压的影响，通常定义为

$$K_{SVR} = \frac{\Delta U_{IO}}{\Delta (U_{CC} + U_{EE})}$$

式中，U_{IO} 表示电源电压变化 $\Delta(U_{CC} + U_{EE})$ 时，引起输出电压变化 ΔU_O 折合到输入端的失调电压，$\Delta U_{IO} = \Delta U_O / A_{ud}$。$K_{SVR}$ 的典型值一般为 $1\ \mu V/V$。

(2) 静态功耗 P_U：当输入信号为零时，运放消耗的总功率，即

$$P_U = U_{CC} I_{CO} + U_{EE} I_{EO}$$

电源特性还包括电源电压范围 $U_{CC} + U_{EE}$、电源电流等。此外，还有运放允许耗散的最大功率 P_{CO}、输出电流 I_{omax} 和噪声特性等。

6.5.3 CMOS 集成运放

前面主要讨论了双极型晶体管集成运放的工作原理和组成，在这一节，将简单介绍 MOS 模拟集成电路。集成电路发展的初期，由于 MOS 晶体管的跨导较小，导致 MOS 运放增益较低；MOS 工艺匹配性差，失调电压较高，因此，双极型工艺一直占主导地位。目前，随着 MOS 工艺的发展，上述缺点已经得到改进，MOS 集成运放的性能已经与双极型运放接近，而且 MOS 型产品在高输入阻抗、低功耗、低价格等方面的优点非常突出。

CMOS(Complementary-symmetry Metal Oxide Semiconductor，互补金属氧化物半导体)技术可以将成对的金属氧化物半导体场效应晶体管(MOSFET)集成在一块硅片上。在同样的功能需求下，CMOS 工艺所制造的 IC 具有功耗较低的优势，而且对供电电源的干扰有较高的容限。

图 6.5.3 为 CMOS 四运放集成电路的单元电路。这个单元电路由两级放大电路构成。第一级为 PMOS 管 P_3、P_4 组成的共源极差分放大输入级。NMOS 管 N_1、N_2 为其有源负载。P_1 为恒流管，它和 P_0 构成一对镜像电流源。外接偏置电阻 R_{set} 用来设置工作电流。第二

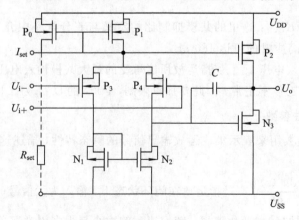

图 6.5.3　CMOS 运放集成电路

级由 NMOS 管 N_3 组成共源极放大电路，PMOS 管 P_2 为有源负载，C 为内部的校正电容，跨接在 N_3 的漏栅极之间，用来防止自激振荡。

CMOS 运放的特点是：成本低、功耗小，可在大量场合下应用；输入电阻高，通常大于 $10^9\ \Omega$；通过外接偏置电阻，可以灵活设定偏置电流；可用单电源或双电源供电。CMOS 运放与 CMOS、TTL 电路兼容，在既有模拟电路又有数字电路的系统中使用十分方便。CMOS 运放的工作电压低，输出驱动能力比双极型运放低得多。

6.5.4 专用型集成运放

集成运放在最近十几年里的发展非常迅速，除了具有高增益的通用型外，还设计生产了满足不同需要的专用型产品，代表类型主要有以下几种：

1. 高输入阻抗型

对于这种类型的运放，要求开环差模输入电阻不小于 $1\ M\Omega$，输入失调电压 U_{IO} 不大于 $10\ mV$。实现这些指标的措施主要是在电路结构上，输入级采用结型或 MOS 场效应管，这类运放主要用于模拟调节器、采样-保持电路、有源滤波器中。

2. 低漂移型

这种类型的运放主要用于毫伏级或更低的微弱信号的精密检测、精密模拟计算以及自动控制仪表中。对这类运放的要求是：输入失调电压温漂 $\Delta U_{IO}/\Delta T < 2\ \mu V/℃$，输入失调电流温漂 $\Delta I_{IO}/\Delta T < 200\ pA/℃$，$A_u \geqslant 120\ dB$，$K_{CMR} \geqslant 110\ dB$。实现这些功能的措施通常是，在电路结构上除采用超 β 管和低噪声差分输入外，还采用热匹配设计和低温度系数的精密电阻，或在电路中加入自动控温系统以减小温漂。目前，采用调制型的第四代自动稳零运放，可以获得 $0.1\ \mu V/℃$ 的输入失调电压温漂。该类型的国产型号有 FC72、F032、XFC78 等，FC72 的主要指标为 $\Delta U_{IO}/\Delta T = 0.5\ \mu V/℃$，$A_{uo} = 120\ dB$，$U_{IO} = 1\ mV$。国产 5G7650 的 $U_{IO} = 1\ \mu V$，$\Delta U_{IO}/\Delta T = 10\ nV/℃$。

3. 高速型

对于这类运放，要求转换速率 $S_R > 30\ V/\mu s$，单位增益带宽 $> 10\ MHz$。实现高速的措施主要是，在信号通道中尽量采用 NPN 管，以提高转换速率；同时加大工作电流，使电路中各种电容上的电压变化加快。高速运放用于快速 A/D 和 D/A 转换器、高速采样-保持电路、锁相环精密比较器和视频放大器中。该类型的国产型号有 F715、F722、4E312 等，F715 的 $S_R = 70\ V/\mu s$，单位增益带宽为 $65\ MHz$。国外的 $\mu A - 207$ 型，其 $S_R = 500\ V/\mu s$，单位增益带宽为 $1\ GHz$。

4. 低功耗型

对于这种类型的运放，要求在电源电压为 $\pm 15\ V$ 时，最大功耗不大于 $6\ mW$，或工作在低电源电压时，具有低的静态功耗并保持良好的电气性能。在电路结构上，一般采用外接偏置电阻和用有源负载代替高阻值的电阻。在制造工艺上，尽量选用高电阻率的材料，减少外延层以提高电阻值，尽量减小基区宽度以提高 β 值。目前，该类型的国产型号有 F253、F012、FC54、XFC75 等。其中，F012 的电源电压可低到 $1.5\ V$，$A_{uo} = 110\ dB$；国外产品的功耗可达到 μW 级，如 ICL7600 在电源电压为 $1.5\ V$ 时，功耗为 $10\ \mu W$。低功耗的运放一般用在对能源有严格限制的遥测、遥感、生物医学和空间技术设备中。

5. 高压型

为得到高的输出电压或大的输出功率，在电路设计和制作上需要解决三极管的耐压、动态工作范围等问题，在电路结构上常采取以下措施：利用三极管的 cb 结和横向 PNP 的耐高压性能；用单管串接的方式提高耐压；用场效应管作为输入级。目前，该类型的国产型号有 F1536、F143 和 BG315。其中，BG315 的电源电压为 48～72 V，最大输出电压大于40～46 V。国外的 D41 型，电源电压可达±150 V，最大共模输入电压可达±125 V。

除了以上介绍的几种类型外，专用型集成运放还有跨导型、可编程型和电流型等，这里不再一一赘述。

6.6 Multisim 仿真例题

6.6.1 仿真例题 1

1. 题目

典型差动放大电路与恒流源差动放大电路仿真分析。

2. 仿真电路

本例题的仿真电路如图 6.6.1 所示。

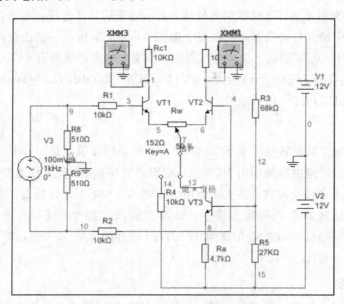

图 6.6.1 差动放大电路的仿真电路

3. 仿真内容

图 6.6.1 是差动放大电路的仿真电路，由两个相同的共射极放大电路组成，当开关 S_1拨向左侧时，构成了一个典型的差动放大电路，当开关 S_1 拨向右侧时，构成了一个具有恒流源的差动放大电路，用恒流源代替射极电阻 R_4，可以进一步提高抑制共模信号的能力。

1) 差动放大电路的调零

图 6.6.2 中，调整电位器 R_w，使节点 3 和节点 4 的电压相同，这时可认为左、右两侧的电路已经对称，调零工作完成。

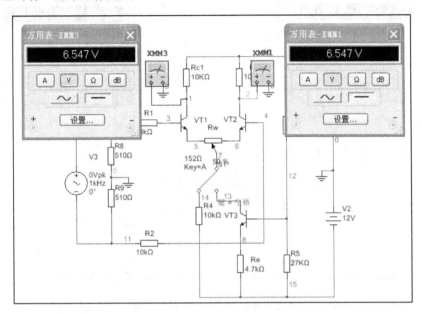

图 6.6.2　差动放大电路的调零

2) 差模电压增益的测量

测量双入单出典型差动放大电路的差模电压增益的电路如图 6.6.3 所示。

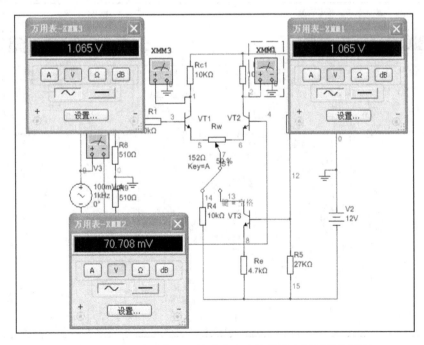

图 6.6.3　双入单出典型差动放大电路的差模电压增益的测量

测量双入单出恒流源差动放大电路的差模电压增益的电路如图 6.6.4 所示。

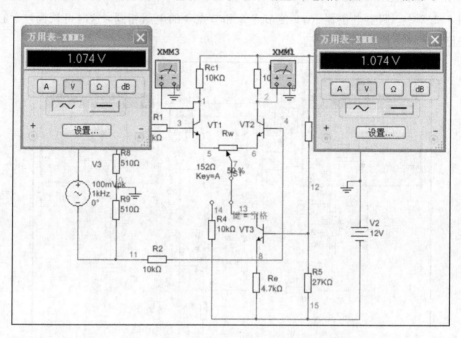

图 6.6.4　双入单出恒流源差动放大电路的差模电压增益的测量

3. 共模电压增益的测量

测量典型差动放大电路的共模电压增益的电路如图 6.6.5 所示。

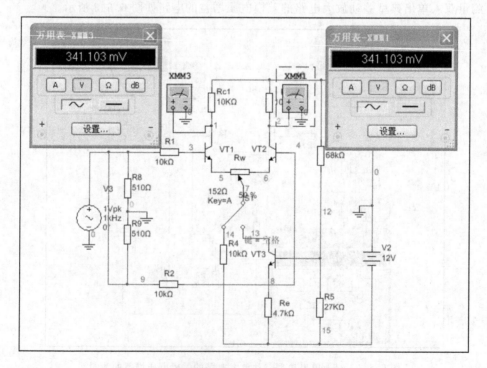

图 6.6.5　典型差动放大电路的共模增益的测量

测量恒流源差动放大电路的共模电压增益的电路如图6.6.6所示。

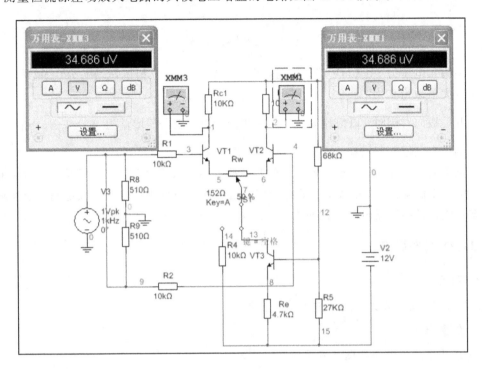

图6.6.6 恒流源差动放大电路的共模电压增益的测量

4. 仿真结果

本例题的仿真结果见表6.6.1。

表6.6.1 差动放大电路的仿真结果

	典型差动放大电路		恒流源差动放大电路	
	差模输入	共模输入	差模输入	共模输入
U_i	70.7 mV	0.707 V	70.7 mV	0.707 V
U_{c1}/V	1.065 V	341.103 mV	1.074 V	34.686 μV
U_{c2}/V	1.065 V	341.103 mV	1.074 V	34.686 μV
$A_{d1}=U_{c1}/U_i$	15.06	无	15.19	无
$A_d=U_o/U_i$	30.12	无	30.38	无
$A_{c1}=U_{c1}/U_i$	无	0.48	无	0.000049
$A_c=U_o/U_i$	无	0	无	0
$K_{CMR}=\mid A_{d1}/A_{c1}\mid$	31.38		310000	

5. 结论

差动放大电路利用电路参数的对称性和负反馈作用,有效地稳定静态工作点,对差模输入信号具有放大作用,对共模输入信号具有抑制作用。

由图中测量数据，差模输入电压为 70.7 mV，双端输出电压为 2130 mV，差模电压增益为

$$A_{ud} = \frac{2130}{70.7} \approx 30.12$$

共模输入电压为 70.7 mV 时，双端输出电压为 0 mV，共模电压增益为 0。单端输出共模电压放大倍数为 0.48。

当开关拨向右侧时，以恒流源代替射极电阻，则差模电压增益为 $A_{ud} = \frac{2148}{70.7} \approx 30.38$。

双端输出共模电压增益为 0，单端输出共模电压增益为 0.000049。

可见引入恒流源后，差动放大电路的共模放大倍数大大降低了，共模抑制比大大提高了，加强了抑制零点漂移的能力。此外，在电路对称的条件下，差动放大电路具有很强的抑制零点漂移及抑制噪声与干扰的能力。

6.6.2 仿真例题 2

1. 题目

研究 OCL 功率放大电路的输出功率和效率。

2. 仿真电路

OCL 功率放大电路如图 6.6.7 所示。

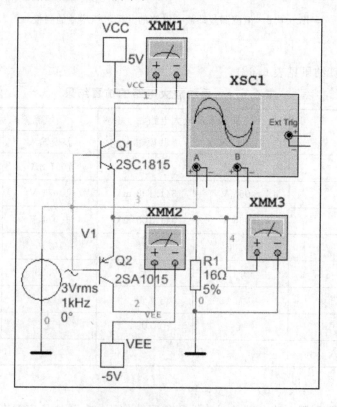

图 6.6.7 OCL 功率放大电路

静态时仿真数据的测量电路如图 6.6.8 所示。

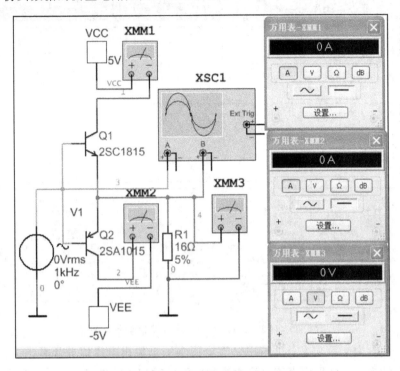

图 6.6.8　静态时仿真数据的测量

输入电压有效值为 3 V 时的仿真数据的测量电路如图 6.6.9 所示，其仿真波形如图
6.6.10 所示。

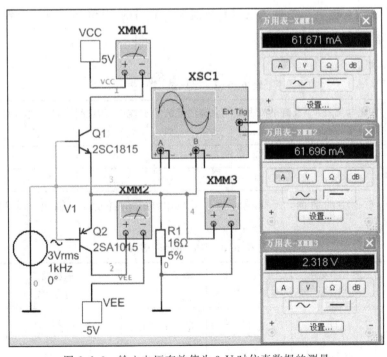

图 6.6.9　输入电压有效值为 3 V 时仿真数据的测量

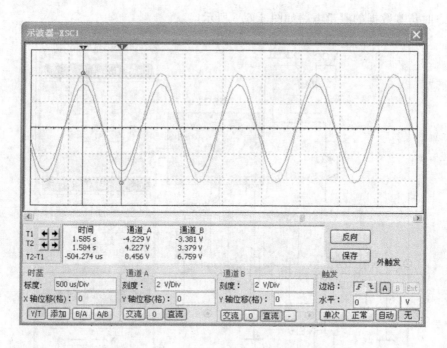

图 6.6.10 输入电压有效值为 3 V 时的仿真波形

输出功率 P_o 为交流功率，可采用交流电压表测量输出电压值并计算出 P_o，电源消耗功率 P_U 为平均功率，可采用直流电流表测量电源的输出平均电流，然后计算出 P_U。

3. 仿真内容

(1) 观察输出波形的失真情况。

(2) 分别测量静态时以及输入电压有效值为 3 V 时的 P_o 和 P_U，并计算效率。

4. 仿真结果

仿真结果如表 6.6.2 所示。

表 6.6.2　测 试 数 据

输入信号 U_1 有效值/V	直流电流表 1 读数 I_{C1}/mA	直流电流表 2 读数 I_{C2}/mA	电源消耗的 功率 P_U/W	交流电压表读 数 U_{om}/V	OCL 电路输出信号正、负峰值 U_{omax+}，U_{omax-}/V
0	0	0	0	0	0，0
3	61.671	61.696	0.617	2.318	-3.381，3.379

利用表 6.6.2 中的数据，经简单计算，可得电源的消耗功率、输出功率和效率，如表 6.6.3 所示。

表 6.6.3　功 率 和 效 率

输入电压有 效值为 3 V	$+U_{CC}$ 功耗 P_{U+}/W	$-U_{CC}$ 功耗 P_{U-}/W	电源总功耗 P_U/W	输出功率 P_{om}/W	效率 η/%
计算公式	$I_{C1}U_{CC}$	$I_{C2}U_{CC}$	$(I_{C1}+I_{C2})U_{CC}$	$P_{om}=\dfrac{U_{om}^2}{R_L}$	P_{om}/P_U
计算结果	0.3084	0.3085	0.617	0.336	54.5%

5. 结论

(1) OCL 电路输出信号峰值略小于输入信号的峰值，输出信号波形产生了交越失真，且正、负输出波形略有不对称。产生交越失真的原因是两只晶体管均没有设置合适的静态工作点，正、负输出幅度不对称的原因是两只晶体管的特性不是理想对称。

(2) 由理论计算可得电源消耗的功率为

$$P_U = \frac{2}{\pi} \cdot \frac{U_{CC} \cdot (U_{omax+} + U_{omax-})/2}{R_L} \approx 0.672 \text{ W}$$

该数据明显大于仿真结果，必然是效率降低，即

$$\eta = \frac{P_{om}}{P_U} \approx 50\%$$

与仿真结果误差仅小于 5%，产生误差的原因是输出信号产生了交越失真和非对称性失真。由此可见，对于功率放大电路的仿真对设计有指导意义。

(3) 从本例中可以学到功率测试的方法。

本 章 小 结

重点例题详解

差分放大电路又称差动式放大电路，具有温漂小、便于集成化等优点，通常作为集成运算放大器的输入级。在分立元件构成的直流放大电路中，差分放大电路也是基本的低漂移直流放大电路。

差分放大电路的特点是：零输入时零输出；对差模信号具有放大作用而对共模信号具有抑制作用。实际应用中，为了提高共模抑制比，常采用带恒流源的差分放大电路。

不论是单端输出或双端输出，也不论电路两边对称与否，只要共模抑制比足够高，就可近似认为差分放大电路的输出与两个输入电压的差值成正比，而与输入电压本身的大小无关。差分放大电路输入电压的幅值是有限制的，它的最大输入差模电压受晶体三极管发射结反向击穿电压限制。

功率放大电路在通信系统和各种电子设备中有着极广泛的应用。从能量控制的观点来看，功率放大电路与电压放大电路没有本质的区别，只是完成的任务不同，而功率放大电路是为负载提供足够的功率。根据信号的耦合方式不同，常将功放电路分为 OCL 电路和 OTL 电路，OCL 电路必须采用正、负两个电源供电，在只有一种电源时，可以用大电容代替其中的一个电源，构成 OTL 电路。为了克服交越失真，可采用甲乙类互补对称电路。常用的偏置电路由二极管或三极管组成。

习　　题

6.1　在题 6.1 图所示的差分放大电路中，设 $u_{i2} = 0$（接地），问：

(1) 负载电阻 R_L 的一端接地时，如果希望 u_{i1} 与 u_o 极性相同，R_L 的另一端应接在 c_1 上还是接在 c_2 上？如果希望 u_{i1} 与 u_o 极性相反，R_L 的另一端应接在 c_1 上还接在是 c_2 上？

(2) 当输入电压的变化量为 u_{i1} 时，R_e 两端的电压是否变化？对差模信号，e 点是否仍为交流接地点？

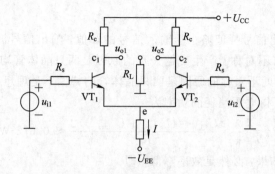

题 6.1 图

6.2 双端输入、双端输出的理想的差分放大电路如题 6.1 图所示。

（1）若 $u_{i1}=1500\ \mu V$，$u_{i2}=500\ \mu V$，求差模输入电压 u_{id}，共模输入电压 u_{ic} 的值；

（2）若 $A_{ud}=100$，求差模输出电压 u_{od}；

（3）当输入电压为 u_{id} 时，若从 c_2 点输出，求 u_{c2} 与 u_{id} 的相位关系。

6.3 题 6.3 图所示电路中，三极管的 $\beta=100$，$r_{be}=10.3\ k\Omega$，$R_c=36\ k\Omega$，$R_s=2.7\ k\Omega$，$R_e=27\ k\Omega$，$R_L=18\ k\Omega$。$+U_{CC}=+15\ V$，$-U_{EE}=-15\ V$，试求：

（1）静态工作点；

（2）差模电压增益、共模电压增益、共模抑制比；

（3）差模输入电阻。

6.4 题 6.4 图是一个单端输出的差分放大电路，VT_1、VT_2 两管完全对称，$\beta=50$，$U_{BE}=0.7\ V$，$R_c=20\ k\Omega$，$R_s=2\ k\Omega$，$R_e=30\ k\Omega$，$R_L=20\ k\Omega$。$+U_{CC}=+15\ V$，$-U_{EE}=-15\ V$。

（1）指出 1、2 两个输入端哪个是同相输入端，哪个是反相输入端；

（2）求 VT_2 管的静态参数 I_{E2}、U_{CE2}；

（3）若 $r_{be1}=r_{be2}=6.9\ k\Omega$，求差模电压增益、共模电压增益、共模抑制比。

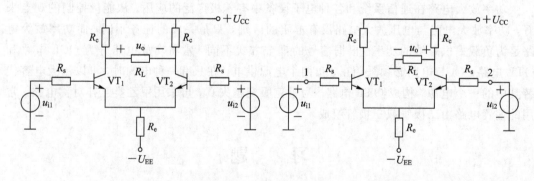

题 6.3 图　　　　　　　　　　　题 6.4 图

6.5 某差分放大电路输出电压的表达式为 $u_o=1000u_{i1}-999u_{i2}$，求：

（1）差模电压增益 A_{ud}；

（2）共模电压增益 A_{uc}；

（3）共模抑制比 K_{CMR}。

6.6 电路如题 6.6 图所示，已知 VT_1、VT_2 两管 $\beta=100$，$R_c=20$ kΩ，$R_s=10$ kΩ，$R_e=10$ kΩ，$R_2=10$ kΩ；$+U_{CC}=+12$ V，$-U_{EE}=-12$ V，电流 $I=500$ μA，求：

(1) 电阻 R_1 的值；

(2) 静态时的 VT_1、VT_2 两管的 U_B、U_E、U_C；

(3) 当 $u_{i1}=10$ mV 时，u_o 等于多少？（$r_{be1}=r_{be2}=10.8$ kΩ）

(4) 当 $u_{i1}=10$ mV 时，如果在两个输出端接一个内阻为 $R_M=1$ kΩ 的电流表，电流表的读数是多少？

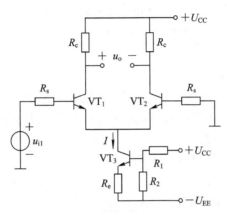

题 6.6 图

6.7 设题 6.7 图所示的电路中，VT_1、VT_2 两管的 $\beta=50$，$r_{be}=12$ kΩ，求：

(1) 静态时，I_{C1}、I_{C2} 等于多少？

(2) 差模电压增益 A_{ud} 等于多少？

(3) 若电源电压由 ±12 V 变为 ±18 V，I_{C1}、I_{C2} 是否变化？

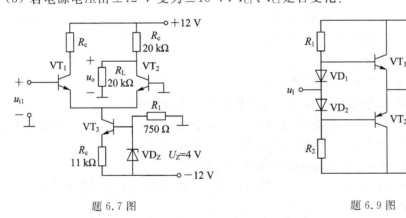

题 6.7 图 　　　　　　　　　　　　 题 6.9 图

6.8 判断下列说法是否正确，用"√"或"×"表示判断结果。

(1) 在功率放大电路中，输出功率愈大，功放管的功耗愈大。 （　　　）

(2) 功率放大电路的最大输出功率是指在基本不失真情况下，负载上可能获得的最大交流功率。 （　　　）

(3) 当 OCL 电路的最大输出功率为 1 W 时，功放管的集电极最大耗散功率应大于 1 W。 （　　　）

(4) 功率放大电路与电压放大电路、电流放大电路的共同点是：

A. 都使输出电压大于输入电压；　　　　　　　　　　　　　　　（　　）

B. 都使输出电流大于输入电流；　　　　　　　　　　　　　　　（　　）

C. 都使输出功率大于信号源提供的输入功率。　　　　　　　　　（　　）

(5) 功率放大电路与电压放大电路的区别是：

A. 前者比后者电源电压高；　　　　　　　　　　　　　　　　　（　　）

B. 前者比后者电压增益数值大；　　　　　　　　　　　　　　　（　　）

C. 前者比后者效率高；　　　　　　　　　　　　　　　　　　　（　　）

D. 在电源电压相同的情况下，前者比后者的最大不失真输出电压大。（　　）

(6) 功率放大电路与电流放大电路的区别是：

A. 前者比后者电流增益大；　　　　　　　　　　　　　　　　　（　　）

B. 前者比后者效率高；　　　　　　　　　　　　　　　　　　　（　　）

C. 在电源电压相同的情况下，前者比后者的输出功率大。　　　　（　　）

6.9　已知电路如题 6.9 图所示，VT_1 和 VT_2 管的饱和管压降 $|U_{CES}| = 3$ V，$U_{CC} = 15$ V，$R_L = 8$ Ω。选择正确答案填空。

(1) 电路中 VD_1 和 VD_2 管的作用是消除＿＿＿＿＿＿。

A. 饱和失真　　　　　　B. 截止失真　　　　　　C. 交越失真

(2) 静态时，晶体管发射极电位 V_{EQ}＿＿＿＿＿＿。

A. ＞0 V　　　　　　　B. ＝0 V　　　　　　　C. ＜0 V

(3) 最大输出功率 P_{om}＿＿＿＿＿＿。

A. ≈28 W　　　　　　　B. ＝18 W　　　　　　C. ＝9 W

(4) 当输入为正弦波时，若 R_1 虚焊，即开路，则输出电压＿＿＿＿＿＿。

A. 为正弦波　　　　　　B. 仅有正半波　　　　　C. 仅有负半波

6.10　在题 6.9 图所示电路中，已知 $U_{CC} = 16$ V，$R_L = 4$ Ω，VT_1 和 VT_2 管的饱和管压降 $|U_{CES}| = 2$ V，输入电压足够大。试问：

(1) 最大输出功率 P_{om} 和效率 η 各为多少？

(2) 晶体管的最大功耗 P_{Tmax} 为多少？

(3) 为了使输出功率达到 P_{om}，输入电压的有效值约为多少？

6.11　在题 6.11 图所示电路中，已知二极管的导通电压 $U_D = 0.7$ V，晶体管导通时 $|U_{BE}| = 0.7$ V，VT_2 和 VT_4 管发射极静态电位 $U_{EQ} = 0$ V。试问：

(1) VT_1、VT_3 和 VT_5 管基极的静态电位各为多少？

(2) 设 $R_2 = 10$ kΩ，$R_3 = 100$ Ω。若 VT_1 和 VT_3 管基极的静态电流可忽略不计，则 VT_5 管集电极静态电流为多少？

(3) 若已知 VT_2 和 VT_4 管的饱和管压降 $|U_{CES}| = 2$ V，静态时电源电流可忽略不计。试问：负载上可能获得的最大输出功率 P_{om} 和效率 η 各为多少？

6.12　估算题 6.11 图所示电路 VT_2 和 VT_4 管的最大集电极电流、最大管压降和集电极最大功耗。

6.13　在题 6.13 图所示电路中，已知 $U_{CC} = 15$ V，VT_1 和 VT_2 管的饱和管压降 $|U_{CES}| = 2$ V，输入电压足够大。求解：

(1) 最大不失真输出电压的有效值；

（2）负载电阻 R_L 上电流的最大值；

（3）最大输出功率 P_{om} 和效率 η。

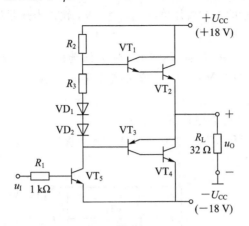

题 6.11 图

6.14 在题 6.13 图所示电路中，R_4 和 R_5 可起短路保护作用。试问：当输出因故障而短路时，晶体管的最大集电极电流和功耗各为多少？

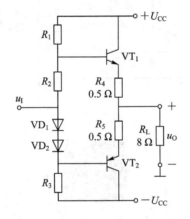

题 6.13 图

6.15 OTL 电路如题 6.15 图所示。

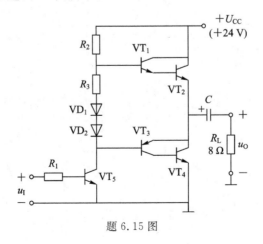

题 6.15 图

（1）为了使得最大不失真输出电压幅值最大，静态时 VT_2 和 VT_4 管的发射极电位应为多少？若不合适，则一般应调节哪个元件参数？

（2）若 VT_2 和 VT_4 管的饱和管压降 $|U_{CES}|=3$ V，输入电压足够大，则电路的最大输出功率 P_{om} 和效率 η 各为多少？

（3）VT_2 和 VT_4 管的 I_{CM}、$U_{(BR)CEO}$ 和 P_{CM} 应如何选择？

6.16　已知题6.16图中 VT_1 和 VT_2 管的饱和管压降 $|U_{CES}|=2$ V，导通时的 $|U_{BE}|=0.7$ V，输入电压足够大。

（1）A、B、C、D 点的静态电位各为多少？

（2）为了保证 VT_2 管和 VT_4 管工作在放大状态，管压降 $|U_{CE}|\geqslant 3$ V，电路的最大输出功率 P_{om} 和效率 η 各为多少？

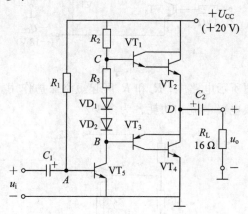

题 6.16 图

习题答案

第7章 反馈放大电路

在电子电路中，反馈的应用是极为普遍的。按照极性的不同，反馈分为负反馈和正反馈两种，它们在电子电路中所起的作用不同。在多数实用的放大电路中都要适当地引入负反馈，用以改善放大电路的一些性能指标。正反馈会造成放大电路的工作不稳定，但在波形产生（即振荡）电路中则要引入正反馈，以构成自激振荡的条件。

本章首先介绍反馈的基本概念及负反馈放大电路的类型，接着介绍负反馈放大电路的分析方法，然后分析负反馈对放大电路性能的影响，最后讨论负反馈放大电路的稳定性问题。

7.1 反馈的基本概念与分类

7.1.1 什么是反馈

在电子电路中，所谓反馈，是指将电路输出电量（电压或电流）的一部分或全部通过反馈网络，用一定的方式送回到输入回路，以影响输入电量（电压或电流）的过程。反馈体现了输出信号对输入信号的反作用。

引入反馈的放大电路称为反馈放大电路，它由基本放大电路 A 和反馈网络 F 组成一个闭合环路，如图 7.1.1 所示。其中，x_I 是整个反馈放大电路的输入信号，称为输入量，x_O 是输出信号，称为输出量；反馈网络的输入信号是电路的输出量 x_O，其输出信号 x_f 称为反馈信号；x_{ID} 是基本放大电路的净输入信号。它是输入信号 x_I 与反馈信号 x_f 相减后的差值信号。以上这些信号可以是电压，也可以是电流。

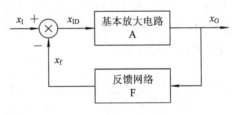

图 7.1.1 反馈放大电路的组成框图

为了简化分析，可以假设反馈环路中信号是单向传输的，如图中箭头所示，即认为信号从输入到输出的正向传输（放大）只经过基本放大电路，而不通过反馈网络，因为反馈网络一般由无源元件组成，没有放大作用，故其正向传输作用可以忽略。基本放大电路的增益为 $A = x_O/x_{ID}$。信号从输出到输入的反向传输只通过反馈网络，而不通过基本放大电路。反向传输系数为 $F = x_f/x_O$，称为反馈系数。由图 7.1.1 可以得知，判断一个放大电路中是否存在反馈，只要看该电路的输出回路与输入回路之间是否存在反馈网络，即反馈通路。若没有反馈网络，则不能形成反馈，这种情况称为开环。若有反馈网络存在，则能形成反馈，这种状态称为闭环。

例 7.1.1 试判断图 7.1.2 所示各电路中是否存在反馈。

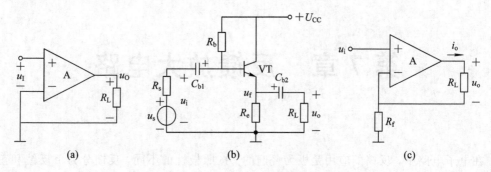

图 7.1.2 例 7.1.1 的电路图

解 图 7.1.2(a)所示电路中，输出与输入回路间不存在反馈网络，因而该电路中不存在反馈，为开环状态。

图 7.1.2(b)为共集电极放大电路，由它的交流通路(即将电容 C_{b1}、C_{b2} 视为对交流短路，电源 $+U_{CC}$ 视为交流的"地")可知，发射极电阻 R_e 和负载电阻 R_L 既在输入回路中，又在输出回路中，它们构成了反馈通路，因而该电路中也存在着反馈。

图 7.1.2(c)电路中，电阻 R_L 将集成运放的输出端和反相输入端"联系"起来，构成反馈通路，使输出电压影响集成运放的输入电压，故引入了反馈。

7.1.2 直流反馈与交流反馈

在放大电路中既含有直流分量，也含有交流分量，因而，必然有直流反馈与交流反馈之分。存在于放大电路的直流通路中的反馈为直流反馈。直流反馈影响放大电路的直流性能，如静态工作点。存在于交流通路中的反馈为交流反馈。交流反馈影响放大电路的交流性能，如增益、输入电阻、输出电阻和带宽等等。

本章讨论的主要内容均针对交流反馈而言。

例 7.1.2 判断图 7.1.3 所示电路中引入的是直流反馈还是交流反馈。设图中各电容对交流信号均可视为短路。

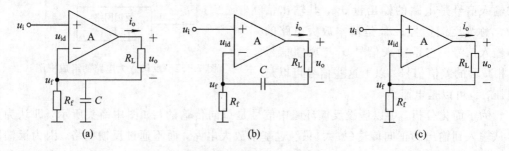

图 7.1.3 例 7.1.2 的电路图

解 图 7.1.3(a)所示电路的直流通路如图 7.1.4(a)所示，R_f 形成反馈通路，故电路引入了直流反馈。交流通路如图 7.1.4(b)所示，R_f 被 C 短路，使得 R_L 成为电路的负载，故电路中没有交流反馈。

图 7.1.3(b)所示电路的直流通路如图 7.1.4(c)所示，由于 C 在直流通路中开路，使输

出回路与输入回路没有反馈通路,故电路中没有直流反馈。交流通路如图 7.1.4(a)所示,由于 C 短路,R_f 成为反馈通路,故电路中引入了交流反馈。

图 7.1.3(c)所示电路的直流通路和交流通路均与原电路相同,R_f 构成反馈通路,故电路中既引入了直流反馈,又引入了交流反馈。

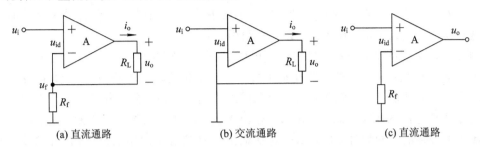

图 7.1.4 例 7.1.2 的答案电路图

例 7.1.3 试判断图 7.1.5 所示电路中,哪些元件引入了级间直流反馈?哪些元件引入了级间交流反馈?

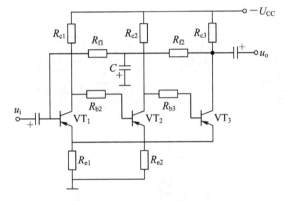

图 7.1.5 例 7.1.3 的电路图

解 图 7.1.6(a)、(b)分别是图 7.1.5 所示电路的直流通路和交流通路。显然,电阻 R_{f1} 和 R_{f2} 组成的反馈通路引入的是级间直流反馈。而电阻 R_{e1} 既能引入级间直流反馈,又能引入级间交流反馈。

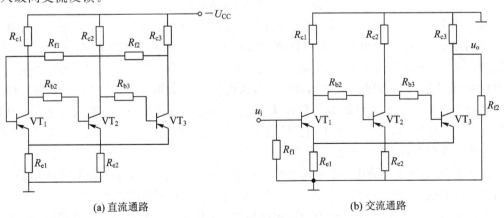

图 7.1.6 例 7.1.3 的直流及交流通路

7.1.3　正反馈与负反馈

由图 7.1.1 所示的反馈放大电路组成框图可以得知，反馈信号送回到输入回路与原输入信号共同作用后，对净输入信号的影响有两种效果：一种是使净输入信号量比没有引入反馈时减小了，这种反馈称为负反馈；另一种是使净输入信号量比没有引入反馈时增加了，这种反馈称为正反馈。在放大电路中一般引入负反馈。

判断反馈极性的基本方法是瞬时变化极性法，简称瞬时极性法。

其具体做法是：先假设输入信号 u_i 在某一瞬时变化的极性为正(相对于共同端而言)，用(＋)号标出，并设信号的频率在放大电路的通带内，然后根据各种基本放大电路的输出信号与输入信号间的相位关系，从输入到输出逐级标出放大电路中各有关点电位的瞬时极性，或有关支路电流的瞬时流向，以确定从输出回路到输入回路的反馈信号的瞬时极性，最后判断反馈信号是削弱还是增强了净输入信号，如果是削弱，则为负反馈，反之则为正反馈。

例 7.1.4　试判断图 7.1.7 所示各电路中级间交流反馈的极性。

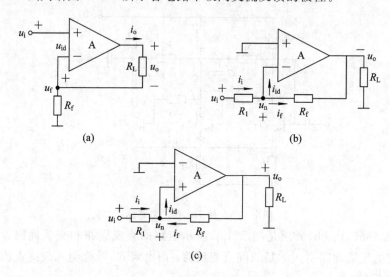

图 7.1.7　例 7.1.4 的电路

解　图 7.1.7(a)所示电路中，设输入电压 u_i 的极性对"地"为"＋"，则因 u_i 作用于集成运放的同相输入端，输出电压 u_o 的极性对"地"也为"＋"；作用于电阻 R_L 和 R_f 所组成的反馈网络，产生电流，从而在 R_f 上获得反馈电压 u_f，其极性为上"＋"下"－"，即反相输入端的电位对"地"为"＋"。因此，集成运放的净输入电压 u_{id} 的数值减小，电路引入了负反馈。

特别应当指出的是，反馈量是仅仅决定于输出量的物理量，而与输入量无关。在图 7.1.7(a)所示电路中，u_f 不是 R_f 上的实际电压，而只是 i_o 作用的结果。因而，在分析反馈极性时，可将输出量看成作用于反馈网络的独立源。

图 7.1.7(b)所示电路中，设输入电压 u_i 的极性对"地"为"＋"，输入电流流入电路，集成运放的反相输入端极性对"地"为"＋"，因而输出电压 u_o 的极性对"地"为"－"。u_o 作用于反馈网络 R_f 上产生的反馈电流的方向如图所标注。集成运放净输入电流的数值减小，说明电路引入了负反馈。

图 7.1.7(c)所示电路与图(b)所示电路的区别在于反馈引到集成运放的同相输入端，因而 u_o 与 u_i 极性相同，使得 R_f 上产生的反馈电流的方向如图所示。这导致集成运放净输入电流的数值增大，故电路引入了正反馈。

7.1.4 串联反馈与并联反馈

根据反馈网络和放大电路在输入端的连接方式可以将反馈分为串联反馈和并联反馈。

在放大电路输入端，凡是反馈网络与基本放大电路串联连接，以实现电压比较的称为串联反馈。这时，x_i、x_f 及 x_{id} 均以电压形式出现，如图 7.1.8(a)所示。凡是反馈网络与基本放大电路并联连接，以实现电流比较的称为并联反馈。这时，x_i、x_f 及 x_{id} 均以电流形式出现，如图 7.1.8(b)所示。

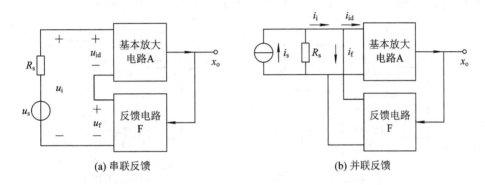

(a) 串联反馈   (b) 并联反馈

图 7.1.8 串联反馈与并联反馈

在图 7.1.8(a)所示的串联负反馈框图中，基本放大电路的净输入信号 $u_{id} = u_i - u_f$。由此式可知，要使串联负反馈的效果最佳，即反馈电压 u_f 对净输入压 u_i 的调节作用最强，则要求输入电压 u_i 最好固定不变，这只有在信号源 u_s 的内阻 $R_s = 0$ 时才能实现，此时有 $u_i = u_s$。如果信号源内阻 $R_s = \infty$，则反馈信号 u_f 的变化对净输入信号 u_{id} 就没有影响，负反馈将不起作用。所以串联负反馈要求信号源内阻越小越好。相反，对于并联负反馈而言，为增强负反馈效果，则要求信号源内阻越大越好。

例 7.1.5 试判断图 7.1.9 所示电路中的级间交流反馈是串联反馈还是并联反馈。

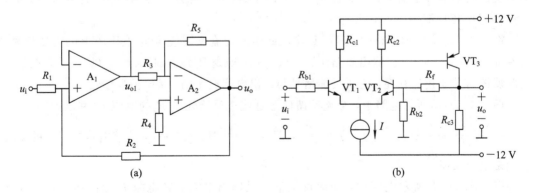

(a)   (b)

图 7.1.9 例 7.1.5 的电路

解 图 7.1.9(a)所示电路中，R_2 引入级间交流负反馈，反馈信号与输入信号均接至同一个节点(运放 A_1 的同相输入端)，显然是以电流形式进行比较，因此是并联反馈。图 7.1.9(b)所示电路中，R_f 和 R_{b2} 一起引入级间交流负反馈，反馈信号是 u_o 在 R_{b2} 上的分压，加在 VT_2 管的基极，而输入信号 u_i 加在 VT_1 管的基极，显然是以电压形式进行比较，因此是串联反馈。

7.1.5 电压反馈与电流反馈

根据反馈网络在放大电路输出端的取样对象，可以将反馈分为电压反馈和电流反馈。如果把输出电压的一部分或全部取出来回送到放大电路的输入回路，则称为电压反馈，如图 7.1.10(a)所示。这时反馈信号 x_f 和输出电压成比例，即 $x_f = Fu_o$。否则，当反馈信号 x_f 与输出电流成比例，即 $x_f = Fi_o$ 时，则是电流反馈，如图 7.1.10(b)所示。

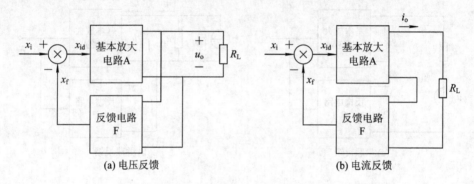

(a) 电压反馈   (b) 电流反馈

图 7.1.10 电压反馈与电流反馈

判断电压与电流反馈的常用方法是"输出短路法"，即假设输出电压 $u_o = 0$，或令负载电阻 $R_L = 0$，看反馈信号是否还存在，若反馈信号不存在了，则说明反馈信号与输出电压成比例，是电压反馈；若反馈信号还存在，则说明反馈信号不是与输出电压成比例，而是与输出电流成比例，是电流反馈。

例 7.1.6 试判断图 7.1.11 所示各电路中的交流反馈是电压反馈还是电流反馈。

解 显然图 7.1.11(a)所示电路中，电阻 R_e 和 R_L 构成反馈通路，由它们送回到输入回路的交流反馈信号是电压 u_f，而且 $u_f = u_o$，故用"输出短路法"，令 $R_L = 0$，即令 $u_o = 0$ 时，$u_f = 0$，是电压反馈。

图 7.1.11(b)所示电路中，送回到输入回路的交流反馈信号是电阻 R_e 上的电压信号，且有 $u_f = i_e R_e \approx i_c R_e$。用"输出短路法"，令 $u_o = 0$，即令 R_L 短路时，$i_c \neq 0$(因 i_c 受 i_b 控制)，因此反馈信号 u_f 仍然存在，说明反馈信号与输出电流成比例，是电流反馈。

图 7.1.11(c)所示电路中，交流反馈信号是流过反馈元件 R_f 的电流 i_f(并联反馈)，且有 $i_f = \dfrac{u_n - u_o}{R_f} \approx \dfrac{-u_o}{R_f}(u_o \gg u_n)$。令 $R_L = 0$，即令 $u_o = 0$ 时，有 $i_f = 0$，故该电路中引入的交流反馈是电压反馈。

图 7.1.11(d)所示电路中，交流反馈信号是输出电流 i_o 在电阻 R_f 上的压降 u_f，且有 $u_f = i_o R_f$，令 $R_L = 0$ 时，$u_o = 0$，但运放 A 的输出电流 $i_o \neq 0$，故 $u_f \neq 0$，说明反馈信号与输出电流成比例，是电流反馈。

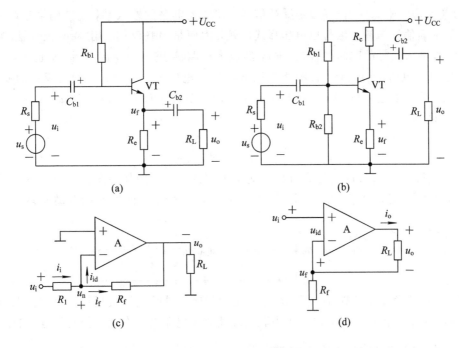

图 7.1.11　例 7.1.6 的电路图（为简化起见，图中只标出交流分量）

7.2　负反馈放大电路的四种组态

由于反馈网络在放大电路输出端有电压和电流两种取样方式，在输入端有串联和并联两种连接方式，因此，负反馈放大电路有四种基本组态（或类型），即电压串联、电压并联、电流串联和电流并联负反馈放大电路。

7.2.1　电压串联负反馈放大电路

由图 7.2.1(a)所示的电压串联负反馈放大电路的组成框图可知，这种组态中，反馈网络的输入端口与基本放大电路的输出端口并联连接；反馈网络的输出端口与基本放大电路的输入端口串联连接。图 7.2.1(b)是电压串联负反馈放大电路的一个实际电路，电阻 R_f 与 R_1 构成反馈网络，它跟基本放大电路 A 之间的连接方式与图(a)相同。对交流信号而言，

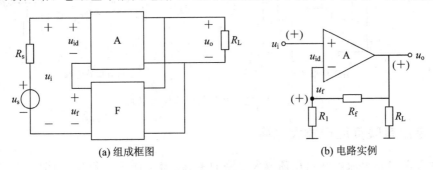

图 7.2.1　电压串联负反馈放大电路

R_1 上的电压 $u_f=R_1u_o/(R_1+R_f)$ 是反馈信号。在放大电路的输入端，反馈网络串联于输入回路中，反馈信号与输入信号以电压形式比较，因而是串联反馈。用"瞬时极性法"判断反馈极性，设输入信号的瞬时极性为（＋），经放大电路 A 进行同相放大后，u_o 也为（＋），与 u_o 成正比的 u_f 也为（＋），于是该放大电路的净输入电压 $u_{id}=u_i-u_f$ 比没有反馈时减少了，是负反馈。综合上述分析，图 7.2.1(b) 是电压串联负反馈放大电路。$F=u_f/u_o$ 为电压反馈系数 F_u。显然，

$$F_u=\frac{u_f}{u_o}=\frac{R_1}{R_1+R_f}$$

电压负反馈的重要特点是具有稳定输出电压的作用。例如在图 7.2.1(b) 所示的电路中，当 u_i 大小一定，由于负载电阻 R_L 减小而使 u_o 下降时，该电路能自动实现以下调节过程：

$$R_L\downarrow\ \rightarrow\ u_o\downarrow\ \rightarrow\ u_f\downarrow\ \rightarrow\ u_{id}(=u_i-u_f)\uparrow$$

$$u_o\uparrow$$

可见，电压负反馈能减小 u_o 受 R_L 等变化的影响，说明电压负反馈放大电路具有较好的恒压输出特性。因此，可以说电压串联负反馈放大电路是一个电压控制的电压源。

7.2.2　电压并联负反馈放大电路

电压并联负反馈放大电路的组成框图如图 7.2.2(a) 所示，图 7.2.2(b)（同图 7.1.11(c)）是它的一个实际电路。由例 7.1.6 已知，该电路引入了电压反馈。另从反馈网络在放大电路输入端的连接方式看，是并联反馈。用"瞬时极性法"，设交流输入信号 u_i 在某一瞬时的极性为（＋），则图中 u_n 也为（＋），经运放 A 反相放大后，输出电压 u_o 为（－），电流 i_i、i_f、i_{id} 的瞬时流向，如图中箭头所示。于是，净输入电流 $i_{id}=i_i-i_f$ 比没有反馈时减小了，故为负反馈。综合以上分析可知，图 7.2.2(b) 所示的电路是电压并联负反馈放大电路，其反馈系数 $F_g=\dfrac{i_f}{u_o}\approx\dfrac{-u_o/R_f}{u_o}=-1/R_f$ 称为互导反馈系数。

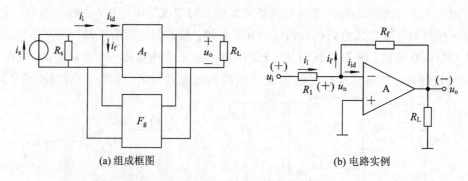

(a) 组成框图　　　　　　　　　　　　　(b) 电路实例

图 7.2.2　电压并联负反馈放大电路

7.2.3　电流串联负反馈放大电路

图 7.2.3(a) 是电流串联负反馈放大电路的组成框图，图 7.2.3(b)（同图 7.1.11(d)）是它的一个实际电路。当设 u_s、u_i 的瞬时极性为（＋）时，经运放 A 同相放大后，u_o 及 u_f 的瞬

时极性也为（＋），使净输入电压（$u_{id}=u_i-u_f$）比没有反馈时减小了，因此是负反馈。又由例 7.1.6 分析已知，该电路中 R_f 引入的是电流串联反馈，故图 7.2.3(b) 所示的电路是电流串联负反馈放大电路，其反馈系数 $F_r=\dfrac{u_f}{i_o}=\dfrac{i_o R_f}{i_o}=R_f$ 称为互阻反馈系数。

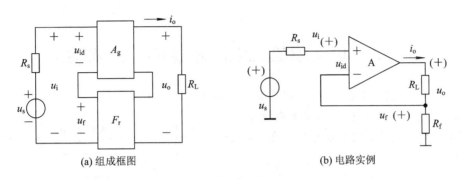

(a) 组成框图　　　　　　　　(b) 电路实例

图 7.2.3　电流串联负反馈放大电路

电流负反馈的特点是维持输出电流基本恒定，例如当图 7.2.3(b) 所示电路中的 u_i 一定，由于负载电阻 R_L 增加（或运放中 BJT 的 β 值下降）使输出电流减小时，引入负反馈后，电路将自动实现如下调整过程：

$$\begin{matrix} \beta\downarrow \\ R_L\uparrow \end{matrix} \longrightarrow i_o\downarrow \longrightarrow u_f(=i_o R_f)\downarrow \xrightarrow{u_i\text{一定时}} u_{id}\uparrow$$

$$i_o\uparrow \longleftarrow$$

因此，电流负反馈具有近似于恒流的输出特性。

7.2.4　电流并联负反馈放大电路

图 7.2.4(a) 是电流并联负反馈放大电路的组成框图，图 7.2.4(b) 是它的一个实际电路，图中电阻 R_f 和 R_1 构成反馈网络。设运放反相输入端的瞬时极性为（＋），则输出交流电位的极性应为（－），由此可标出 i_i、i_o、i_f 及 i_{id} 的瞬时流向，如图中所示。显然有 $i_{id}=i_i-i_f$，故是负反馈。反馈信号 i_f 是输出电流 i_o 的一部分，即 $i_f\approx\dfrac{R_1}{R_1+R_f}i_o$（因为 u_n 很小，近似于 0，R_f 与 R_1 近似于并联），所以是电流反馈。

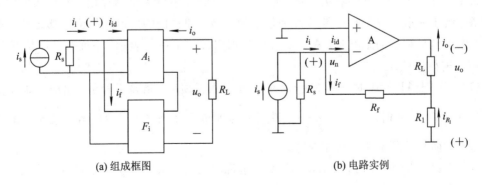

(a) 组成框图　　　　　　　　(b) 电路实例

图 7.2.4　电流并联负反馈放大电路

在该放大电路的输入回路中，反馈信号 i_f 与输入信号 i_i 接至同一节点是并联反馈。因此，这是一个电流并联负反馈放大电路，其反馈系数 $F_i = \dfrac{i_f}{i_o} = \dfrac{R_1}{R_1 + R_f}$ 称为电流反馈系数。

正确判断反馈放大电路的组态十分重要，因为反馈组态不同，放大电路的性能就不同。

7.3 负反馈放大电路增益的一般表达

本节将依据负反馈放大电路的组成框图，推导并讨论闭环增益的一般表达式。

由图 7.3.1 所示的负反馈放大电路组成框图可写出下列关系式，基本放大电路的净输入信号为

$$x_{id} = x_i - x_f \qquad (7.3.1)$$

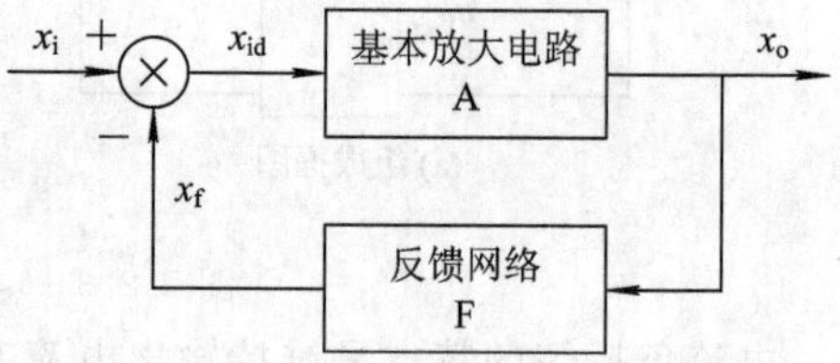

基本放大电路的增益（开环增益）为

$$A = \frac{x_o}{x_{id}} \qquad (7.3.2)$$

图 7.3.1 负反馈放大电路的组成框图

反馈网络的反馈系数为

$$F = \frac{x_f}{x_o} \qquad (7.3.3)$$

负反馈放大电路的增益（闭环增益）为

$$A_f = \frac{x_o}{x_i} \qquad (7.3.4)$$

将式(7.3.1)、式(7.3.2)、式(7.3.3)代入式(7.3.4)，可得负反馈放大电路增益的一般表达式为

$$A_f = \frac{x_o}{x_i} = \frac{x_o}{x_{id} + x_f} = \frac{x_o}{\dfrac{x_o}{A} + F x_o} = \frac{A}{1 + AF} \qquad (7.3.5)$$

由式(7.3.5)可以看出，引入负反馈后，放大电路的闭环增益 A_f 改变了，其大小与 $(1+AF)$ 这一因数有关。$(1+AF)$ 是衡量反馈程度的重要指标，负反馈放大电路的所有性能的改变程度都与 $(1+AF)$ 有关。通常把 $(1+AF)$ 的大小称为反馈深度，而将 AF 称为环路增益。由于一般情况下，A 和 F 都是频率的函数，即它们的幅值和相位角都是频率的函数。当考虑信号频率的影响时，A_f、A 和 F 分别用 $\dot{A}_f$、$\dot{A}$ 和 $\dot{F}$ 表示。下面分几种情况对 A_f 的表达式进行讨论：

(1) 当 $|1+\dot{A}\dot{F}| > 1$ 时，则 $|\dot{A}_f| < |\dot{A}|$，即引入反馈后，增益下降了，这时反馈是负反馈。在 $|1+\dot{A}\dot{F}| \gg 1$ 时，$|\dot{A}_f| \approx \dfrac{1}{|\dot{F}|}$。这说明在深度负反馈条件下，闭环增益几乎只取决于反馈系数，而与开环增益的具体数值无关。

(2) 当 $|1+\dot{A}\dot{F}| < 1$ 时，则 $|\dot{A}_f| > |\dot{A}|$，这说明已从原来的负反馈变成了正反馈。

(3) 当 $|1+\dot{A}\dot{F}| = 0$ 时，则 $|\dot{A}_f| \to \infty$，这就是说，放大电路在没有输入信号时，也会有输出信号，产生了自激振荡，使放大电路不能正常工作。在负反馈放大电路中，自激振荡

现象是要设法消除的。

必须指出，对于不同的反馈类型，x_i、x_o、x_f 及 x_{id} 所代表的电量不同，因而，四种负反馈放大电路的 A、A_f、F 相应地具有不同的含义和量纲。现归纳如表 7.3.1 所示，其中 A_u、A_i 分别表示电压增益和电流增益（无量纲）；A_r、A_g 分别表示互阻增益（量纲为欧）和互导增益（量纲为西），相应的反馈系数 F_u、F_i、F_g 及 F_r 的量纲也各不相同，但环路增益 AF 总是无量纲的。

表 7.3.1 负反馈放大电路中的各种信号

信号量或信号传递比	反 馈 类 型			
	电压串联	电流并联	电压并联	电流串联
x_o	电压	电流	电压	电流
x_i、x_f、x_{id}	电压	电流	电流	电压
$A = x_o/x_{id}$	$A_u = u_o/u_{id}$	$A_i = i_o/i_{id}$	$A_r = u_o/i_{id}$	$A_g = i_o/u_{id}$
$F = x_f/x_o$	$F_u = u_f/u_o$	$F_i = i_f/i_o$	$F_g = i_f/u_o$	$F_r = u_f/i_o$
$A_f = x_o/x_i$ $= A/(1+AF)$	$A_{uf} = u_o/u_i$ $= A_u/(1+A_uF_u)$	$A_{if} = i_o/i_i$ $= \dfrac{A_i}{1+A_iF_i}$	$A_{rf} = u_o/i_i$ $= \dfrac{A_r}{1+A_rF_g}$	$A_{uf} = u_o/u_i$ $= \dfrac{A_u}{1+A_uF_u}$
功能	u_i 控制 u_o，电压放大	i_i 控制 i_o，电流放大	i_i 控制 u_o，电流转换为电压	u_i 控制 i_o，电压转换为电流

例 7.3.1 已知某电压串联负反馈放大电路在中频区的反馈系数 $F_u = 0.01$，输入信号 $u_i = 10$ mV，开环电压增益 $A_u = 10^4$，试求该电路的闭环电压增益 A_{uf}、反馈电压 u_f 和净输入电压 u_{id}。

解 方法一：由式(7.3.5)可求得该电路的闭环电压增益为

$$A_{uf} = \frac{A_u}{1+A_uF_u} = \frac{10^4}{1+10^4 \times 0.01} \approx 99.01$$

反馈电压为

$$u_f = F_u u_o = F_u A_{uf} u_i = 0.01 \times 99.01 \times 10 \approx 9.9 \text{ mV}$$

净输入电压为

$$u_{id} = u_i - u_f = 10 - 9.9 = 0.1 \text{ mV}$$

方法二：求 A_{uf} 的方法同方法一。

由式(7.3.1)推出如下关系式：

$$x_{id} = x_i - x_f = x_i - Fx_o = x_i - FAx_{id}$$

整理得

$$x_{id} = \frac{x_i}{1+AF}$$

对于本例题则有

$$u_{id} = \frac{u_i}{1+A_uF_u} = \frac{10 \text{ mV}}{1+10^4 \times 0.01} \approx 0.099 \text{ mV} \approx 0.1 \text{ mV}$$

而

$$u_f = u_i - u_{id} = 10 \text{ mV} - 0.1 \text{ mV} = 9.9 \text{ mV}$$

由此例可知,在深度负反馈$|1+AF|\gg1$条件下,反馈信号与输入信号的大小相差甚微,净输入信号则远小于输入信号。

7.4 反馈对放大电路性能的影响

在放大电路中引入负反馈后,除了使闭环增益下降外,还会影响放大电路的许多性能,现分述如下。

7.4.1 提高增益的稳定性

放大电路的增益可能受元器件参数变化、环境温度变化、电源电压变化、负载大小变化等因素影响而不稳定,引入适当的负反馈后,可提高闭环增益的稳定性。

当负反馈很深,即$|1+AF|\gg1$时,由式(7.3.5)得

$$A_f = \frac{A}{1+AF} \approx \frac{1}{F} \tag{7.4.1}$$

这就是说,引入深度负反馈后,放大电路的增益决定于反馈网络的反馈系数,而与基本放大电路几乎无关。反馈网络一般由稳定性能优于半导体三极管的无源线性元件(如R、C)组成,因此,闭环增益是比较稳定的。

在一般情况下,增益的稳定性常用有、无反馈时增益的相对变化量之比来衡量。用dA/A和dA_f/A_f分别表示开环和闭环增益的相对变化量。在$A_f=\dfrac{A}{1+AF}$中对A求导数得

$$\frac{dA_f}{dA} = \frac{(1+AF)-AF}{(1+AF)^2} = \frac{1}{(1+AF)^2}$$

或

$$dA_f = \frac{dA}{(1+AF)^2} \tag{7.4.2}$$

将式(7.4.2)两边分别除以$A_f=\dfrac{A}{1+AF}$,得

$$\frac{dA_f}{A_f} = \frac{1}{1+AF}\frac{dA}{A} \tag{7.4.3}$$

该式表明,引入负反馈后,增益的相对变化量为开环增益相对变化量的$\dfrac{1}{1+AF}$,即闭环增益的相对稳定度提高了,$(1+AF)$越大,负反馈越深;dA_f/A_f越小,闭环增益的稳定性越好。

例7.4.1 设某放大电路的$A=1000$,由于环境温度的变化,使增益下降为900,引入负反馈后,反馈系数$F=0.099$。求闭环增益的相对变化量。

解 无反馈时,增益的相对变化量为

$$\frac{dA}{A} = \frac{1000-900}{1000} = 10\%$$

反馈深度为

$$1+AF = 1+1000\times0.099 = 100$$

有反馈时，闭环增益的相对变化量为

$$\frac{\mathrm{d}A_\mathrm{f}}{A_\mathrm{f}} = \frac{1}{1+AF}\frac{\mathrm{d}A}{A} = \frac{1}{100} \times 10\% = 0.1\%$$

式中，

$$A_\mathrm{f} = \frac{A}{1+AF} = \frac{1000}{100} = 10$$

显而易见，引入负反馈后，降低了闭环增益，但换取了增益稳定度的提高。不过有两点值得注意：

(1) 负反馈不能使输出量保持不变，只能使输出量趋于不变。而且只能减小由开环增益变化而引起的闭环增益的变化。如果反馈系数发生变化而引起闭环增益变化，则负反馈是无能为力的。所以，反馈网络一般都由无源元件组成。

(2) 不同类型的负反馈能稳定的增益也不同，如电压串联负反馈只能稳定闭环电压增益，而电流串联负反馈只能稳定闭环互导增益。

7.4.2 减小非线性失真

多级放大电路中输出级的输入信号幅度较大，在动态过程中，放大器件可能工作到它的传输特性的非线性部分，因而使输出波形产生非线性失真。引入负反馈后，可使这种非线性失真减小，现以下例说明。

某电压放大电路的开环电压传输特性如图 7.4.1 中曲线 1 所示，图中曲线率的变化反映了增益随输入信号的大小而变化。u_o 与 u_i 间的这种非线性关系，说明若输入信号幅度较大，输出会产生非线性失真。引入深度负反馈($(1+AF) \gg 1$)后，由式(7.4.1)可知，闭环增益近似为 $1/F$，所以该电压放大电路的闭环电压传输特性可近似为一条直线，如图 7.4.1 中曲线 2 所示。与曲线 1 相比，在输出电压幅度相同的情况下，斜率(即增益)虽然变小了，但增益因输入信号的大小而改变的程度却大为减小，这说明 u_o 与 u_i 之间几乎呈线性关系，亦即减小了非线性失真。负反馈减小非线性失真的程度与反馈深度($1+AF$)有关。

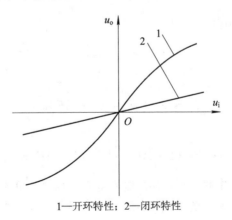

1—开环特性；2—闭环特性

图 7.4.1　放大电路的传输特性

应当注意的是，负反馈减小非线性失真所指的是反馈环内的失真。如果输入波形本身就是失真的，这时即使引入负反馈，也是无济于事的。

7.4.3 对输入电阻和输出电阻的影响

放大电路中引入的交流负反馈的类型不同,则对输入电阻和输出电阻的影响也就不同,下面分别加以讨论。

1. 对输入电阻的影响

负反馈对输入电阻的影响取决于反馈网络与基本放大电路在输入回路的连接方式,即取决于是串联还是并联负反馈,与输出回路中反馈的取样方式无直接关系(取样方式只改变 AF 的具体含义)。因此,分析负反馈对输入电阻的影响时,只需画出输入回路的连接方式,如图 7.4.2 所示。其中 R_i 是基本放大电路的输入电阻(开环输入电阻),R_{if} 是负反馈放大电路的输入电阻(闭环输入电阻)。

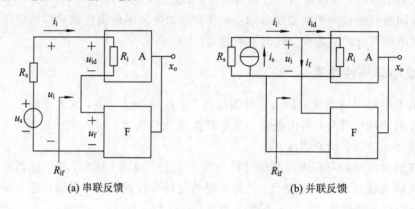

(a) 串联反馈　　　　　　　　　　　　　　(b) 并联反馈

图 7.4.2　负反馈对输入电阻的影响

1) 串联负反馈对输入电阻的影响

由图 7.4.2(a)可知,开环输入电阻为

$$R_i = \frac{u_{id}}{i_i} \tag{7.4.4}$$

有负反馈时的闭环输入电阻为

$$R_{if} = \frac{u_i}{i_i} \tag{7.4.5}$$

而

$$u_i = u_{id} + u_f = (1 + AF)u_{id} \tag{7.4.6}$$

所以

$$R_{if} = (1 + AF)\frac{u_{id}}{i_i} = (1 + AF)R_i \tag{7.4.7}$$

式(7.4.7)表明,引入串联负反馈后,输入电阻增加了。闭环输入电阻是开环输入电阻的 $1+AF$ 倍。当引入电压串联负反馈时,$R_{if} = (1+A_u F_u)R_i$。当引入电流串联负反馈时,$R_{if} = (1+A_g F_r)R_i$。

2) 并联负反馈对输入电阻的影响

由图 7.4.2(b)可知,在并联负反馈放大电路中,反馈网络与基本放大电路的输入电阻并联,因此闭环输入电阻 R_{if} 小于开环输入电阻 R_i。由于

$$R_i = \frac{u_i}{i_{id}} \tag{7.4.8}$$

$$R_{if} = \frac{u_i}{i_i} \tag{7.4.9}$$

而

$$i_i = i_{id} + i_f = (1 + AF)\, i_{id}$$

所以

$$R_{if} = \frac{u_i}{(1 + AF) i_{id}} = \frac{R_i}{1 + AF} \tag{7.4.10}$$

式(7.4.10)表明,引入并联负反馈后,输入电阻减小了。闭环输入电阻是开环输入电阻的 $1/(1+AF)$ 倍。当引入电压并联负反馈时,$R_{if} = R_i/(1 + A_r F_g)$;当引入电流并联负反馈时,$R_{if} = R_i/(1 + A_i F_i)$。

2. 对输出电阻的影响

负反馈对输出电阻的影响取决于反馈网络在放大电路输出回路的取样方式,即是电压负反馈还是电流负反馈。与反馈网络在输入回路的连接方式无直接关系(输入连接方式只改变 AF 的具体含义)。

1) 电压负反馈对输出电阻的影响

由于电压负反馈能使放大电路的输出电压趋于稳定,因此电压负反馈可使放大电路的输出电阻减小。图7.4.3是求电压负反馈放大电路输出电阻的框图。其中 R_o 是基本放大电路的输出电阻(即开环输出电阻),A_o 是基本放大电路在负载 R_L 开路时的增益。

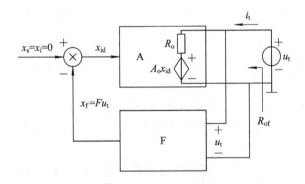

图7.4.3 求电压负反馈放大电路输出电阻的框图

按照求放大电路输出电阻的方法,图中已令输入信号源 $x_s = 0$,且忽略了信号源 x_s 的内阻 R_s,将 R_L 开路($R_L = \infty$),在输出端加一测试电压 u_t,于是,闭环输出电阻为

$$R_{of} = \frac{u_t}{i_t} \tag{7.4.11}$$

为简化分析,假设反馈网络的输入电阻为无穷大,这样,反馈网络对放大电路输出端没有负载效应。由图7.4.3可得

$$u_t = i_t R_o + A_o x_{id} \tag{7.4.12}$$

而

$$x_{id} = -F u_t \tag{7.4.13}$$

将式(7.4.13)代入式(7.4.12)得

$$u_t = i_t R_o - A_o F u_t \tag{7.4.14}$$

于是得

$$R_{of} = \frac{u_t}{i_t} = \frac{R_o}{1 + A_o F} \tag{7.4.15}$$

式(7.4.15)表明，引入电压负反馈后，输出电阻减小了。闭环输出电阻是开环输出电阻的 $1/(1+A_o F)$ 倍。当引入电压串联负反馈时，$R_{of} = R_o/(1+A_{uo} F_i)$。当引入电压并联负反馈时

$$R_{of} = \frac{R_o}{1 + A_{ro} F_g}$$

2）电流负反馈对输出电阻的影响

由于电流负反馈能使输出电流趋于稳定，因此电流负反馈可使放大电路的输出电阻增大。图 7.4.4 是求电流负反馈放大电路输出电阻的框图。其中 R_o 是基本放大电路的输出电阻，A_s 是基本放大电路在负载短路时的增益。同样，图中已令输入信号源 $x_s=0$，且忽略 x_s 的内阻 R_s，将 R_L 开路，在输出端加一测试电压 u_t，并假设反馈网络的输入电阻为零，于是它对放大电路输出端没有负载效应。由图 7.4.4 可得

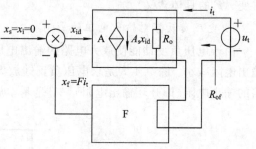

$$i_t = \frac{u_t}{R_o} + A_s x_{id} = \frac{u_t}{R_o} - A_s F i_t$$

于是

$$R_{of} = \frac{u_t}{i_t} = (1 + A_s F) R_o \tag{7.4.16}$$

式(7.4.16)表明，引入电流负反馈后，输出电阻增加了。闭环输出电阻是开环输出电阻的 $(1+A_s F)$ 倍。当引入电流串联负

图 7.4.4　求电流负反馈放大电路输出电阻的框图

反馈时，$R_{of} = (1 + A_{gs} F_r) R_o$；当引入电流并联负反馈时，$R_{of} = (1 + A_{is} F_i) R_o$。

负反馈对于输入电阻、输出电阻的影响如表 7.4.1 所示，理想情况下的数值如括号内所示。

表 7.4.1　负反馈放大电路的输入电阻、输出电阻

反馈组态	电压串联	电压并联	电流串联	电流并联
输入电阻	增大(∞)	减小(0)	增大(∞)	减小(0)
输出电阻	减小(0)	减小(0)	增大(∞)	增大(∞)

综上分析，可以得到这样的结论：负反馈之所以能够改善放大电路的多方面的性能，归根结底是由于将电路的输出量(u_o 或 i_o)引回到输入端与输入量(u_i 或 i_i)进行比较，从而随时对输出量进行调整。前面研究过的增益稳定性的提高、非线性失真的减小、抑制噪声以及对输入电阻和输出电阻的影响，均可用自动调整作用来解释。反馈愈深，即 $1+AF$ 的值愈大，调整作用愈强，对放大电路性能的影响愈大，但是闭环增益下降愈多。由此可知，负反馈对放大电路性能的影响，是以牺牲增益为代价的。另一方面，也必须注意到，反馈

深度 $1+AF$ 或环路增益 AF 的值也不能无限制地增加，否则在多级放大电路中，将容易产生不稳定现象（自激），这一问题将在 7.6 节讨论。因此，这里所得的结论在一定条件下才是正确的。

7.5　深度负反馈条件下的近似计算

从原则上来说，反馈放大电路是一个带反馈回路的有源线性网络。利用大家都熟悉的电路理论中的节点电位法、回路电流法或双口网络理论均可求解。但是当电路较复杂时，这类方法使用起来很不方便。

我们从工程实际出发，讨论在深度负反馈的条件下，反馈放大电路增益的近似计算。

一般情况下，大多数负反馈放大电路，特别是由集成运放组成的放大电路都能满足深度负反馈的条件。

由图 7.3.1 所示框图可得

$$A_{\mathrm{f}} = \frac{x_{\mathrm{o}}}{x_{\mathrm{i}}} \tag{7.5.1}$$

$$\frac{1}{F} = \frac{x_{\mathrm{o}}}{x_{\mathrm{f}}} \tag{7.5.2}$$

前已讨论过，在深度负反馈条件下，$A_{\mathrm{f}} \approx \frac{1}{F}$，所以有

$$x_{\mathrm{i}} \approx x_{\mathrm{f}} \tag{7.5.3}$$

此式表明，当 $(1+AF) \gg 1$ 时，反馈信号 x_{f} 与输入信号 x_{i} 相差甚微，净输入信号 x_{id} 甚小，因而有

$$x_{\mathrm{id}} \approx 0 \tag{7.5.4}$$

对于串联负反馈有 $u_{\mathrm{i}} \approx u_{\mathrm{f}}$，$u_{\mathrm{id}} \approx 0$，因而在基本放大电路输入电阻上产生的输入电流 i_{id} 也必趋于零。对于并联负反馈有 $i_{\mathrm{i}} \approx i_{\mathrm{f}}$，$i_{\mathrm{id}} \approx 0$，因而在基本放大电路输入电阻上产生的输入电压 $u_{\mathrm{id}} \approx 0$。总之，不论是串联还是并联负反馈，在深度负反馈条件下，均有 $u_{\mathrm{id}} \approx 0$（虚短）和 $i_{\mathrm{id}} \approx 0$（虚断）同时存在。利用"虚短""虚断"的概念可以快速方便地估算出负反馈放大电路的闭环增益或闭环电压增益。下面举例说明。

例 7.5.1　设图 7.5.1 所示电路满足 $(1+AF) \gg 1$ 的条件，试写出该电路的闭环电压

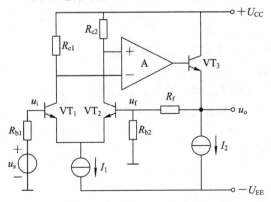

图 7.5.1　例 7.5.1 的电路

增益表达式。

解 图 7.5.1 所示电路是一个多级放大电路，按负反馈组态判别方法可知，R_{b2} 和 R_f 组成反馈网络。在放大电路的输出回路，反馈网络接至信号输出端，用输出短路法判断是电压反馈；在放大电路的输入回路，反馈信号加到非信号输入端（VT_2 基极），是串联反馈；用瞬时极性法可判断该电路为负反馈。由于是串联反馈，又是深度电压负反馈，利用 $u_i \approx u_f$，$u_{id} \approx 0$，$i_{b1} = i_{b2} \approx 0$，可直接得出

$$u_i \approx u_f = \frac{R_{b2}}{R_{b2} + R_f} u_o$$

于是，闭环电压增益为

$$A_{uf} = \frac{u_o}{u_i} \approx 1 + \frac{R_f}{R_{b2}}$$

例 7.5.2 试写出图 7.5.2 所示电路的闭环电压增益表达式。

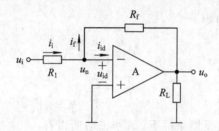

图 7.5.2 例 7.5.2 的电路

解 显然，图 7.5.2 所示电路中，R_f 是反馈元件。由图中所标的各有关点的交流电位的瞬时极性及各有关支路的交流电流的瞬时流向，可以判断 R_f 引入了负反馈。又从反馈在放大电路输出端的电压取样方式和输入端的电流求和方式可知，该电路是电压并联负反馈放大电路。它的内部含有一运放，因而开环增益很大，能够满足 $(1+AF) \gg 1$ 的条件，根据虚断概念有

$$i_{id} \approx 0, \quad i_i \approx i_f$$

即

$$\frac{u_i - u_n}{R_1} \approx \frac{u_n - u_o}{R_f}, \quad u_p = 0$$

由虚短概念得 $u_n \approx u_p = 0$，所以闭环电压增益为

$$A_{uf} = \frac{u_o}{u_i} = -\frac{R_f}{R_1}$$

例 7.5.3 某射极偏置电路的交流通路如图 7.5.3 所示。试近似计算它的 $A_{uf} = u_o / u_i$。

解 此电路中由 R_e 引入电流串联负反馈。利用虚短、虚断的概念，可直接计算其电压增益。按照图中各电压、电流的假定正方向，可得

$$u_i \approx u_f = i_e R_e \approx i_o R_e$$

而 $u_o \approx -i_o R'_L$，故得

$$A_{uf} = \frac{u_o}{u_i} \approx \frac{u_o}{u_f} \approx -\frac{R'_L}{R_e}$$

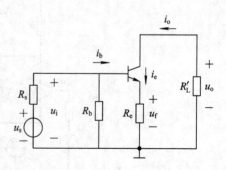

图 7.5.3 例 7.5.3 的电路

例 **7.5.4**　某电路的交流通路如图 7.5.4 所示，试近似计算它的电流增益，并定性地分析它的输入电阻。

解　该电路中引入了电流并联负反馈。从负反馈效果最佳的角度要求，这种电路适于用高内阻的电流信号源，故 R_s 的影响可以忽略。在深度负反馈的条件下，有 $i_i \approx i_f$，$i_{id} \approx 0$，$u_n \approx u_p = 0$。由此得

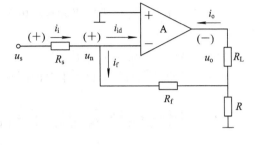

$$i_f = \frac{R}{R_f + R} i_o$$

所以电流增益为

$$A_{if} = \frac{i_o}{i_i} = \frac{i_o}{i_f} = \frac{R_f + R}{R}$$

图 7.5.4　例 7.5.4 的电路

输入电阻的定性分析：考虑到 $i_{id} \approx 0$ 和 $u_n \approx 0$，所以电路的输入电阻近似地表示为 $R_{if} \approx u_n / i_i \approx 0$，接近于理想值。

例 **7.5.5**　图 7.5.5 所示为某反馈放大电路的交流通路。电路的输出端通过电阻 R_f 与电路的输入端相连，形成大环反馈。

（1）试判断电路中大环反馈的组态；

（2）判断 VT_2 和 VT_3 之间所引反馈的极性；

（3）求大环反馈的闭环增益的近似表达式；

（4）定性分析该电路的输入电阻和输出电阻。

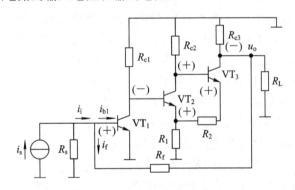

图 7.5.5　例 7.5.5 的电路

解　（1）判断大环反馈的组态：首先用瞬时极性法判断该反馈的极性。设电流源 i_s 流向如图中箭头所示，则由此引起的电路中各支路电流的流向亦如图中箭头所示；而各节点电位的极性如图中（＋）、（－）号所示，由此可知，由 R_f 引入的大环反馈为负反馈，因为它使净输入电流 $i_{id} = i_{b1} = i_i - i_f$ 比没有该反馈时减小了。由 R_f 在该电路输出端、输入端的连接方式知，该反馈为电压并联负反馈。

（2）VT_2、VT_3 间由 R_1、R_2 引入的反馈极性的判断：设 VT_2 基极电位的瞬时极性为（－），则 VT_3 的基极电位为（＋），其发射极电位也为（＋），由 R_2 引回的反馈信号的极性也为（＋），于是使 VT_2 的净输入电压 u_{be2} 的大小增加，说明 VT_2、VT_3 间引入的是正反馈。

（3）求大环闭环互阻增益：由于该电路的开环互阻增益很高，较易实现深度负反馈。利用两虚概念可得如下关系：

由 $i_i \approx i_f$，$i_{b1} \approx 0$，得 $u_{b1} \approx u_{e1} = 0$，于是 $i_i \approx i_f \approx \dfrac{-u_o}{R_f}$，闭环互阻增益为

$$A_{rf} = \frac{u_o}{i_i} \approx - R_f$$

（4）定性分析闭环输入电阻和输出电阻：并联负反馈使输入电阻减小。在深度负反馈条件下，$i_{b1} \approx 0$，$u_{be1} \approx 0$，故 $R_{rf} = u_{be1}/i_i \approx 0$。由于电压负反馈的特点是使输出电压基本恒定，故该电路的闭环输出电阻 R_{of} 很小，$R_{of} \approx 0$。

在深度负反馈条件下，放大电路的闭环增益也可由 $A_f = 1/F$ 求得。

7.6　负反馈放大电路的自激振荡及消除方法

在实用的放大电路中，常常引入深度负反馈，以改善多方面的性能。但是对于某些放大电路，会因所引负反馈不当而产生自激振荡，不能正常工作。本节介绍负反馈放大电路的自激振荡及其消除方法。

负反馈放大电路

7.6.1　产生自激振荡的原因及条件

若输入信号为零，而输出端有一定频率、一定幅值的交流信号，则称电路产生了自激振荡。负反馈放大电路为什么会产生自激振荡呢？

负反馈放大电路在中频段时，放大倍数 $\dot{A}$ 和反馈系数 $\dot{F}$ 均为实数，即不是正数就是负数，它们的相角 $\varphi_A + \varphi_F = 2n\pi$（$n$ 为整数）。然而，由于耦合电容、旁路电容、晶体管结电容和其他杂散电容的存在，在低频段和高频段，$\dot{A}$ 的数值和相位均产生变化，即 $\dot{A}$ 是频率的函数；若反馈网络中有电抗元件（如电容）存在，则 $\dot{F}$ 也是频率的函数。$\dot{A}$ 和 $\dot{F}$ 在低频段和高频段所产生的相移称为附加相移，分别记作 $\Delta\varphi_A$ 和 $\Delta\varphi_F$。

若负反馈放大电路在低频段或高频段存在一个频率 f_0，当 $f = f_0$ 时，附加相移 $\Delta\varphi_A + \Delta\varphi_F = \pm 180°$，且环路增益 $|\dot{A}\dot{F}|$ 足够大，则虽然输入信号为零，如图 7.6.1 所示，但在电干扰下，对于频率为 f_0 的信号将产生正反馈过程：

$$|\dot{X}_o| \uparrow \rightarrow |\dot{X}_f| \uparrow \rightarrow |\dot{X}_{id}| \uparrow \rightarrow |\dot{X}_o| \uparrow\uparrow$$

$|\dot{X}_o|$ 不可能无限制地增大，由于晶体管的非线性特性，最终达到动态平衡，于是输出端得到频率为 f_0 的一定幅值的交流信号，电路产生自激振荡。

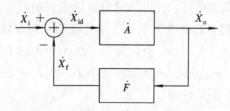

图 7.6.1　负反馈放大电路的自激振荡

从图 7.6.1 可知，一旦电路的自激振荡达到动态平衡，输出量作用于反馈网络得到反馈量 $|\dot{X}_f|$，而净输入量 $\dot{X}_{id} = \dot{X}_i - \dot{X}_f = 0 - \dot{X}_f = -\dot{X}_f$ 维持着输出量，即

$$\dot{X}_o = -\dot{A}\dot{X}_f = -\dot{A}\dot{F}\dot{X}_o$$

因此，负反馈放大电路产生自激振荡的平衡条件为

$$\dot{A}\dot{F} = -1 \tag{7.6.1}$$

写成模和相角形式为

$$|\dot{A}\dot{F}| = 1 \tag{7.6.2a}$$

$$\varphi_A + \varphi_F = (2n+1)\pi \quad (n \text{ 为整数}) \tag{7.6.2b}$$

式(7.6.2a)为幅值平衡条件，简称幅值条件；式(7.6.2b)为相位平衡条件，简称相位条件。

由于电路从起振到动态平衡有一个正反馈过程，即输出量幅值在每一次反馈后都比原来增大，直至稳幅，所以起振条件为

$$|\dot{A}\dot{F}| > 1 \tag{7.6.3}$$

综上所述，只有存在一个 $f = f_0$，使负反馈放大电路附加相移为 $\pm\pi$，且在 $f = f_0$ 时 $|\dot{A}\dot{F}| > 1$，才可能产生自激振荡。即只有同时满足相位条件和起振条件，电路才会产生自激振荡。

7.6.2 负反馈放大电路稳定工作的条件及稳定性分析

由自激振荡的条件可知，如果环路增益 $\dot{A}\dot{F}$ 的幅值条件和相位条件不能同时满足，负反馈放大电路就不会产生自激振荡。故负反馈放大电路稳定工作的条件是当 $|\dot{A}\dot{F}| = 1$，即 $20\lg|\dot{A}\dot{F}| = 0$ dB 时，$|\varphi_A + \varphi_F| < 180°$，或当 $\varphi_A + \varphi_F = \pm180°$ 时，$|\dot{A}\dot{F}| < 1$，即 $20\lg|\dot{A}\dot{F}| < 0$ dB。工程上，为了直观地运用这个条件，常用环路增益 $\dot{A}\dot{F}$ 的波特图分析、判断负反馈放大电路是否稳定。

图 7.6.2 是某负反馈放大电路环路增益 $\dot{A}\dot{F}$ 的近似波特图。图中 f_0 是满足幅值条件 $|\dot{A}\dot{F}| = 1$，$20\lg|\dot{A}\dot{F}| = 0$ dB 时的信号频率，f_{180} 是满足相位条件 $\varphi_A + \varphi_F = -180°$ 时的信号频率。当 $f = f_{180}$ 时，有 $20\lg|\dot{A}\dot{F}| < 0$ dB，即 $|\dot{A}\dot{F}| < 1$；而当 $f = f_0$，$20\lg|\dot{A}\dot{F}| = 0$ dB 时，有 $|\varphi_A + \varphi_F| < 180°$。这说明幅值条件和相位条件不会同时满足。因此，具有图 7.6.2 所示

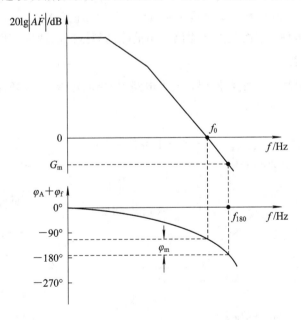

图 7.6.2 某负反馈放大电路的环路增益 $\dot{A}\dot{F}$ 的近似波特图

电路环路增益波特图的负反馈放大电路是稳定的，不会产生自激振荡。与此相反，若当 $f=f_{180}$，$\varphi_A+\varphi_F=-180°$ 时，有 $20\lg|\dot{A}\dot{F}|\geqslant0$ dB，即 $|\dot{A}\dot{F}|\geqslant1$；而当 $f=f_0$，$20\lg|\dot{A}\dot{F}|=0$ dB 时，有 $|\varphi_A+\varphi_F|\geqslant180°$，则会产生自激振荡。

由图 7.6.2 可知，用环路增益的波特图判断负反馈放大电路是否稳定的方法是：比较 f_{180} 和 f_0 的大小。若 $f_{180}>f_0$，则负反馈放大电路是稳定的；若 $f_{180}<f_0$，则负反馈放大电路会产生自激。为使电路具有足够的稳定性，必须让它远离自激振荡状态，其远离的程度可用稳定裕度表示。稳定裕度包括增益裕度和相位裕度。

定义 $f=f_{180}$ 时对应的 $20\lg|\dot{A}\dot{F}|$ 为增益裕度，用 G_m 表示，如图 7.6.2 所示幅频特性中的标注。G_m 的表达式为

$$G_m = 20\lg|\dot{A}\dot{F}|_{f=f_{180}} \text{(dB)} \tag{7.6.4}$$

稳定的负反馈放大电路的 $G_m<0$ dB，一般要求 $G_m\leqslant-10$ dB，保证电路有足够的增益裕度。

定义 $f=f_0$ 时，$|\varphi_A+\varphi_F|$ 与 $180°$ 的差值为相位裕度，用 φ_m 表示，如图 7.6.2 所示相频特性中的标注。φ_m 的表达式为

$$\varphi_m = 180° - |\varphi_A+\varphi_F|_{f=f_0} \tag{7.6.5}$$

稳定的负反馈放大电路的 $\varphi_m>0°$，一般要求 $\varphi_m\geqslant45°$，保证电路有足够的相位裕度。

在工程实践中，通常要求 $G_m\leqslant-10$ dB，或 $\varphi_m\geqslant45°$。按此要求设计的放大电路，不仅可以在预定的工作情况下满足稳定条件，而且环境温度、电路参数及电源电压等因素发生变化时，也能满足稳定条件，这样的放大电路才能正常地工作。

7.6.3 消除自激振荡的方法

消除负反馈放大电路自激振荡的根本方法是破坏产生自激振荡的条件，若通过一定的手段使电路在附加相移为 $\pm180°$ 时 $|\dot{A}\dot{F}|<1$，则不会自激；或通过一定的手段使电路根本不存在附加相移为 $\pm180°$ 的频率，则也不会自激。采用相位补偿的办法可以实现上述想法。

相位补偿法有多种，下面就上述思路介绍消除高频振荡的两种滞后补偿法。

1. 电容滞后补偿

设负反馈放大电路为三级直接耦合放大电路(如集成运放)，其环路增益 $\dot{A}\dot{F}$ 的幅频特性如图 7.6.3(a)中虚线所示。

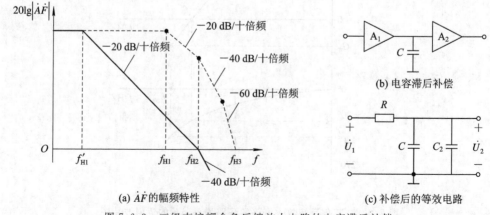

(a) $\dot{A}\dot{F}$ 的幅频特性　　(b) 电容滞后补偿　　(c) 补偿后的等效电路

图 7.6.3　三级直接耦合负反馈放大电路的电容滞后补偿

在电路中找到决定曲线最低的拐点 f_{H1} 的那级，加补偿电容，如图(b)所示，等效电路如图(c)所示。在图(c)中，$\dot{U}_1$ 为 A_1 中频段时的输出电压，$\dot{U}_2$ 为 A_2 的输入电压；C_2 为 A_1 和 A_2 连接点与地间的总电容，包括前级的输出电容和后级的输入电容等；R 为 C_2 所在电路的等效电阻，C 为补偿电容。补偿前，

$$f_{H1} = \frac{1}{2\pi R C_2}$$

补偿后，

$$f'_{H1} = \frac{1}{2\pi R(C_2 + C)} \tag{7.6.6}$$

若在 $f = f_{H2}$ 时 $20\lg|\dot{A}\dot{F}| = 0$ dB，则补偿后 $\dot{A}\dot{F}$ 的幅频特性如图 7.6.3(a)实线所示。因为在 $f = f_{H2}$ 时由 f'_{H1} 产生的最大相移为 $-90°$，由 f_{H2} 产生的相移为 $-45°$，总的最大相移为 $-135°$，所以 $f_{180} > f_0$，电路稳定，且具有至少 $45°$ 的相位裕度。

从以上分析可知，滞后补偿是以减少带宽为代价来消除自激振荡的。因而为了使得通频带不至于变得太窄，补偿电容必须加在决定 f_{H1} 的那个回路中。

2. RC 滞后补偿

为克服电容滞后补偿后放大电路的频带明显变窄的缺点，可采用 RC 滞后补偿的方法。具体做法是：在电路中找到决定曲线最低的拐点 f_{H1} 所在的回路，接补偿电阻和电容，如图 7.6.4(a)所示。

图 7.6.4(a)所示电路的等效电路如图 7.6.4(b)所示，其中 $\dot{U}_1$ 为 A_1 中频段时的输出电压，$\dot{U}_2$ 为 A_2 的输入电压；C_2 为 A_1 和 A_2 连接点与地间的总电容，包括前级的输出电容和后级的输入电容等；R' 为 C_2 所在回路的等效电阻，RC 为补偿电路。补偿前，

$$\dot{A}\dot{F} = \frac{\dot{A}_M \dot{F}_M}{\left(1 + j\dfrac{f}{f_{H1}}\right)\left(1 + j\dfrac{f}{f_{H2}}\right)\left(1 + j\dfrac{f}{f_{H3}}\right)} \tag{7.6.7}$$

$$f_{H1} = \frac{1}{2\pi R' C_2} \tag{7.6.8}$$

补偿后，若 $C \gg C_2$，则

$$\frac{\dot{U}_2}{\dot{U}_1} \approx \frac{R + \dfrac{1}{j\omega C}}{R' + R + \dfrac{1}{j\omega C}} = \frac{1 + j\omega RC}{1 + j\omega(R' + R)C} = \frac{1 + j\dfrac{f}{f_{H2}}}{1 + j\dfrac{f}{f_{H1}}} \tag{7.6.9}$$

$$f'_{H1} \approx \frac{1}{2\pi(R' + R)C}, \quad f'_{H2} \approx \frac{1}{2\pi RC} \tag{7.6.10}$$

若 $f'_{H2} = f_{H2}$，将式(7.6.9)代入式(7.6.7)得

$$\dot{A}\dot{F} = \frac{\dot{A}_M \dot{F}_M}{\left(1 + j\dfrac{f}{f_{H1}}\right)\left(1 + j\dfrac{f}{f_{H3}}\right)} \tag{7.6.11}$$

补偿后 $\dot{A}\dot{F}$ 的幅频特性如图 7.6.4(c)实线所示。因为在高频段只有两个拐点，故电路不可能产生自激振荡。图 7.6.4(c)实线左侧虚线是电容滞后补偿后 $\dot{A}\dot{F}$ 的幅频特性，可见 RC 滞后补偿后，$\dot{A}\dot{F}$ 的通频带较宽。

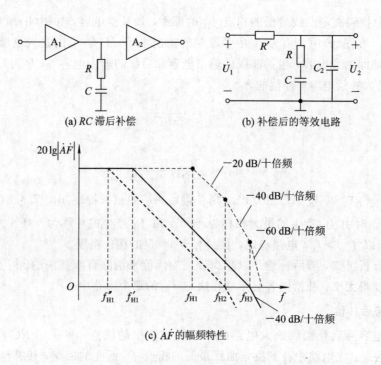

(a) RC 滞后补偿   (b) 补偿后的等效电路

(c) $\dot{A}\dot{F}$ 的幅频特性

图 7.6.4 三级直接耦合负反馈放大电路的 RC 滞后补偿

综上所述,滞后补偿总是以带宽变窄为代价的。还可采用超前补偿的方法来消除自激振荡,理论上可以获得效果更好的补偿,这里不再赘述。当电路产生低频振荡时,可用改变耦合电容、旁路电容的容量来消除。

例 7.6.1 已知负反馈放大电路的基本放大电路 $\dot{A}$ 的幅频特性如图 7.6.5 所示,试回答下列问题:

(1) 写出 $\dot{A}$ 的表达式,并说明电路为几级放大电路及其耦合方式。

(2) 若反馈系数 $|\dot{F}|=1$,电路稳定吗?简述理由。

(3) $20\lg|\dot{F}|$ 最大为多少时,电路才不会产生自激振荡?

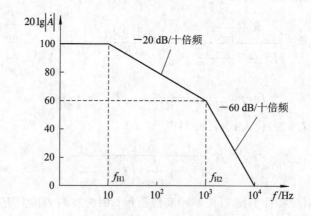

图 7.6.5 放大电路的幅频特性

解 (1) 根据幅频特性可知,中频增益 $20\lg|\dot{A}_{\mathrm{M}}|=100$,因不知电路输出量与净输入

量的相位关系，故中频放大倍数 $\dot{A}_{\text{M}}=\pm 10^5$；电路的高频段有两个拐点，但由于当 $f>f_{\text{H2}}$ 时曲线按 -60 dB/十倍频下降，说明有两级的上限频率为 f_{H2}，故放大倍数表达式为

$$\dot{A}=\frac{\pm 10^5}{\left(1+\text{j}\dfrac{f}{10}\right)\left(1+\text{j}\dfrac{f}{10^3}\right)^2}$$

幅频特性中没有下限频率，且高频段曲线按 -60 dB/十倍频下降，说明电路为直接耦合三级放大电路。

（2）若反馈系数 $|\dot{F}|=1$，电路一定不稳定。因为 $20\lg|\dot{A}\dot{F}|=20\lg|\dot{A}|$，$f_0=10^4$ Hz，$f_0\gg f_{\text{H1}}$ 且 $f_0\gg f_{\text{H2}}$，故 $f=f_0$ 时的附加相移近似为 $-270°$，说明 $f_0\gg f_{180}$，根据稳定性的判断方法，电路一定产生自激振荡。

（3）因为 $f_{\text{H2}}\gg f_{\text{H1}}$，所以当 $f=f_{\text{H2}}$ 时，决定 f_{H1} 的 RC 环节所产生的附加相移近似为 $-90°$，决定 f_{H2} 的两个 RC 环节所产生的附加相移各为 $-45°$，因而 $f=f_{\text{H2}}$ 时的附加相移为 $-180°$。只有在 $f=f_{\text{H2}}$ 时，$20\lg|\dot{A}\dot{F}|<0$ dB，电路才不会产生自激振荡。因为 $f=f_{\text{H2}}$ 时 $20\lg|\dot{A}|=60$ dB，故 $20\lg|\dot{F}|<-60$ dB 电路才稳定。

7.7 Multisim 仿真例题

1. 题目

电压串联负反馈的仿真与分析。

2. 仿真电路

电压串联负反馈的仿真电路如图 7.7.1 所示。

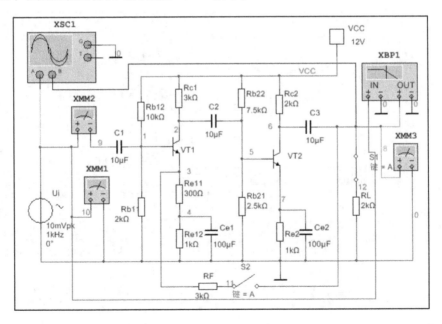

图 7.7.1 电压串联负反馈电路图

3. 仿真内容

1) 负反馈对放大电路输出波形的影响

将开关 S_1 闭合，S_2 断开，无反馈回路，设置输入电压的幅值为 100 mV，频率为 1 kHz，仿真波形如图 7.7.2(a)所示。S_2 闭合，加入负反馈，仿真波形如图 7.7.2(b)所示。

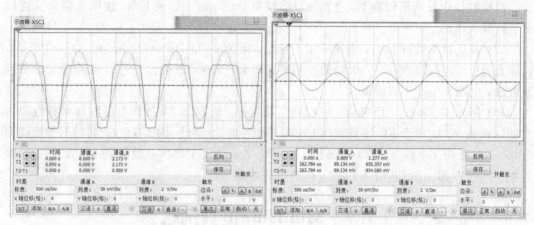

(a) 无反馈输入输出波形图　　　　　　　　(b) 加入负反馈后的输入输出波形

图 7.7.2　负反馈对放大器失真的改善

2) 负反馈对放大电路频带的影响

无反馈时电路的幅频特性如图 7.7.3 所示，加入负反馈后的幅频特性如图 7.7.4 所示。

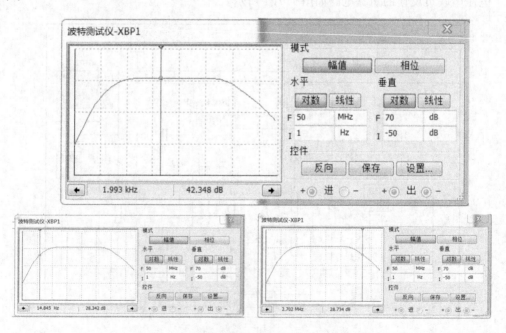

图 7.7.3　无反馈时电路的幅频特性

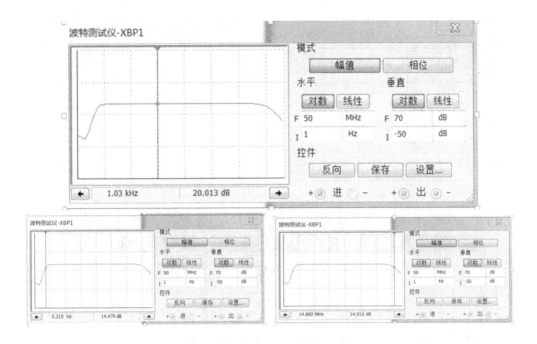

图 7.7.4　加入负反馈后的幅频特性

3）负反馈对放大电路输入、输出电阻的影响

（1）将开关 S_1 闭合，S_2 断开，电路暂不引入级间反馈，测量值如图 7.7.5 所示。

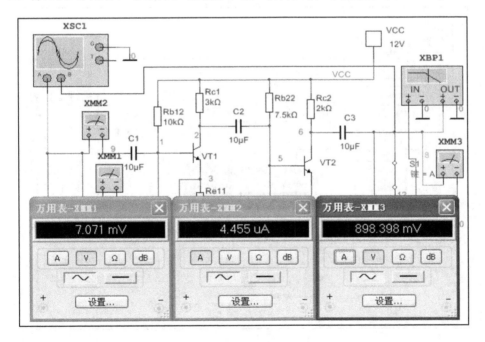

图 7.7.5　万用表测量值

（2）将开关 S_1 断开，负载电阻 R_L 开路，测量值如图 7.7.6 所示。

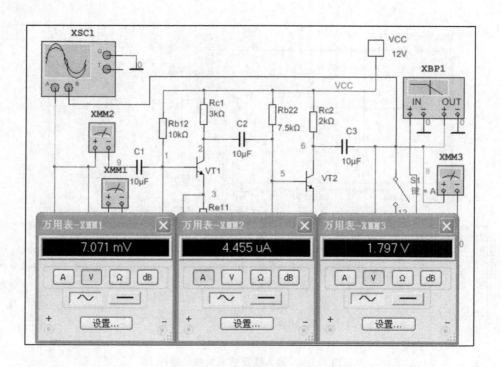

图 7.7.6　万用表测量值

（3）J_1 闭合，J_2 闭合，引入级间负反馈，测量值如图 7.7.7 所示。

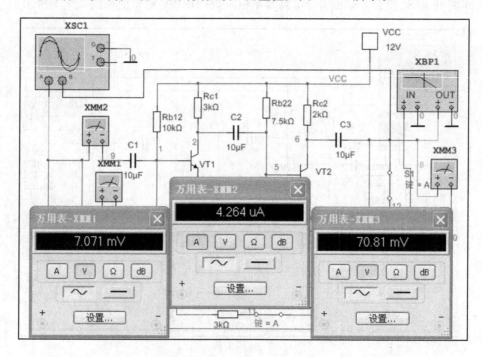

图 7.7.7　万用表测量值

（4）将 J_1 断开，使负载开路，测量值如图 7.7.8 所示。

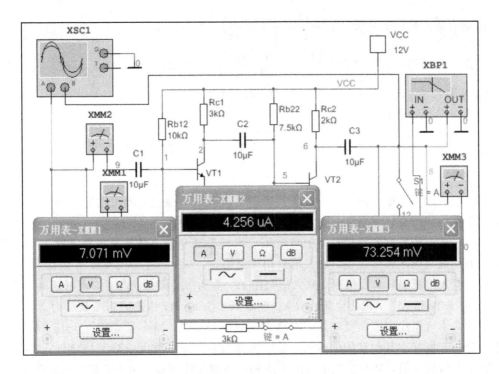

图 7.7.8　万用表测量值

4. 仿真结果

由图 7.7.2 可知输出信号波形由失真变为不失真，输出信号的幅度减小了。因为负反馈的引入，在减小非线性失真的同时，降低了输出幅度，这种减小非线性失真的程度与反馈深度有关。

由图 7.7.3 和图 7.7.4 幅频特性曲线读出带宽上下限频率值，如表 7.7.1 所示。

表 7.7.1　频　率　值

无反馈			加入反馈		
f_L	f_H	通频带	f_L	f_H	通频带
14.845 Hz	2.702 MHz	2.70 MHz	5.215 Hz	14.892 MHz	14.89

由图 7.7.5 可知：

电路无负反馈放大倍数，$A = \dfrac{U_{o1}}{U_i} = \dfrac{898.398}{7.071} = 127$。

电路无负反馈输入电阻，$R_i = \dfrac{U_i}{I_i} = \dfrac{7.071 \text{ mV}}{4.455 \ \mu\text{A}} = 1.59 \text{ k}\Omega$。

由图 7.7.6 可知：

空载时输出电压 $U_{o2} = 1.797 \text{ V}$。

电路无负反馈输出电阻，$R_o = \left(\dfrac{U_{o2}}{U_{o1}} - 1\right) \times R_L = \left(\dfrac{1.797}{0.898} - 1\right) \times 2 \text{ k}\Omega = 2 \text{ k}\Omega$。

由图 7.7.7 可知：

电路有负反馈放大倍数，$A_{uf} = \dfrac{U_o}{U_i} = \dfrac{70.81\ \text{mV}}{7.071\ \text{mV}} = 10$。

电路有负反馈输入电阻，$R_i = \dfrac{U_i}{I_i} = \dfrac{7.071\ \text{mV}}{4.264\ \mu\text{A}} = 1.66\ \text{k}\Omega$。

由图 7.7.8 可知空载时输出电压 $U_{o2} = 73.254\ \text{mV}$。

电路的负反馈输出电阻为

$$R_{of} = \left(\dfrac{U_{o2}}{U_{o1}} - 1\right) \times R_L = \left(\dfrac{73.254\ \text{mV}}{70.81\ \text{mV}} - 1\right) \times 2\ \text{k}\Omega = 69\ \Omega$$

5. 结论

(1) 引入电压串联负反馈，较之无反馈时，放大倍数变低，但更稳定，非线性失真减小，抗干扰能力增强。

(2) 引入电压串联负反馈后，中频电压放大倍数减小了，但下限频率降低，上限频率升高，因而电路通频带变宽了，放大倍数相比更稳定。

(3) 引入电压串联负反馈后，放大倍数由 127 变为 10，降低明显。输入电阻由 1.59 kΩ 变为 1.66 kΩ，增大了，输出电阻由 2 kΩ 明显减小为 69 Ω，提高了带负载能力。

总之，引入电压串联负反馈后，提高了电路的稳定性，减小了非线性失真，虽使放大倍数下降，却能换取其他性能的改善。这主要体现在，提高放大倍数的稳定性，扩展通频带，减小非线性失真，抑制反馈环内的干扰和噪声以及改变输入电阻和输出电阻等。

本 章 小 结

重点例题详解

反馈理论是电子技术的重要基础理论。负反馈可以改善放大电路的性能，包括动态和静态的性能。改善放大电路的性能指标是以牺牲放大倍数为代价的。一般情况下，反馈愈深愈有益。但也不能无限制地加深反馈，否则易引起电路的不稳定性。

反馈有正反馈和负反馈两种极性，极性的判别常采用瞬时极性法。负反馈电路有四种类型，是由电压、电流反馈和串、并联反馈相互结合的结果。判别反馈类型需根据反馈信号在电路输出端的取样方式（电压或电流）和反馈信号在电路输入端与外部输入信号的连接方式（串联或并联）来确定。

在输入端，串联负反馈可提高电路的输入电阻，并联负反馈可降低输入电阻；而在输出端，电压负反馈降低了输出电阻，可稳定输出电压，电流负反馈提高了输出电阻，可稳定输出电流。

根据具体电路及要求不同，负反馈放大电路的分析计算分为深度负反馈条件下的估算法和精确计算的方框图法两种。

本章既是模拟电子技术课程的重点，也是难点，通过各种教学环节，应做到四会：会看（反馈的极性和类型）、会算（深度负反馈下的估算法和方框图法）、会选（各种类型的负反馈）和会做（安装和调试）。

习　　题

7.1　选择合适的答案填空。

(1) 对于放大电路，所谓开环是指＿＿＿＿＿＿。

　　A. 无电源　　　　　B. 无反馈通路　　　　C. 无信号源　　　　　D. 无负载

而所谓闭环是指＿＿＿＿＿＿。

　　A. 存在反馈通路　　B. 考虑信号源内阻　　C. 接入电源　　　　　D. 接入负载

(2) 在输入量不变的情况下，若引入反馈后＿＿＿＿＿＿＿，则说明引入的反馈是负反馈。

　　A. 净输入量增大　　B. 输出量增大　　　　C. 输入电阻增大　　　D. 输出量减小

(3) 直流负反馈是指＿＿＿＿＿＿。

　　A. 直接耦合放大电路中所引入的负反馈

　　B. 只有放大直流信号时才有的负反馈

　　C. 在直流通路中存在的负反馈

(4) 交流负反馈是指＿＿＿＿＿＿。

　　A. 阻容耦合放大电路中所引入的负反馈

　　B. 只有放大交流信号时才有的负反馈

　　C. 在交流通路中的负反馈

(5) 为了稳定静态工作点，应引入＿＿＿＿＿＿；为了稳定放大倍数，应引入＿＿＿＿＿＿＿；为了改变输入电阻和输出电阻，应引入＿＿＿＿＿＿；为了抑制温漂，应引入＿＿＿＿＿＿；为了展宽频带，应引入＿＿＿＿＿＿。

　　A. 直流负反馈　　　B. 交流负反馈

7.2　在以下各小题中选择合适的答案填空。

(1) 为了稳定放大电路的输出电压，应引入＿＿＿＿＿＿负反馈；

(2) 为了稳定放大电路的输出电流，应引入＿＿＿＿＿＿负反馈；

(3) 为了增大放大电路的输入电阻，应引入＿＿＿＿＿＿负反馈；

(4) 为了减小放大电路的输入电阻，应引入＿＿＿＿＿＿负反馈；

(5) 为了增大放大电路的输出电阻，应引入＿＿＿＿＿＿负反馈；

(6) 为了减小放大电路的输出电阻，应引入＿＿＿＿＿＿负反馈。

　　A. 电压　　　　　　B. 电流　　　　　　　C. 串联　　　　　　　D. 并联

7.3　判断下列说法是否正确，用"√"或"×"表明判断结果。

(1) 只要在放大电路中引入反馈，就一定能使其性能得到改善。　　　　　　（　　）

(2) 反馈量仅仅决定于输出量。　　　　　　　　　　　　　　　　　　　（　　）

(3) 既然电流负反馈能稳定输出电流，那么必然稳定输出电压。　　　　　　（　　）

7.4　判断题 7.4 图所示各电路中是否引入了反馈，是直流反馈还是交流反馈，是正反馈还是负反馈。设图中所有电容对交流信号均可视为短路。

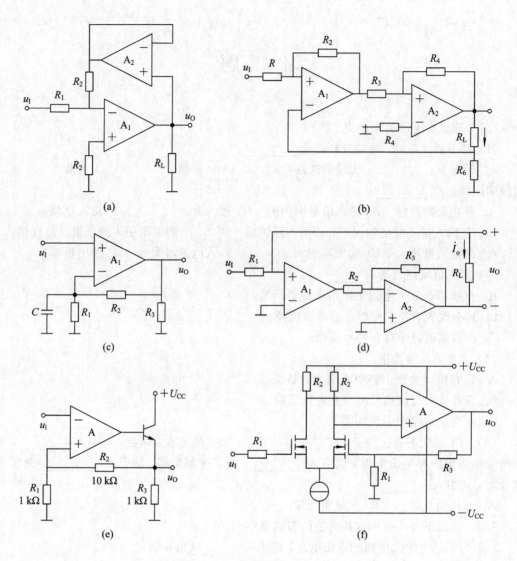

(a)

(b)

(c)

(d)

(e)

(f)

题 7.4 图

7.5 判断题 7.5 图所示各电路中是否引入了反馈,是直流反馈还是交流反馈,是正反馈还是负反馈。设图中所有电容对交流信号均可视为短路。

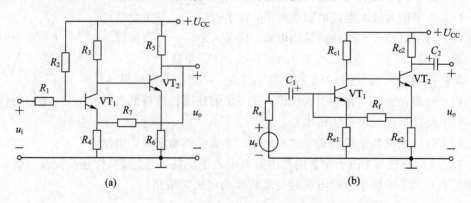

(a)

(b)

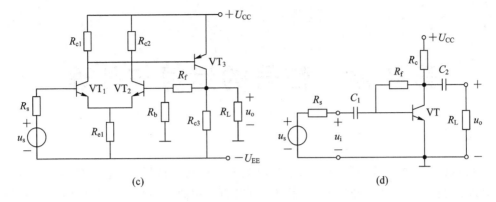

(c)   (d)

题 7.5 图

7.6　题 7.4 图中如果引入交流负反馈,试判断交流负反馈的组态,并计算它们的反馈系数以及在深度负反馈条件下的电压放大倍数。

7.7　题 7.5 图中如果引入交流负反馈,试判断交流负反馈的组态,并计算它们的反馈系数。

7.8　分别说明题 7.5 图所示各电路因引入交流负反馈,使得放大电路输入电阻和输出电阻所产生的变化。只需说明是增大还是减小即可。

7.9　已知一个负反馈放大电路的 $A = 10^4$,$F = 4 \times 10^{-2}$。

(1) 求闭环增益 A_f。

(2) 若 A 的相对变化率为 10%,求 A_f 的相对变化率。

7.10　某电压串联负反馈放大电路,如开环电压增益 A_u 变化 20% 时,要求闭环电压增益 A_{uf} 的变化不超过 1%,设 $A_{uf} = 100$,求开环电压增益 A_u 及反馈系数 F_u。

7.11　一个阻容耦合放大电路在无反馈时,$A_{um} = -100$,$f_l = 30$ Hz,$f_h = 3$ kHz。如果反馈系数 $F = -10\%$,求闭环后 A_{uf}、f_{if}、f_{hf}。

7.12　已知反馈放大电路的环路增益为

$$A_u(j\omega)F = \frac{40F}{\left(1 + j\dfrac{\omega}{10^6}\right)^3}$$

(1) 若 $F = 0.1$,该放大电路会不会自激?

(2) 若保证该放大电路不会自激,求所允许的最大 F。

习题答案

第 8 章　信号的运算与处理

集成运算放大器是模拟集成电路中应用最为广泛的一种器件,它不仅用于信号的运算、处理、变换、测量和信号产生,而且还可用于开关电路中。本章介绍集成运放的线性应用电路。运放线性应用的特点是工作于深度负反馈条件下,将用到虚短和虚断两个概念,即① 集成运放两个输入端之间的电压通常接近于零;② 集成运放输入电阻很高,两输入电流几乎为零。信号运算电路主要包括比例、加法、减法、微分、积分、对数、反对数及乘法器和除法运算电路等。信号处理电路主要讨论由 R、C 和运放组成的有源滤波器。

8.1　集成运算放大器的应用基础

8.1.1　集成运算放大器的符号

集成运算放大器的代表符号如图 8.1.1 所示,图 8.1.1(a)是国家标准规定的符号,图 8.1.1(b)是国内外的书籍、产品手册、工程图纸广泛采用的符号。本书采用图 8.1.1(b)的符号。两种符号中的 ▷表示信号从左(输入端)向右(输出端)传输的方向。

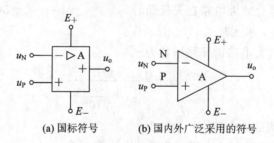

(a) 国标符号　　**(b) 国内外广泛采用的符号**

图 8.1.1　集成运算放大器符号

由于集成运放的输入级通常由差动放大电路组成,因此运放有两个输入端和一个输出端,其中输入信号 u_N 与输出信号 u_O 的相位相反,称为反相输入端,用符号"−"表示;输入信号 u_P 与输出信号 u_O 相位相同,称为同相输入端,用符号"+"表示。图中所注 u_N、u_P、u_O 均以"地"为公共端。

实际集成运放还有其他引出端,如用以连接电源的引出端:集成运放一般有两个电源端,其中一个接正电源 E_+,一个接负电源 E_- 或接地;有的集成运放为了减小输入失调,有用于外接调零电路的引出端,还有为消除自激可外接补偿电容的引出端等。这些引出端对介绍输出电压与输入电压函数关系的联系不大,为突出核心问题,其他端一般不画出。

8.1.2 理想集成运算放大器

为便于对集成运放的各种应用电路进行分析，工程上常将集成运放的各项技术指标进行理想化，将其看作一个理想的运算放大电路。理想运放的技术参数满足下列条件：

(1) 开环差模电压放大倍数 $A_{uo} \rightarrow \infty$；

(2) 输入电阻 $r_{id} \rightarrow \infty$；

(3) 输出电阻 $r_o \rightarrow 0$；

(4) 共模抑制比 $K_{CMR} \rightarrow \infty$；

(5) 3 dB 带宽 $B_W \rightarrow \infty$；

(6) 输入偏置电流 $I_{i+} = I_{i-} \rightarrow 0$；

(7) 失调电压 U_{IO}、失调电流 I_{IO} 及它们的温漂均为零；

(8) 无干扰和噪声，等等。

理想运放的概念，实际上是通过对次要因素的忽略，简化了对运放应用电路的分析过程，是工程中对运放应用电路的一种常用分析方法。当然，由于受集成电路制造工艺水平的限制，实际集成运放的各项技术指标不可能达到理想化条件的要求。但是在通常情况下，将集成运放的实际电路作为理想运放进行分析估算时，所形成的误差一般都在工程所规定的允许范围内。

8.1.3 集成运算放大器的电压传输特性

对于正、负两路电源供电的集成运放，电压传输特性如图 8.1.2 所示。从图示曲线可以看出，集成运放有线性放大区域（称为线性区）和饱和区域（称非线性区）两部分。在线性区，曲线的斜率为电压放大倍数；在非线性区，输出电压为正向饱和电压 $+U_{OM}$ 或负向饱和电压 $-U_{OM}$，$+U_{OM}$ 和 $-U_{OM}$ 在数值上接近于运放的正负电源电压。

在分析应用电路的工作原理时，首先要分析集成运放工作在线性区还是非线性区。

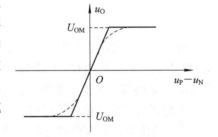

图 8.1.2 集成运放的电压传输特性

1. 线性区

集成运放工作在线性区时，作为一个线性放大，集成运放的输出电压 u_O 正比于输入电压（即同相输入与反相输入之间的电位差）$(u_P - u_N)$，即

$$u_O = A_{uo}(u_P - u_N) \tag{8.1.1}$$

由于集成运放放大的是差模信号，且没有通过外电路引入反馈，故称 A_{uo} 为运放的差模开环放大倍数。通常 A_{uo} 非常高，可达几十万倍，而集成运放输出电压的最大值有限（不会超过电源电压），因此集成运放电压传输特性中的线性区非常窄。例如，如果输出电压的最大值 $\pm U_{OM} = \pm 12$ V，$A_{uo} = 5 \times 10^5$，则只有 $|u_P - u_N| < 24$ μV 时，电路才工作在线性区。换言之，若 $|u_P - u_N| > 24$ μV，则运放进入非线性区，输出电压不再增大，为 $+12$ V 或 -12 V，出现了"限幅"现象。由于内部电路的微小偏差，也会使运放偏离线性区而进入限幅区，导致输出饱和。所以，运放开环工作在开环状态时是不能作为放大器来使用的。为使

集成运放工作在线性区，必须引入深度负反馈，以减小运放的净输入，保证输出电压不超出线性范围。

理想运放工作在线性区时，可以得出两条重要结论：

（1）运放的同相输入端与反相输入端的电位相等——虚短（虚假短路）。

因为理想运放的开环差模电压放大倍数 $A_{uo} \to \infty$，则在线性范围内，运放的差模输入电压为

$$u_{id} = u_P - u_N = \frac{u_o}{A_{uo}}$$

u_O 为一有限的电压值，由上式可知

$$u_P - u_N = 0$$

或

$$u_P = u_N \tag{8.1.2}$$

（2）运放的输入电流等于零——虚断（虚假断路）。

因为理想运放的输入电阻 $r_i \to \infty$，所以同相输入端 P 和反相输入端 N 没有电流流入运放，即

$$i_P = i_N = 0 \tag{8.1.3}$$

以上两个结论大大简化了运放应用电路的分析过程，是分析运放线性应用电路的重要依据。

2. 非线性区

当集成运放的工作范围超出线性区时，输出电压和输入电压之间不再满足式（8.1.1）表示的关系，即

$$u_O \neq A_{uo}(u_P - u_N)$$

由于 A_{uo} 很大，运放处于开环工作状态（即未接深度负反馈）甚至接入正反馈时，只要输入端加上很小的电压，输出电压立即超出线性放大范围，达到饱和。

理想运放工作在非线性区时，可得出如下两点结论：

（1）输出电压只有两种可能的状态，即等于正向饱和电压 $+U_{OM}$ 或负向饱和电压 $-U_{OM}$。

$$\left.\begin{array}{l} 当 u_P > u_N 时，u_o = +U_{OM} \\ 当 u_P < u_N 时，u_o = -U_{OM} \end{array}\right\} \tag{8.1.4}$$

$u_P = u_N$ 点是两种状态的转换点。

理想运放的传输特性如图 8.1.3 所示。

（2）运放的输入电流等于零。

由于理想运放的 $r_i \to \infty$，因此运放的输入电流仍为零。

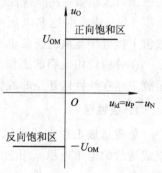

图8.1.3 理想运放的电压传输特性

8.2 基本运算电路

集成运放的应用首先表现在它能构成各种运算电路上，并因此而得名。在运算电路中，以输入电压作为自变量，以输出电压作为函数；当输入电压变化时，输出电压将按一

定的数学规律变化，即输出电压反映输入电压某种运算的结果。本节将介绍比例、加减、积分、微分、对数、指数等基本运算电路。

8.2.1 比例运算电路

1. 反相比例运算电路

反相比例运算电路如图 8.2.1 所示，输入信号 u_I 通过电阻 R_1 作用于运放的反相输入端，输出电压 u_O 通过反馈电阻 R_2 回送到反相输入端，构成电压并联负反馈组态，形成深度负反馈，保证运放工作在线性区。实际电路中，为保证运放的两个输入端处于平衡状态，避免输入偏流产生附加的差模输入电压，应保证运放输入端对地电阻相等，为此需要在同相输入端与地之间接入一个平衡电阻 R_P，其阻值 $R_P = R_1 /\!/ R_2$。

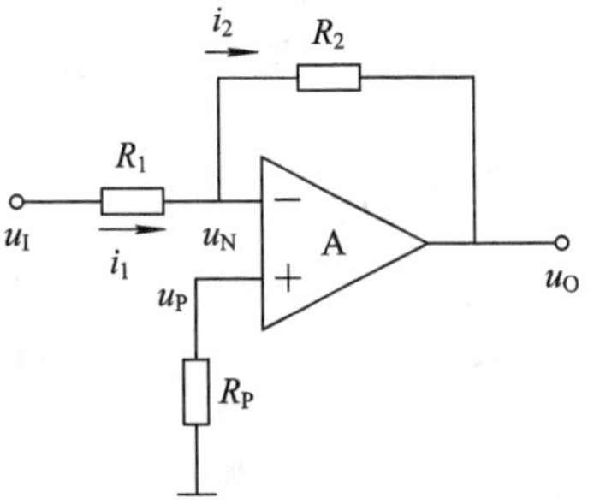

1）电压增益

在同相输入端，由于输入电流为零，R_P 上无压降，因此 $u_P = 0$。又因为理想情况下，$u_P = u_N$，所以 $u_N = 0$。虽然 N 点的电位等于地电位，但却没有电流流入该点（$I_N = 0$），这种现象称为虚地。虚地是反相运算放大电路的一个重要特点。

图 8.2.1 反相比例运算电路

由于从 N 点流入集成运放的电流为零，所以

$$i_1 = i_2$$

即

$$\frac{u_I - u_N}{R_1} = \frac{u_N - u_O}{R_2}$$

因为 N 点虚地，$u_N = 0$，由此可求得电压放大倍数为

$$A_u = \frac{u_O}{u_I} = -\frac{R_2}{R_1} \tag{8.2.1}$$

式（8.2.1）表明，输出电压与输入电压的比值为电阻 R_2 与 R_1 的比值，式中负号是因反相输入所引起的。若 $R_1 = R_2$，则为反相电路，即 $u_O = -u_I$。

2）输入电阻

输入电阻 R_i 为从电路输入端看进去的电阻，由图 8.2.1 可知：

$$R_i = \frac{u_I}{i_1} = \frac{u_I}{u_I / R_1} = R_1 \tag{8.2.2}$$

可见，尽管理想运放的输入电阻为无穷大，但由于电路引入的是并联负反馈，所以反相比例运算电路的输入电阻并不大。式（8.2.2）表明，要增大输入电阻，必须增大 R_1，例如，在比例系数为 -50 时，若要求 $R_i = 10 \text{ k}\Omega$，则 R_1 应取 10 kΩ，R_2 应取 500 kΩ；若要求 $R_i = 100 \text{ k}\Omega$，则 R_1 应取 100 kΩ，R_2 应取 5 MΩ。实际上，当电路中电阻取值过大时，一方面由于工艺的原因，电阻的稳定性差且噪声大；另一方面，当阻值与集成运放的输入电阻等数量级时，式（8.2.1）所示比例系数会发生较大变化，其值将不仅决定于反馈网络。实际应用时，要使用阻值较小的电阻，达到数值较大的比例系数，并且具有较大的输入电阻。利用 T 形网络可达到上述目的。T 形网络的反相比例运放电路见例 8.2.1。

3）输出电阻

由于运放的输出电阻 $r_o \to 0$，尽管输出端还有其他并联支路，但从输出端口看进去的输出电阻 $R_o \to 0$。即反相比例运算电路相当于理想电压源，带负载后反相比例运算关系不变。

例 8.2.1 将图 8.2.1 所示电路中的电阻用 T 形网络代替，如图 8.2.2 所示。

（1）求电压增益表达式 $A_u = u_o / u_i$；

（2）若选 $R_1 = 51\ \text{k}\Omega$，$R_2 = R_3 = 390\ \text{k}\Omega$，当 $A_u = -100$ 时，计算 R_4 的值；

（3）直接用 R_2 代替 T 形网络的电阻时，当 $R_1 = 51\ \text{k}\Omega$，$A_u = -100$ 时，求 R_2 的值。

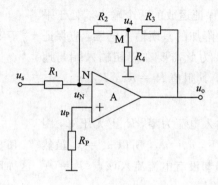

图 8.2.2 含有 T 形网络的反相比例运算电路

解 （1）利用虚地，$u_N = 0$，虚断，$i_N = i_P = 0$，节点 N、M 的电流方程为

$$\frac{u_s}{R_1} = \frac{-u_4}{R_2}$$

$$\frac{u_4}{R_2} + \frac{u_4}{R_4} + \frac{u_4 - u_o}{R_3} = 0$$

解方程组得

$$u_4 \left(\frac{1}{R_2} + \frac{1}{R_4} + \frac{1}{R_3} \right) = \frac{u_o}{R_3}$$

$$-\frac{R_2}{R_1} u_s \left(\frac{1}{R_2} + \frac{1}{R_4} + \frac{1}{R_3} \right) = \frac{u_o}{R_3}$$

因此闭环增益为

$$A_u = \frac{u_o}{u_s} = -\frac{R_2 + R_3 + (R_2 R_3 / R_4)}{R_1}$$

（2）
$$A_u = -\frac{390 + 390 + (390 \times 390)/R_4}{51} = -100$$

得

$$R_4 = 35.2\ \text{k}\Omega$$

R_4 可采用 50 kΩ 电位器，调节 R_4 的值可改变电压增益的大小。当 $R_4 = 35.2\ \text{k}\Omega$ 时，$A_u = -100$。

（3）若用 R_2 替代 T 形网络，则 R_2 为

$$R_2 = -(A_u R_1) = 100 \times 51\ \text{k}\Omega = 5100\ \text{k}\Omega$$

由以上分析可以看出，用 T 形网络代替反馈电阻 R_2 时，可用低阻值电阻（R_2，R_3，R_4）

网络得到高增益的放大电路。

2. 同相比例运算电路

将图 8.2.1 所示电路中的输入端和接地端互换，就得到如图 8.2.3 所示的同相比例运算电路。电路引入了电压串联负反馈，故可认为输入电阻为无穷大，输出电阻为零。即使考虑集成运放参数的影响，输入电阻也可达 10^9 Ω 以上。

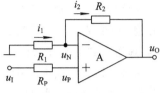

图 8.2.3 同相比例运算电路

由虚短和虚断得，$u_N = u_P = u_I$，$i_1 = i_2$，即

$$\frac{0 - u_N}{R_1} = \frac{u_N - u_O}{R_2} \quad 或 \quad \frac{0 - u_I}{R_1} = \frac{u_I - u_O}{R_2}$$

由此得

$$u_O = \left(1 + \frac{R_2}{R_1}\right)u_I \tag{8.2.3}$$

上式表明，u_O 与 u_I 同相，且 u_O 大于 u_I。

应当指出，虽然同相比例运算电路具有高输入电阻、低输出电阻的优点，但因为集成运放有共模输入，所以为了提高运算精度，应当选用高共模抑制比的集成运放。从另一角度看，在对电路进行误差分析时，应特别注意共模信号的影响。

图 8.2.3 电路中，如果令 $R_1 = \infty$，$R_2 = 0$，则可得如图 8.2.4 所示的电路，由式(8.2.3)可得

$$u_O = u_N = u_P = u_I \tag{8.2.4}$$

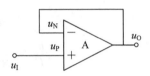

图 8.2.4 电压跟随器

该电路称为电压跟随器，由于其输入电压与输出电压相等，且输入电阻较大，输出电阻较小，在电路中可起到隔离作用。

同相比例和反相比例运算电路是最基本的两种运算电路，许多由运放组成的功能电路都是在这两种放大电路的基础上组合或演变而来的。

例 8.2.2 电路如图 8.2.5 所示，已知 $u_O = -55u_I$，其余参数如图所标注。试求出 R_5 的值。并说明 u_I 与地反接，输出电压与输入电压的关系将产生什么变化。

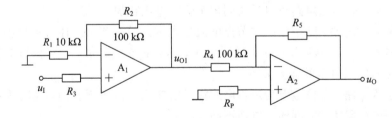

图 8.2.5 例 8.2.2 电路图

解 在图 8.2.5 所示电路中，A_1 构成同相比例运算电路，A_2 构成反相比例运算电路。

$$u_{O1} = \left(1 + \frac{R_2}{R_1}\right)u_I = \left(1 + \frac{100}{10}\right)u_I = 11u_I$$

$$u_O = -\frac{R_5}{R_4}u_{O1} = -\frac{R_5}{100}11u_I = -55u_I$$

得出 $R_5 = 500$ kΩ。

若 u_1 与地反接，则第一级变为反相比例运算电路，因此，

$$u_{O1} = -\frac{R_2}{R_1} u_1 = -\frac{100}{10} u_1 = -10u_1$$

由于第二级电路的比例系数仍为 -5，故输出电压与输入电压的比例系数变为 50。

在分析集成运放线性应用时的输出与输入间的运算关系时，应首先列出关键节点的电流方程。所谓关键节点是指那些与输入电压和输出电压产生关系的节点，如 N、P 点。然后根据"虚短"和"虚断"的原则，进行整理，即可得输出电压与输入电压的运算关系。

在多级运算电路的分析中，因为各级电路的输出电阻均为零，具有恒压特性，所以后级电路虽然是前级电路的负载，但是不影响前级电路的运算关系，故而对每级电路的分析和单级电路完全相同。

8.2.2　加法电路

如果要将两个电压 u_{s1}、u_{s2} 相加，可以利用图 8.2.6 所示的电路来实现，这个电路接成反相放大电路，显然，它是属于多端输入的电压并联负反馈电路。利用两虚概念：对反相输入节点可写出下面的方程式：

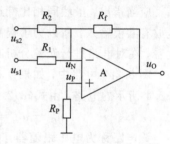

$$\frac{u_{s1} - u_N}{R_1} + \frac{u_{s2} - u_N}{R_2} = \frac{u_N - u_O}{R_f} \qquad (8.2.5a)$$

$$\frac{u_{s1}}{R_1} + \frac{u_{s2}}{R_2} = \frac{-u_O}{R_f} \qquad (8.2.5b)$$

由此得

图 8.2.6　加法电路

$$-u_O = \frac{R_f}{R_1} u_{s1} + \frac{R_f}{R_2} u_{s2} \qquad (8.2.5c)$$

这是加法运算的表达式，式中负号是因反相输入所引起的。若 $R_1 = R_2 = R_f$，则式(8.2.5c)变为

$$-u_O = u_{s1} + u_{s2} \qquad (8.2.5d)$$

如在图 8.2.6 的输出端再接一级反相器，则可消去负号，实现完全符合常规的算术加法。图 8.2.6 所示的加法电路可以扩展到多个输入电压相加。

对于多输入的电路，除了用上述节点电流法求解运算关系外，还可利用叠加原理，首先分别求出各输入电压单独作用时的输出电压，然后将它们相加，便得到所有信号共同作用时输出电压与输入电压的运算关系。

对于多输入电路，各信号源为运算电路提供的输入电流各不相同，表明从不同的输入端看进去的等效电阻不同，即输入电阻不同。

8.2.3　减法电路

1. 利用反相信号求和以实现减法运算

电路如图 8.2.7 所示，第一级为反相比例运算电路，若 $R_{f1} = R_1$，则 $u_{O1} = -u_{s1}$；第二级为反相加法电路，若 $R_2' = R_2$，可导出

比例求和运算放大电路

$$u_O = -\frac{R_{f2}}{R_2}(u_{O1} + u_{s2}) = \frac{R_{f2}}{R_2}(u_{s1} - u_{s2}) \tag{8.2.6a}$$

若 $R_2 = R_{f2}$，则式(8.2.6a)变为

$$u_O = u_{s1} - u_{s2} \tag{8.2.6b}$$

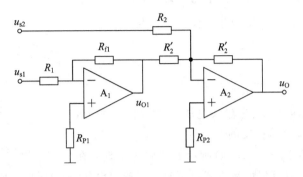

图 8.2.7　用加法电路构成的减法电路

反相输入结构的减法电路，由于出现"虚地"，放大电路没有共模信号，故允许 u_{s1}、u_{s2} 的共模电压范围较大，且输入阻抗较低。在电路中，为减小温漂，提高运算精度，同相端需加接平衡电阻。

2. 利用差动式电路以实现减法运算

图 8.2.8 是用来实现两个电压 u_{s1}，u_{s2} 相减的电路，从电路结构上来看，它是反相输入和同相输入相结合的放大电路。

在理想运放的情况下，由"虚短"得到 $u_P = u_N$，$u_1 = 0$，由"虚断"有 $i_1 = 0$，由此可得下列方程式：

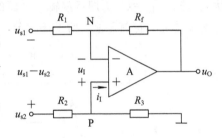

$$\frac{u_{s1} - u_N}{R_1} = \frac{u_N - u_O}{R_f} \tag{8.2.7}$$

图 8.2.8　减法电路

及

$$\frac{u_{s2} - u_P}{R_2} = \frac{u_P}{R_3} \tag{8.2.8}$$

注意 $u_N = u_P$，由式(8.2.7)解得 u_N，然后代入式(8.2.8)可得

$$u_O = \left(\frac{R_1 + R_f}{R_1}\right)\left(\frac{R_3}{R_2 + R_3}\right)u_{s2} - \frac{R_f}{R_1}u_{s1}$$

在上式中，如果选取电阻值满足 $R_f/R_1 = R_3/R_2$ 的关系，输出电压可简化为

$$u_O = \frac{R_f}{R_1}(u_{s2} - u_{s1}) \tag{8.2.9}$$

即输出电压 u_O 与两输入电压之差 $(u_{s1} - u_{s2})$ 成比例，所以图 8.2.8 所示的减法电路实际上就是一个差动式放大电路。当 $R_f = R_1$ 时，$u_O = u_{s2} - u_{s1}$。应当注意的是，由于电路存在共模电压，应当选用共模抑制比较高的集成运放，才能保证一定的运算精度。差动式放大电路除了可作为减法运算单元外，也可用于自动检测仪器中。性能更好的差动式放大电路可用多只集成运放来实现。

8.2.4 积分电路

积分电路如图 8.2.9 所示。利用"虚短"和"虚断"可得 $i_1=i_2=i$，$u_N=0$。电容 C 以电流 $i=u_s/R$ 进行充电。假设电容 C 初始电压为零，则

$$u_N - u_O = \frac{1}{C}\int i \, \mathrm{d}t = \frac{1}{C}\int i_1 \, \mathrm{d}t = \frac{1}{C}\int \frac{u_s}{R} \mathrm{d}t$$

或

$$u_O = -\frac{1}{RC}\int u_s \, \mathrm{d}t \qquad (8.2.10)$$

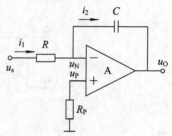

图 8.2.9　积分电路

上式表明，输出电压 u_O 为输入电压 u_s 对时间的积分，负号表示它们在相位上是相反的。

当输入信号 u_s 为图 8.2.10(a)所示的阶跃电压时，在它的作用下，电容将以近似恒流方式进行充电，输出电压 u_O 与时间 t 成近似线性关系，如图 8.2.10(b)所示。因此

$$u_O \approx -\frac{U_s}{RC}t = -\frac{U_s}{\tau}t \qquad (8.2.11)$$

式中，$\tau=RC$ 为积分时间常数。由图 8.2.10(b)可知，当 $t=\tau$ 时，$-u_O=U_s$。当 $t>\tau$，u_O 增大，直到 $-u_O=U_+$，即运放输出电压的最大值 U_+ 受直流电源电压的限制，致使运放进入饱和状态，u_O 保持不变，而停止积分。

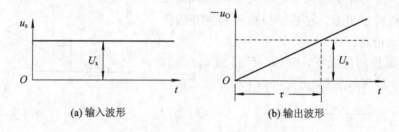

(a) 输入波形　　　　　　　(b) 输出波形

图 8.2.10　积分电路的阶跃响应

当应用图 8.2.9 所示的电路作积分运算时，由于集成运放输入失调电压、输入偏置电流和失调电流的影响，常常出现积分误差。例如，当 $u_s=0$ 时，$u_O\neq0$ 且做缓慢变化，形成输出误差电压。针对这种情况，可选用 U_{IO}、I_{IB}、I_{IO} 较小和低漂移的运放并在同相端接入可调平衡电阻，或选用输入级为场效应管的运放。

积分电容器 C 存在的漏电流也是产生积分误差的来源之一，选用泄漏电阻大的电容器，如薄膜电容器、聚苯乙烯电容器等可减少这种误差。

图 8.2.9 所示积分电路，可用来作为显示器的扫描电路及模-数转换器或作为数学模拟运算电路。

8.2.5 微分电路

将图 8.2.9 所示的积分电路中的电阻和电容元件对换位置，并选取比较小的时间常数 RC，便得到图 8.2.11 所示的微分电路。在这个电路中，同样存在虚地和虚断，即 $i_1=i_2=i$。

积分微分电路

设 $t=0$ 时，$u_C=0$，当信号电压 u_s 接入后，便有

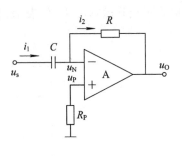

$$i_1 = C\frac{du_s}{dt}$$

$$u_N - u_O = i_2 R = i_1 R = RC\frac{du_s}{dt}$$

从而得

$$-u_O = RC\frac{du_s}{dt} \qquad (8.2.12)$$

图 8.2.11 微分电路

上式表明，输出电压正比于输入电压对时间的微分。

当输入电压 u_s 为阶跃信号时，考虑到信号源总存在内阻，在 $t=0$ 时，输出电压仍为一个有限值，随着电容器 C 的充电，输出电压 u_O 将逐渐地衰减，最后趋近于零，如图 8.2.12 所示。

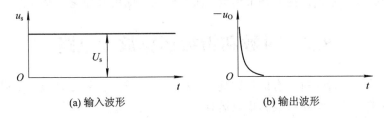

(a) 输入波形　　　　　　　　　　　　(b) 输出波形

图 8.2.12　微分电路电压波形

如果输入信号是 $u_s=\sin\omega t$，则输出信号 $u_O=-RC\omega\cos\omega t$。这个式子表明，$u_O$ 的输出幅度将随频率的增加而线性地增加。因此微分电路对高频噪声特别敏感，以致输出噪声可能完全淹没输出信号。

微分电路的应用是很广泛的，在线性系统中，除了可进行微分运算外，在脉冲数字电路中，常用来作波形变换。例如将矩形波变换为尖顶脉冲波。

下面对上述内容进行归纳与推广。

以上分析了比例、加法、减法、积分、微分等运算电路。在这些电路中，Z_1 和 Z_f 只是简单的 R、C 元件。一般说来，它们可以是 R、L、C 元件的串联或并联组合，应用拉氏变换，将 Z_1 和 Z_f 写成运算阻抗的形式 $Z_1(s)$、$Z_f(s)$，其中，s 为复频率变量。这样，电流的表达式就成为 $I(s)=U(s)/Z(s)$，而输出电压为

$$U_o(s) = -\frac{Z_f(s)}{Z_1(s)}U_s(s) \qquad (8.2.13)$$

这是运算放大电路的一般数学表达式。改变 $Z_1(s)$ 和 $Z_f(s)$ 的形式，即可实现各种不同的数学运算。

例如图 8.2.13(a) 是一种比较复杂的运算电路，它的传递函数为

$$A(s) = \frac{u_O(s)}{u_s(s)} = -\frac{R_f+\dfrac{1}{sC_f}}{\dfrac{\dfrac{R_1}{sC_1}}{R_1+\dfrac{1}{sC_1}}} = -\left(\frac{R_f}{R_1}+\frac{C_1}{C_f}+sR_fC_1+\frac{1}{sR_1C_f}\right) \qquad (8.2.14)$$

上式右侧括号内第一、二两项表示比例运算；第三项表示微分运算，因 $s=d/dt$；第四

项表示积分运算,因 $1/s$ 表示积分。图 8.2.13(b)表示在阶跃信号作用下的响应。

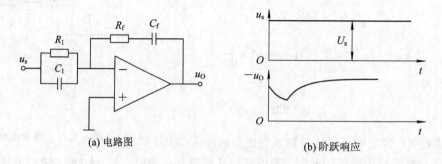

(a) 电路图   (b) 阶跃响应

图 8.2.13   比例-积分-微分运算

在自动控制系统中,比例-积分-微分运算经常用来组成 PID 调节器。在常规调节中,比例运算、积分运算常用来提高调节精度。而微分运算则用来加速过渡过程。

8.3   对数和指数运算放大电路

利用 PN 结伏安特性所具有的指数规律,将二极管或三极管分别接入集成运放的反馈回路和输入回路,可以实现对数和指数运算。

8.3.1   对数运算放大电路

实际上,如使 NPN 型半导体三极管的 $u_{CB}>0$(但接近于零),$u_{BE}>0$,则在一个相当宽广的范围内(例如 i_C 在 $10^{-9} \sim 10^{-8}$ A 之间),集电极电流 i_C 与基-射极电压 u_{BE} 之间具有较为精确的对数关系。

在反相运算放大电路中,若 $Z_1=R$,Z_f 为半导体三极管,便得图 8.3.1 所示电路。利用"虚地"的概念,有

$$i = i_C = \frac{u_s}{R} \qquad (8.3.1)$$

及

$$u_O = -u_{CE} = -u_{BE} \qquad (8.3.2)$$

与 PN 结的理想伏安特性方程相仿,半导体三极管的 i_C-u_{BE} 关系为

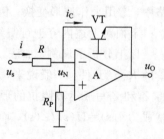

图 8.3.1   对数运算放大电路

$$i_C \approx i_E = I_{ES}(e^{u_{BE}/U_T} - 1) \approx I_{ES}e^{u_{BE}/U_T} \qquad (8.3.3)$$

上式中的近似等于是因为一般有 $u_{BE} \gg U_T$(在室温时,$U_T \approx 26$ mV)。I_{ES} 是发射结反向饱和电流。

由式(8.3.3)可得

$$u_{BE} = U_T \ln \frac{i_C}{I_{ES}} \qquad (8.3.4)$$

故由式(8.3.2)和式(8.3.4)得

$$u_O = -u_{BE} = -U_T \ln \frac{i_C}{I_{ES}}$$

$$=-U_T \ln \frac{u_s}{R} + U_T \ln I_{ES} \tag{8.3.5}$$

由上式可知，输出电压和输入电压成对数关系，输出电压的幅值不能超过 0.7 V。由于 U_T 和 I_{ES} 对温度敏感，故输出电压温漂是严重的。

为了克服温度的影响，可利用图 8.3.2 所示的电路来实现温度补偿。

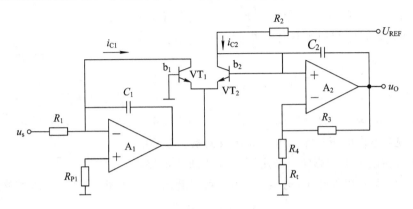

图 8.3.2　具有温度补偿的对数运算放大电路

图中 VT₁、VT₂ 为对称的两个三极管(以后简称对管)，运放 A₁ 及 VT₁ 管组成基本对数放大电路，运放 A₂ 及 VT₂ 管组成温度补偿电路。U_{REF} 为外加参考电压。对 VT₁ 和 VT₂ 分别有

$$u_{BE1} = U_T \ln \frac{i_{C1}}{I_{ES1}} \tag{8.3.6}$$

$$u_{BE2} = U_T \ln \frac{i_{C2}}{I_{ES2}} \tag{8.3.7}$$

由于 VT₁、VT₂ 为对管，$I_{ES1}=I_{ES2}$，因而由式(8.3.6)和式(8.3.7)有

$$u_{B2} = u_{BE2} - u_{BE1} = -U_T \ln \frac{i_{C1}}{i_{C2}} \tag{8.3.8}$$

由于

$$i_{C1} = \frac{u_s}{R_1} \tag{8.3.9}$$

和

$$i_{C2} = \frac{(U_{REF} - u_{B2})}{R_2} \approx \frac{U_{REF}}{R_2} \quad (\text{设 } U_{REF} \gg u_{B2}) \tag{8.3.10}$$

因而有

$$u_{B2} = -U_T \ln \frac{i_{C1}}{i_{C2}} \approx -U_T \ln \frac{u_s R_2}{U_{REF} R_1} \tag{8.3.11}$$

由图 8.3.2 可得输出电压为

$$u_O = -\left(1 + \frac{R_3}{R_4 + R_t}\right) U_T \ln \frac{u_s R_2}{U_{REF} R_1} \tag{8.3.12}$$

式(8.3.12)表示 u_O 与 $\ln u_s$ 为线性关系。式中虽然消除了 I_{ES} 的影响，但 u_O 中还有因子 U_T，而 U_T 与温度有关。若电路中的 R_t 具有正温度系数，由于负反馈作用，在一定温度范围

内可补偿 U_T 的温度影响。

此外，调节 R_3、R_4 的值可扩大输出电压，使之超过 0.7 V。电路中 C_1 和 C_2 用作频率补偿，以消除自激。

8.3.2 指数运算放大电路

如将图 8.3.1 中的 R 与半导体三极管 VT 的位置互换，便得到图 8.3.3 所示的电路。考虑到 $u_{BE} \approx u_s$，同样利用半导体三极管 i_C-u_{BE} 的关系，可得

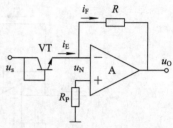

$$i_F \approx i_E = I_{ES} e^{u_s/U_T} \qquad (8.3.13)$$

及

$$u_O = -i_F R = -R I_{ES} e^{u_s/U_T} \qquad (8.3.14)$$

由此可见，输出电压与输入电压成指数关系。为了克服温度变化对输出电压的影响，采用图 8.3.4 所示电路，借助对管 VT_1、VT_2 以补偿 I_{ES} 的温漂。由图可以看出

图 8.3.3　指数运算放大电路

$$i_{C1} \approx i_{E1} = I_{ES1} e^{u_{BE1}/U_T}$$

$$i_{C2} \approx i_{E2} = I_{ES2} e^{u_{BE2}/U_T}$$

设 $I_{ES2} = I_{ES2} = I_{ES}$，则有

$$u_{B2} = \frac{R_4}{R_3 + R_4} u_s = u_{BE2} - u_{BE1} = U_T \left(\ln \frac{i_{C2}}{I_{ES}} - \ln \frac{i_{C1}}{I_{ES}} \right) \qquad (8.3.15)$$

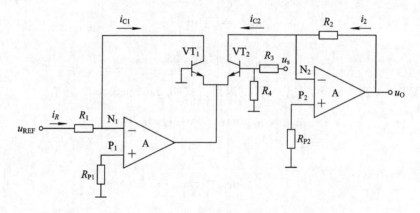

图 8.3.4　具有温度补偿的指数运算放大电路

考虑到 $i_{C2} \approx i_2 \approx u_O/R_2$ 和 $i_{C1} \approx i_R \approx U_{REF}/R_1$，因而式(8.3.15)可改写为

$$\frac{R_4}{R_3 + R_4} u_s = U_T \left(\ln \frac{u_O}{R_2 I_{ES}} - \ln \frac{U_{REF}}{R_1 I_{ES}} \right)$$

故

$$u_s = \frac{R_3 + R_4}{R_4} U_T \ln \frac{u_O R_1}{R_2 U_{REF}}$$

$$u_O = \frac{U_{REF} R_2}{R_1} e^{\frac{R_4 u_s}{(R_3 + R_4) U_T}} \qquad (8.3.16)$$

由式(8.3.16)可知，u_O 与 U_T 有关，仍是温度 T 的函数。为了克服温度的影响，通常将

R_4的一部分用具有负温度系数的热敏电阻代替,使其在一定的温度范围内补偿U_T的温度影响。

8.4 模拟乘法器

模拟乘法器除了自身能够实现两个模拟信号的乘法和平方运算外,还可以和其他电路相配合构成除法、开方、均方根等运算电路。

8.4.1 用对数函数网络构成的乘法器

在对数和指数运算的基础上,可以把乘法和除法的运算化简为对数的加法和减法运算,再进行指数运算就可实现乘除运算的目的。例如,对于表达式$u_X u_Y / u_Z$可写成

$$\frac{u_X u_Y}{u_Z} = \exp(\ln u_X + \ln u_Y - \ln u_Z) \tag{8.4.1}$$

显然,式(8.4.1)可以用三个对数放大电路和一个指数放大电路来实现。用来完成式(8.4.1)功能的电路可以有多种方案,其中一种典型的方案如图8.4.1所示。图中VT_1和A_1、VT_2和A_2、VT_3和A_3组成对数放大电路,VT_4和A_4组成指数放大电路。电路实现加减运算的原理。

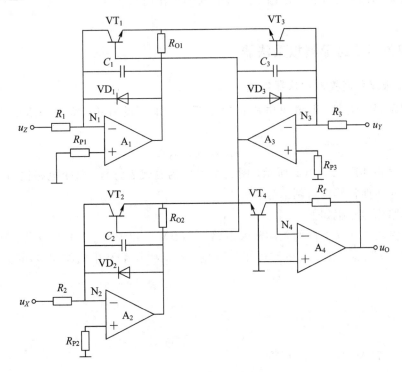

图 8.4.1 对数乘除法运算器

由VT_4、VT_2、VT_1和VT_3的发射结组成的闭合电路,具有如下的关系:

$$u_{BE4} - u_{BE2} + u_{BE1} - u_{BE3} = 0$$

或

$$u_{BE4} = u_{BE2} - u_{BE1} + u_{BE3} \tag{8.4.2}$$

由式(8.3.4)有 $u_{BE} = U_T \ln \dfrac{i_C}{I_{ES}}$，同时考虑到 $i_{C1} = \dfrac{u_Z}{R_1}$，$i_{C2} = \dfrac{u_X}{R_2}$，$i_{C3} = \dfrac{u_Y}{R_3}$ 和 $i_{C4} = \dfrac{u_O}{R_f}$，则由式(8.4.2)可导出

$$U_T \ln \frac{u_O}{I_{ES4} R_f} = U_T \ln \frac{u_X}{I_{ES2} R_2} - U_T \ln \frac{u_Z}{I_{ES1} R_1} + U_T \ln \frac{u_Y}{I_{ES3} R_3} \tag{8.4.3}$$

设 $I_{ES4} = I_{ES3} = I_{ES2} = I_{ES1} = I_{ES}$，则上式经整理后可得

$$u_O = \frac{R_1 R_f}{R_2 R_3} \cdot \frac{u_X u_Y}{u_Z} \tag{8.4.4}$$

式(8.4.4)说明，图 8.4.1 中 u_O 与 u_X、u_Y 和 u_Z 之间具有比例、乘除运算关系，$(R_1 R_f)/(R_2 R_3)$ 为比例系数。若电路参数满足 $(R_1 R_f)/(R_2 R_3) = 1$，则式(8.4.4)变为

$$u_O = \frac{u_X u_Y}{u_Z} \tag{8.4.5}$$

式(8.4.4)和式(8.4.5)表明，u_O 与 I_{ES} 和 U_T 无关，亦即该电路中不必加温度补偿电路。但应注意，该电路要求所有的输入电压必须为正值才能正常工作，因而称为一象限乘法器。

此外，在图 8.4.1 所示的电路中，为防止对数放大电路自激，均加有频率补偿电容；各个二极管是起保护作用的，电阻 R_{O1}、R_{O2} 起隔离作用。

8.4.2 四象限变跨导模拟乘法器

1. 四象限双平衡模拟乘法器电路

所谓四象限乘法器，即输出电压正比于两输入电压的乘积，而与输入电压的极性无关，即

$$u_O = K u_X u_Y \tag{8.4.6}$$

其原理电路如图 8.4.2(a)所示，图 8.4.2(b)为其代表符号。整个电路包括双平衡模拟乘法电路和非线性补偿网络两部分。

现将电路原理介绍如下。

该电路由两个并联工作的差动放大电路 VT_1、VT_2 和 VT_3、VT_4，以及有内部电流负反馈的 VT_5、VT_6 管组成。由电路可知，若 $I_{ES2} = I_{ES1} = I_{ES}$，利用式(8.3.4)的关系可得

$$\frac{i_{C1}}{i_{C2}} = \mathrm{e}^{(u_{BE1} - u_{BE2})/U_T} = \mathrm{e}^{u_1/U_T} \tag{8.4.7}$$

和

$$i_{C1} + i_{C2} = i_{C5} \tag{8.4.8}$$

由式(8.4.7)及式(8.4.8)可得

$$i_{C1} = \frac{\mathrm{e}^{u_1/U_T}}{\mathrm{e}^{u_1/U_T} + 1} i_{C5}, \quad i_{C2} = \frac{i_{C5}}{\mathrm{e}^{u_1/U_T} + 1} \tag{8.4.9}$$

因此有

$$i_{C1} - i_{C2} = i_{C5} \frac{\mathrm{e}^{u_1/U_T} - 1}{\mathrm{e}^{u_1/U_T} + 1} = i_{C5} \, \mathrm{th} \frac{u_1}{2U_T} \tag{8.4.10}$$

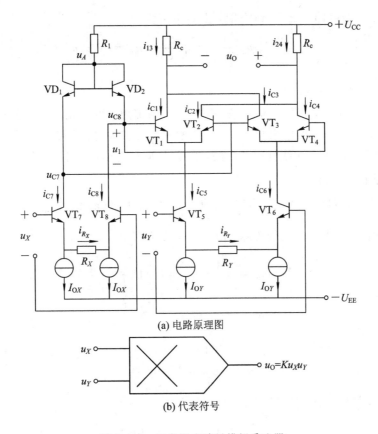

(a) 电路原理图

$$u_O = K u_X u_Y$$

(b) 代表符号

图 8.4.2　四象限变跨导模拟乘法器

同理可得

$$i_{C4} - i_{C3} = i_{C6}\ \text{th}\ \frac{u_1}{2U_T} \tag{8.4.11}$$

VT_5、VT_6 发射极电流由两个电流源提供，设流过 R_Y 的电流为 i_{R_Y}，由图可得

$$i_{C5} = I_{OY} + i_{R_Y}$$
$$i_{C6} = I_{OY} - i_{R_Y}$$

因此

$$i_{C5} - i_{C6} = 2i_{R_Y} \tag{8.4.12}$$

设 VT_5、VT_6 的发射结电阻远小于 R_Y，可以忽略，则有

$$i_{R_Y} \approx \frac{u_Y}{R_Y} \tag{8.4.13}$$

因而在图中假定正向的条件下，输出电压 u_O 为

$$u_O = (i_{13} - i_{24})R_C = \big[(i_{C1} - i_{C2}) - (i_{C4} - i_{C3})\big]R_C \tag{8.4.14}$$

考虑式(8.4.10)和式(8.4.11)的关系，有

$$u_O = (i_{C5} - i_{C6})R_C\ \text{th}\ \frac{u_1}{2U_T}$$

由式(8.4.12)和式(8.4.13)可得

$$u_O = 2\frac{R_C}{R_Y}u_Y\ \text{th}\ \frac{u_1}{2U_T} \tag{8.4.15}$$

当电压 $u_1 \ll 2U_T$（即 $u_1 \ll 52$ mV）时，上式可简化为

$$u_O \approx 2\frac{R_C}{R_Y}u_Y\frac{u_1}{2U_T} = \frac{R_C}{R_YU_T}u_1u_Y = K_1u_1u_Y \qquad (8.4.16)$$

式中，$K_1 = \dfrac{R_C}{R_YU_T}$。

由式(8.4.16)可知，当输入信号较小时，可得到理想的相乘功能。u_1 或 u_Y 均可取正或负极性，故图 8.4.2 具有四象限乘法功能。当输入信号较大时，会带来严重的非线性影响。为此，在 u_1 信号之前加一非线性补偿电路，以扩大输入信号的线性范围。

2. 非线性补偿电路

电路由 VD_1、VD_2 和 VT_7、VT_8 组成，如图 8.4.2(a)的左边所示。根据 $u_{BE} = U_T\ln\dfrac{i_C}{I_{ES}}$，同时用 u_D 表示二极管压降，由图 8.4.2 可写出

$$u_{D1} = u_A - u_{C7} = U_T\ln\frac{i_{D1}}{I_{ES}}$$

$$u_{D2} = u_A - u_{C8} = U_T\ln\frac{i_{D2}}{I_{ES}}$$

则

$$u_{C8} - u_{C7} = U_T\ln\frac{i_{D1}}{i_{D2}} \qquad (8.4.17)$$

假设 VT_7、VT_8 的 $\beta \gg 1$，则

$$i_{D1} = i_{C7} = I_{OX} + i_{R_X} \approx I_{OX} + \frac{u_X}{R_X} \qquad (8.4.18)$$

$$i_{D2} = i_{C8} = I_{OX} - i_{R_X} \approx I_{OX} - \frac{u_X}{R_X} \qquad (8.4.19)$$

由式(8.4.17)、式(8.4.18)和式(8.4.19)可得

$$u_{C8} - u_{C7} = U_T\ln\frac{1 + \dfrac{u_X}{I_{OX}R_X}}{1 - \dfrac{u_X}{I_{OX}R_X}} \qquad (8.4.20)$$

利用双曲正切反函数与对数的关系，并注意 $u_{C8} - u_{C7} = u_1$，则式(8.4.20)可改写为

$$u_1 = 2U_T\,\text{arcth}\,\frac{u_X}{I_{OX}R_X} \qquad (8.4.21a)$$

当 $u_X \ll I_{OX}R_X$ 时

$$u_1 = 2U_T\frac{u_X}{I_{OX}R_X} \qquad (8.4.21b)$$

3. 乘法器电路输出特性

将式(8.4.21b)代入式(8.4.16)，可求得乘法器电路的输出电压为

$$u_O = \left(\frac{R_C}{R_YU_T}u_Y\right)\left(2U_T\frac{u_X}{I_{OX}R_X}\right) = \frac{2R_C}{I_{OX}R_XR_Y}u_Xu_Y = Ku_Xu_Y \qquad (8.4.22)$$

式中，$K = 2R_C/(I_{OX}R_XR_Y)$，一般通过改变 I_{OX} 调节它的值。

综上分析可知：

（1）输出电压 u_O 与两输入电压 u_X、u_Y 的乘积成正比；

（2）u_O 与温度无关，因此温度稳定性较好；

（3）输入信号的动态范围仍受限制，根据双曲正切反函数的性质可知 $u_X/(I_{OX}R_X)<1$，所以输入信号电压的极限值为 $u_{Xmax}<I_{OX}R_X$。

4. 模拟乘法器的应用

将集成模拟乘法器和运算放大器相结合，通过各种不同的外接电路，可组成除法、开方及平方等运算电路，还可组成各种函数发生器、调制解调器和锁相环电路。下面介绍几种基本的应用电路。

1）除法运算电路

图 8.4.3 为除法运算电路。利用"虚短"和"虚断"有

$$\frac{u_{X1}}{R_1} + \frac{u_2}{R_2} = 0 \qquad (8.4.23)$$

由乘法器的功能，有下列关系：

$$u_2 = K u_O u_{X2} \qquad (8.4.24)$$

代入式(8.4.23)得

$$u_O = -\frac{R_2}{KR_1} \cdot \frac{u_{X1}}{u_{X2}} \qquad (8.4.25)$$

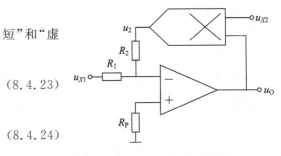

图 8.4.3　除法运算电路

应当指出，在图 8.4.3 中，只有当 u_{X2} 为正极性时，才能保证运算放大器处于负反馈工作状态，而 u_{X1} 则可正可负，故属二象限除法器。若 u_{X2} 为负值，可在反馈电路中引入一反相器。

2）开平方电路

电路如图 8.4.4 所示，根据"虚短"和"虚断"有

$$\frac{u_2}{R} + \frac{u_1}{R} = 0 \quad 或 \quad u_2 = -u_1$$

又根据乘法器电路得

$$K u_O^2 = u_2 = -u_1$$

所以

$$u_O = \sqrt{-\frac{u_1}{K}} \qquad (8.4.26)$$

由式(8.4.26)可知，输入电压必须为非正值。若 u_1 为正电压，则无论 u_O 是正或负，乘法器输出电压 u_2 均为正值，导致运放的反馈极性变正，使运放不能正常工作，所以必须将乘法器输出电压 u_2 经过一反相器 A_2 加到运放 A_1 输入端。

电路如图 8.4.5 所示，由图可知

$$u_O = \sqrt{\frac{R_2}{KR_1} u_1} \qquad (8.4.27)$$

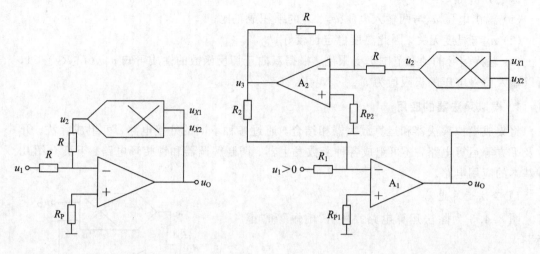

图 8.4.4　负电压开平方运算电路　　　　　图 8.4.5　正电压平方根运算电路

同理，运算放大器的反馈电路中串入多个乘法器就可以得到开高次方运算电路。图 8.4.6 是利用两个乘法器组成的开立方运算电路，其输出电压为

$$u_{\mathrm{O}} = \sqrt[3]{-\dfrac{u_1}{K^2}} \qquad\qquad (8.4.28)$$

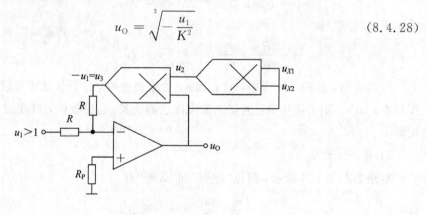

图 8.4.6　开立方运算电路

8.5　有源滤波电路

滤波电路是一种能使有用频率信号通过而同时抑制(或大为衰减)无用频率信号的电子装置。工程上常用它来完成信号处理、数据传送和干扰抑制等。这里主要是讨论模拟滤波电路，以往这种滤波电路主要采用无源元件 R、L 和 C 组成，20 世纪 60 年代以来，集成运放获得了迅速发展，由它和 R、C 组成的有源滤波电路，具有不用电感、体积小、重量轻等优点。此外，由于集成运放的开环电压增益和输入阻抗均很高，输出阻抗又低，因此构成有源滤波电路后还具有一定的电压放大和缓冲作用。但是，集成运放的带宽有限，所以目前有源滤波电路的工作频率仅可达 1 MHz 左右，这是它的不足之处。

通常把能够通过滤波器的信号频率范围定义为通带，而把受阻或衰减的信号频率范围称为阻带，通带和阻带的界限频率叫做截止频率。

按照通带和阻带的相互位置不同，滤波电路通常可分为以下几类：

(1) 低通滤波电路(LPF)：其幅频响应如图 8.5.1(a)所示。图中 A_0 表示低频增益，$|A|$ 为增益的幅值。由图可知，它的功能是通过从零到某一截止角频率 ω_H 的低频信号，而对大于 ω_H 的所有频率则完全衰减，因此其带宽 $B_W = f_H = \omega_H/(2\pi)$。

(2) 高通滤波电路(HPF)：其幅频响应如图 8.5.1(b)所示。由图可以看到，在 $0 < \omega < \omega_L$ 范围内的频率为阻带，高于 ω_L 的频率为通带。从理论上来说，它的带宽 $B_W = \infty$，但实际上由于受有源器件带宽的限制，高通滤波电路的带宽也是有限的。

(3) 带通滤波电路(BPF)：其幅频响应如图 8.5.1(c)所示。图中 ω_L 为下限截止角频率，ω_H 为上限截止角频率，ω_0 为中心角频率。由图可知，它有两个阻带，即 $0 < \omega < \omega_L$ 和 $\omega > \omega_H$，因此带宽 $B_W = f_H - f_L = (\omega_H - \omega_L)/(2\pi)$。

(4) 带阻滤波电路(BEF)：其幅频响应如图 8.5.1(d)所示。由图可知，它有两个通带，即 $0 < \omega < \omega_H$ 和 $\omega > \omega_L$；一个阻带，即 $\omega_H < \omega < \omega_L$。因此它的功能是衰减 ω_L 到 ω_H 间的信号。同高通滤波电路相似，由于受有源器件带宽的限制，通带 $\omega > \omega_L$ 也是有限的。带阻滤波电路抑制频带中点所在角频率 ω_0 也叫中心角频率。

前面介绍的是滤波电路的理想情况，进一步讨论会发现，各种滤波电路的实际频率响应特性与理想情况是有差别的，设计者的任务是力求向理想特性逼近。

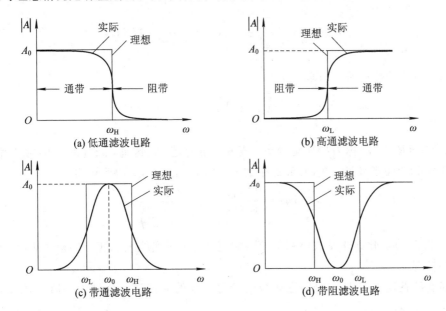

图 8.5.1　各种滤波电路的理想幅频响应

8.5.1　一阶有源滤波电路

如果在一阶无源 RC 低通滤波电路的输出端再加上一个电压跟随器，使之与负载很好地隔离开来，就构成了一个简单的一阶有源低通滤波电路。由于电压跟随器的输入阻抗很高，输出阻抗很低，因此，带负载能力得到加强。如果希望电路不仅具有滤波功能，而且能起放大作用，则只要将电路中的电压跟随器改为同相比例放大电路即可，如图 8.5.2(a)所示。下面介绍它的性能。

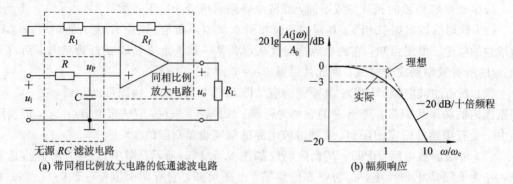

图 8.5.2　一阶低通滤波电路

由图 8.5.2(a)知，低通滤波电路的通带电压增益 A_0 是 $\omega=0$ 时输出电压 u_o 与输入电压 u_i 之比，对于图 8.5.2(a)来说，通带电压增益 A_0 等于同相比例放大电路的电压增益 A_{uf}，即

$$A_0 = A_{uf} = 1 + \frac{R_f}{R_1}$$

根据对低通滤波器的分析可得

$$U_P(s) = \frac{\frac{1}{sC}}{R + \frac{1}{sC}} U_i(s) = \frac{1}{1+sRC} U_i(s) \tag{8.5.1}$$

这样，电路的传递函数可表示为

$$A(s) = \frac{U_o(s)}{U_i(s)} = A_{uF} \frac{1}{1+\frac{s}{\omega_c}} = \frac{A_0}{1+\frac{s}{\omega_c}} \tag{8.5.2}$$

式中，$\omega_c = 1/(RC)$，ω_c 称为特征角频率。值得指出的是，在这里，ω_c 就是 3 dB 截止角频率。

对于实际的频率来说，式(8.5.2)中的 s 可用 $s=\mathrm{j}\omega$ 代入，由此可得

$$A(\mathrm{j}\omega) = \frac{U_o(\mathrm{j}\omega)}{U_i(\mathrm{j}\omega)} = \frac{A_0}{1+\mathrm{j}\left(\frac{\omega}{\omega_c}\right)} \tag{8.5.3}$$

图 8.5.2(b)是此低通滤波电路的幅频响应，其中粗实线表示实际的幅频响应，虚线表示理想的情况。

上述有源低通滤波电路的传递函数的分母为 s 的一次幂，故称为一阶有源低通滤波电路。

一阶高通滤波电路可由图 8.5.2(a)的 R 和 C 交换位置来组成，这里不再赘述。

由上述分析可知，一阶滤波电路的滤波效果还不够好，因为从图 8.5.2(b)所示的幅频响应来看，它的衰减率只是 －20 dB/十倍频。若要求响应曲线以 －40 dB/十倍频或 －60 dB/十倍频的斜率变化，则需采用二阶、三阶或更高阶次的滤波电路。实际上，高于二阶的滤波电路都可以由一阶和二阶有源滤波电路构成。因此，下面就重点研究二阶有源滤波电路的组成和特性。

8.5.2 二阶有源滤波电路

1. 二阶有源低通滤波电路

二阶有源低通滤波电路如图 8.5.3 所示，它由两个 RC 滤波电路和同相比例放大电路组成。由于 C_1 接到集成运放的输出端，形成正反馈，使电压放大倍数在一定程度上受输出电压的控制，且输出电压近似为恒压源，所以又称为二阶压控电压源低通滤波电路。虽然电路中由 C_1 引入了正反馈，但是当信号频率趋于零时，由于 C_1 的容抗趋于无穷大，正反馈作用很弱，因而对电压放大倍数的影响很小；当信号频率趋于无穷大时，由于 C_2 的容抗很小，使集成运放同相输入端的信号很小，输出电压必然很小，反馈作用也很弱，因而对放大倍数的影响也很小。所以，只要参数选择合适，就可以使 $\omega = \omega_c$ 附近的电压放大倍数因正反馈而得到提高，从而使电路更接近于理想的低通滤波电路。

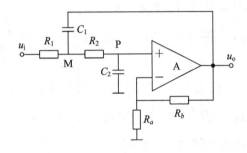

图 8.5.3　压控电压源低通滤波电路

同相比例放大电路的电压放大倍数就是低通滤波电路的通带电压放大倍数，即

$$A_0 = A_{uf} = 1 + \frac{R_b}{R_a} \tag{8.5.4}$$

设 $C_1 = C_2 = C$，对于节点 M，应用 KCL 可得

$$\frac{U_i(s) - U_M(s)}{R} = \frac{U_M(s) - U_o(s)}{\frac{1}{sC}} + \frac{U_M(s) - U_P(s)}{R} \tag{8.5.5}$$

P 点电流方程为

$$\frac{U_M(s) - U_P(s)}{R} = \frac{U_P(s)}{\frac{1}{sC}} \tag{8.5.6}$$

式(8.5.4)～式(8.5.6)联立求解，可得电路的传递函数为

$$A(s) = \frac{U_o(s)}{U_i(s)} = \frac{A_{uf}}{1 + (3 - A_{uf})sCR + (sCR)^2} \tag{8.5.7}$$

令

$$\omega_c = \frac{1}{RC} \tag{8.5.8}$$

$$Q = \frac{1}{3 - A_{uf}} \tag{8.5.9}$$

则有

$$A(s) = \frac{A_{uf}\omega_c^2}{s^2 + \frac{\omega_c}{Q}s + \omega_c^2} = \frac{A_0\omega_c^2}{s^2 + \frac{\omega_c}{Q}s + \omega_c^2} \tag{8.5.10}$$

式(8.5.10)为二阶低通滤波电路传递函数的典型表达式。其中 ω_c 为特征角频率，而 Q 则称为等效品质因数。

为了求出二阶有源低通滤波电路的频率响应，可令式(8.5.10)中的 $s=j\omega$，由此可求得其幅频响应和相频响应分别为

$$|A(j\omega)| = \frac{A_0}{\sqrt{\left[1 - \left(\frac{\omega}{\omega_c}\right)^2\right]^2 + \frac{\omega^2}{\omega_c^2 Q^2}}} \tag{8.5.11}$$

$$\varphi(\omega) = -\arctan\frac{\omega/(Q\omega_c)}{1 - (\omega/\omega_c)^2} \tag{8.5.12}$$

设纵坐标用归一化后的幅值取对数表示，即

$$20\lg\left|\frac{A(j\omega)}{A_0}\right| = -10\lg\left\{\left[1 - \left(\frac{\omega}{\omega_c}\right)^2\right]^2 + \frac{\omega^2}{\omega_c^2 Q^2}\right\} \tag{8.5.13}$$

由式(8.5.13)可求出不同 Q 值下的幅频响应，如图 8.5.4 所示。由图可知，当 $Q=0.707$ 时，幅频响应最平坦；而当 $Q>0.707$ 时，将出现峰值。由图还可看到，当 $\omega/\omega_c=1$ 和 $Q=0.707$ 情况下，$20\lg\left|\frac{A(j\omega)}{A_0}\right|=-3$ dB；而 $\omega/\omega_c=10$ 时，$20\lg\left|\frac{A(j\omega)}{A_0}\right|=-40$ dB。显然，它比一阶低通滤波电路的滤波效果要好得多。

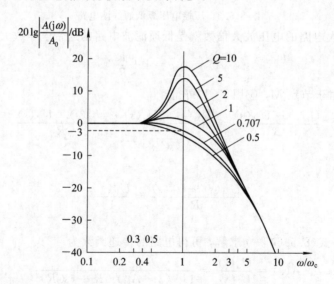

图 8.5.4　不同 Q 值时的二阶低通滤波电路的幅频特性

2. 二阶有源高通滤波电路

高通滤波电路与低通滤波电路具有对偶性，将低通电路中的电容换成电阻，电阻替换成电容，就可以得到各种高通滤波电路。图 8.5.5 所示为压控电压源二阶高通滤波电路。

设 $C_1=C_2$，$R_1=R_2$，由图可导出其传递函数为

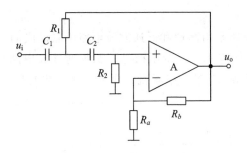

图 8.5.5 压控电压源高通滤波电路

$$A(s) = \frac{A_{uf} s^2}{s^2 + \frac{\omega_c}{Q} s + \omega_c^2} = \frac{A_0 s^2}{s^2 + \frac{\omega_c}{Q} s + \omega_c^2} \tag{8.5.14}$$

式中，$\omega_c = \dfrac{1}{RC}$，$Q = \dfrac{1}{3 - A_{uf}}$。

式(8.5.14)为二阶高通滤波电路传递函数的典型表达式，同低通滤波电路相似，可写出高通滤波电路的频响特性方程为

$$A(j\omega) = \frac{-A_0 \omega^2}{\omega_c^2 - \omega^2 + j \frac{\omega_c \omega}{Q}} \tag{8.5.15}$$

归一化的对数幅频响应为

$$20 \lg \left| \frac{A(j\omega)}{A_0} \right| = 20 \lg \frac{1}{\sqrt{\left[\left(\frac{\omega_c}{\omega} \right)^2 - 1 \right]^2 + \left(\frac{\omega_c}{\omega Q} \right)^2}} \tag{8.5.16}$$

由此可得其幅频响应曲线，如图 8.5.6 所示。由图可知，若 $Q = 0.707$，则 3 dB 截止频率 $\omega = \omega_c$。而幅频响应以 40 dB/十倍频的斜率上升，比一阶高通滤波电路要好得多。

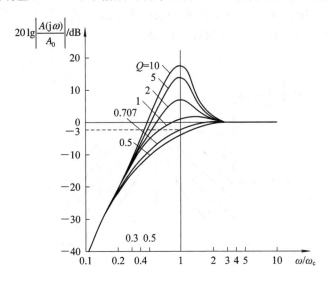

图 8.5.6 不同 Q 值时的二阶高通滤波电路的幅频特性

3. 带通滤波电路

可以认为带通滤波电路是由高通和低通滤波电路串联而成的，两者覆盖的通带就提供了一个带通响应。图 8.5.7 表示了二阶压控电压源带通滤波电路。图中，R_1、C_1 组成低通网络，C_2、R_3 组成高通网络，两者相串联就组成了带通滤波电路。

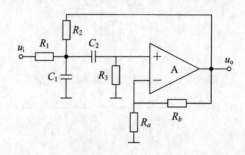

图 8.5.7　二阶压控电压源带通滤波电路

设 $R_2 = R$，$R_3 = 2R$，由 KCL 列出方程，可以导出带通滤波电路的传递函数为

$$A(s) = \frac{A_{uf} sCR}{1 + (3 - A_{uf}) sCR + (sCR)^2} \tag{8.5.17}$$

式中，A_{uf} 为同相比例电路的电压放大倍数，同样要求 A_{uf} 小于 3，电路才能稳定地工作。

令

$$A_0 = \frac{A_{uf}}{3 - A_{uf}}, \quad \omega_0 = \frac{1}{RC}, \quad Q = \frac{1}{3 - A_{uf}}$$

$$A(s) = \frac{A_0 \dfrac{1}{Q} s\omega_0}{s^2 + \dfrac{\omega_0}{Q} s + \omega_0^2} = \frac{A_0 \dfrac{1}{Q} \dfrac{s}{\omega_0}}{\left(\dfrac{s}{\omega_0}\right)^2 + \dfrac{1}{Q} \dfrac{s}{\omega_0} + 1} \tag{8.5.18}$$

式(8.5.18)为二阶带通滤波电路传递函数的典型表达式，其中 ω_0 称为中心频率。令 $s = j\omega$，根据式(8.5.18)，不难求出其幅频响应曲线，如图 8.5.8 所示。由图可知，Q 值越高，通带越窄。

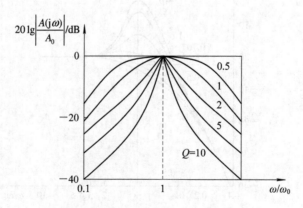

图 8.5.8　图 8.5.7 所示电路的幅频特性

此外，已知 Q 和 ω_0，利用 $B_w = \omega_0/(2\pi Q) = f_0/Q$，可计算出带通滤波电路的带宽。

综上分析可知，压控电压源有源带通滤波电路的 A_{uf} 变化，既影响通带增益，又影响滤波特性；而中心角频率 ω_0 与通带增益无关。另外，电路的 Q 值不能太大，否则会产生振荡。

4. 双 T 带阻滤波电路

前面已经指出，与带通滤波电路相反，带阻滤波电路用来抑制或衰减某一频段的信号，而让该频段以外的所有信号通过。这种滤波电路经常用于电子系统抗干扰。

如何实现带阻滤波电路的功能呢？显然，如果从输入信号中减去带通滤波电路处理过的信号，就可得到带阻信号。这是实现带阻滤波的思路之一，读者可自行分析。这里要讨论的是另一种方案，即双 T 带阻滤波电路，电路如图 8.5.9 所示。

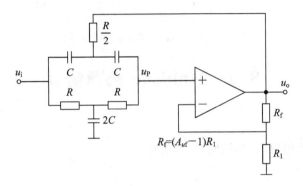

图 8.5.9　双 T 带阻滤波电路

由节点导纳方程不难导出电路的传递函数为

$$A(s) = \frac{U_o(s)}{U_i(s)} = \frac{A_{uf}\left[1 + \left(\dfrac{s}{\omega_c}\right)^2\right]}{1 + 2(2 - A_{uf})\dfrac{s}{\omega_c} + \left(\dfrac{s}{\omega_c}\right)^2}$$

或

$$A(j\omega) = \frac{A_{uf}\left[1 + \left(\dfrac{j\omega}{\omega_c}\right)^2\right]}{1 + 2(2 - A_{uf})\dfrac{j\omega}{\omega_c} + \left(\dfrac{j\omega}{\omega_c}\right)^2}$$

$$= \frac{A_{uf}\left[1 + \left(\dfrac{j\omega}{\omega_c}\right)^2\right]}{1 + \dfrac{1}{Q} \cdot \dfrac{j\omega}{\omega_0} + \left(\dfrac{j\omega}{\omega_0}\right)^2} \tag{8.5.19}$$

式中，$\omega_c = 1/(RC)$，$A_{uf} = A_0 = 1 + \dfrac{R_f}{R_1}$，$Q = \dfrac{1}{2(2 - A_{uf})}$。

如果 $A_{uf} = 1$，则 $Q = 0.5$，增加 A_{uf}，Q 将随之升高。当 A_{uf} 趋近于 2 时，Q 趋向无穷大。因此，A_{uf} 愈接近 2，$|\dot{A}|$ 愈大，可使带阻滤波电路的选频特性愈好，即阻断的频率范围愈窄。带阻滤波电路的幅频特性如图 8.5.10 所示。

这种电路的优点是所用元件少，但滤波性能受元件参数变化影响大。应用有源文氏带阻滤波电路即可克服这个缺点。

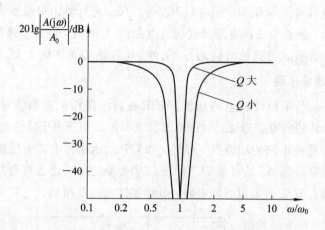

图 8.5.10 带阻滤波电路的幅频特性

8.6 Multisim 例题仿真

1. 题目

集成运算放大器的应用(线性应用)与仿真。

2. 仿真电路

研究由集成运算放大器组成的比例、加法、减法和积分等基本运算电路的功能,其仿真电路下面将依次介绍。

3. 仿真内容

1) 反相比例运算电路

反相比例运算电路如图 8.6.1 所示,输入交流电压有效值为 $U_1 = 10$ mV, $R_1 = 100$ kΩ, $R_2 = 10$ kΩ, $R_3 = R_1 /\!/ R_2 = 9.1$ kΩ。由虚短和虚断可得

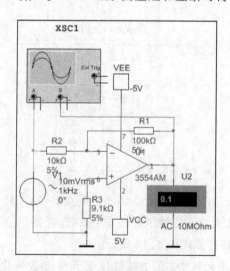

图 8.6.1 反相比例运算电路

$$U_o = -\frac{R_1}{R_2}U_i$$

$$U_o = -10U_i = -0.1 \text{ V}$$

仿真结果(图 8.6.2)与理论计算一致,输出信号与输入信号相位相反,电压增益为-10。

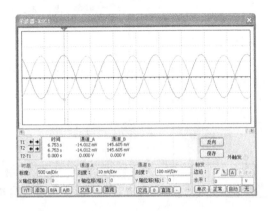

图 8.6.2　反相比例运算电路仿真结果

2) 反相加法运算电路

反向加法运算电路如图 8.6.3 所示,输入直流电压有效值为 $U_1 = 100 \text{ mV}$, $U_2 = 200 \text{ mV}$, $R_1 = 10 \text{ k}\Omega$, $R_2 = 10 \text{ k}\Omega$。反馈电阻 $R_f = R_4 = 100 \text{ k}\Omega$, 则

$$U_o = -\left(\frac{R_f}{R_1}U_1 + \frac{R_f}{R_2}U_2\right)$$

$U_o = -3 \text{ V}$, 仿真结果为-2.989 V, 与理论计算的误差只有 0.37%, 忽略误差, 则仿真结果与理论计算一致。

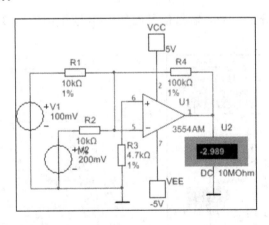

图 8.6.3　反相加法运算电路

3) 同相比例运算电路

同相比例运算电路如图 8.6.4 所示,输入交流电压有效值为 $U = 10 \text{ mV}$, $R_f = R_1 = 100$ kΩ, $R_2 = 10 \text{ k}\Omega$, 则

$$U_o = \left(1 + \frac{R_f}{R_2}\right)U_i$$

理论计算：

$$U_{\circ} = 0.11 \text{ V}$$

仿真结果（图8.6.5）与理论分析一致，输出信号与输入信号同相位，电压增益为11。

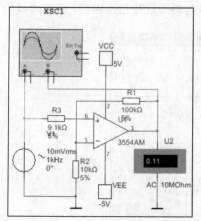

图 8.6.4　同相比例运算电路

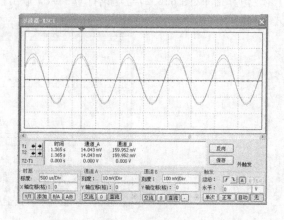

图 8.6.5　同相比例运算电路仿真结果

4）求差电路

求差电路如图8.6.6所示，电阻阻值 $R_1 = R_3 = 10 \text{ k}\Omega$，$R_2 = R_4 = 100 \text{ k}\Omega$，输入信号电压有效值 $U_1 = -U_2 = 10 \text{ mV}$，则

$$U_{\circ} = \left(\frac{R_2}{R_1} U_2 - \frac{R_4}{R_3} U_1 \right)$$

理论计算：

$$U_{\circ} = 0.2 \text{ V}$$

仿真结果与理论分析一致，输出信号与输入信号相位如图8.6.7所示，电压增益为10。

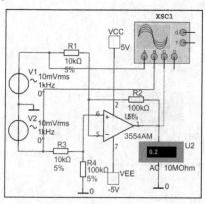

图 8.6.6　求差电路

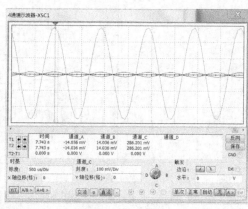

图 8.6.7　输入输出波形

5）积分电路

积分电路如图8.6.8所示。

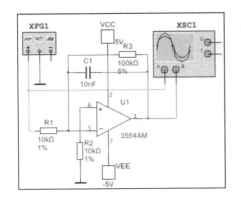

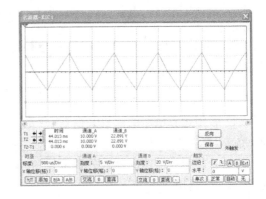

图 8.6.8　积分电路　　　　　　　　图 8.6.9　积分电路的输入输出波形

仿真结果与理论分析一致，当输入为方波时，输出为三角波，如图 8.6.9 所示。

4. 仿真结果

仿真结果与理论分析一致。

5. 结论

由仿真可见，由运算放大器构成比例、加法、减法和积分等基本运算电路结构简单、设计容易、性能稳定、带负载能力强。

本 章 小 结

重点例题详解

本章主要介绍了集成运放的应用电路，包括信号的运算电路及信号的处理电路，信号的运算电路包括基本运算电路、对数和反对数运算电路及模拟乘法器。信号的处理电路主要为有源滤波电路

所谓运放的"线性应用"，是指运放工作在线性状态，其条件是必须引入深度负反馈。理想运放工作在线性状态时，具有"虚短"和"虚断"的特点，这是分析运放线性应用电路的一种基本方法。

在运算电路中，比例、加减运算电路的输出与输入关系是线性关系；而积分、微分、对数和反对数以及乘除运算电路的输出与输入之间是非线性关系，但运放本身工作在线性区。对于含有电容的积分和微分电路，可运用拉氏变换的分析方法，先求出电路的传递函数，再进行拉氏反变换，求得输出与输入的函数关系。

集成模拟乘法器作为一种重要的信号处理功能器件，用途极为广泛。除完成各种运算功能外，更多地用在信息工程领域的频率变换技术中。

滤波电路的作用实质上是选频，在无线电通信及自动测量与控制系统中，常被用于数据传送及抑制干扰等。根据幅频响应不同，可将其分为低通、高通、带通、带阻和全通滤波电路。有源滤波电路通常是由运放和 RC 反馈网络构成的电子系统。其中 RC 元件的参数值决定着低通或高通滤波电路的通带截止频率以及带通或带阻滤波电路的中心频率。集成运放的作用是提高通带电压放大倍数和带负载能力，要求它具有放大能力，因此必须工作在线性区，从电路结构上看，通常引入一个深度负反馈。高阶滤波电路一般都可由一阶和二阶有源滤波电路组成，而二阶滤波电路传递函数的基本形式是一致的。

习　　题

8.1　选择正确答案填空：

(1) 希望运算电路的函数关系是 $y = a_1 x_1 + a_2 x_2 + a_3 x_3$（其中 a_1、a_2 和 a_3 是常数，且均为负值），应选用_____。

(2) 希望运算电路的函数关系是 $y = b_1 x_1 + b_2 x_2 - b_3 x_3$（其中 b_1、b_2 和 b_3 是常数，且均为正值），应选用_____。

(3) 希望接通电源后，输出电压随时间线性上升，应选用_____。

A. 比例电路　　　　B. 反相加法电路　　　　C. 加减运算电路　　　　D. 模拟乘法器

E. 积分电路　　　　F. 微分电路

(4) 在下列各种情况下，应分别采用哪种类型的滤波电路？

① 抑制 50 Hz 交流电源的干扰，选用_____。

② 处理具有 1 Hz 固定频率的有用信号，选用_____。

③ 从输入信号中取出低于 2 kHz 的信号，选用_____。

④ 抑制频率为 100 kHz 以上的高频干扰，选用_____。

A. 低通　　　　　　B. 高通　　　　　　C. 带通　　　　　　D. 带阻

8.2　同相输入加法电路如题 8.2 图所示，求输出电压 u_o，并与反相加法器进行比较，当 $R_1 = R_2 = R_3 = R_f$ 时，u_o 等于多少？

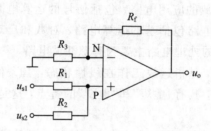

题 8.2 图

8.3　电路如题 8.3 图所示，设运放是理想的，计算 u_o。

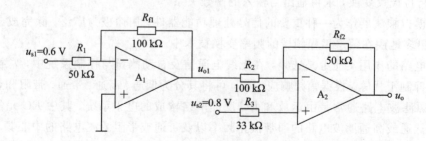

题 8.3 图

8.4　题 8.4 图所示的电路是一个加减运算电路，求输出电压 u_o 的表达式。

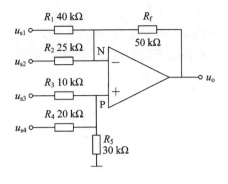

题 8.4 图

8.5 电路如题 8.5 图所示，设运放是理想的，试求 u_{O1}、u_{O2} 及 u_O 的值。

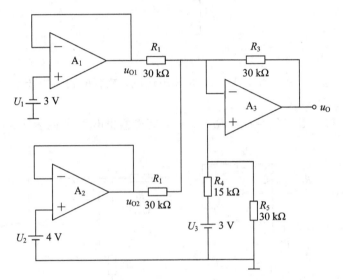

题 8.5 图

8.6 电路如题 8.6 图所示，设所有运放都是理想的。

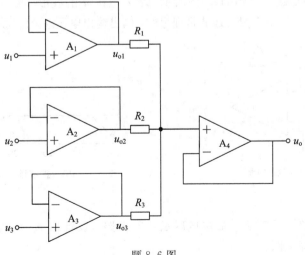

题 8.6 图

（1）求 u_{o1}、u_{o2} 及 u_o 的表达式；

（2）当 $R_1 = R_2 = R_3 = R$ 时，求 u_o 的值。

8.7　为了用低值电阻实现高电压增益的比例运算，常用 T 形网络代替 R_f，如题 8.7 图所示，试证明 $\dfrac{u_O}{u_s} = -\dfrac{R_2 + R_3 + R_2 R_3 / R_4}{R_1}$。

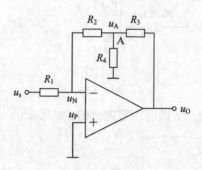

题 8.7 图

8.8　电路如题 8.8 图所示，A_1、A_2 为理想运放，电容的初始电压 $u_C(0) = 0$。

（1）写出 u_O 的表达式；

（2）当 $R_1 = R_2 = R_3 = R_4 = R_5 = R_6 = R$ 时，写出输出电压 u_O 的表达式。

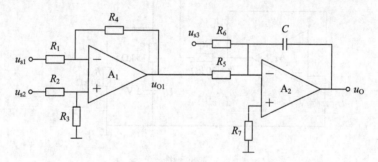

题 8.8 图

8.9　微分电路如题 8.9 图的（a）图所示，输入电压 u_s 的波形如题 8.9 图的（b）图所示，设电路中 $R = 10\ \text{k}\Omega$，$C = 100\ \mu\text{F}$，运放是理想的，画出输出电压 u_O 的波形，并算出 u_O 的幅值。

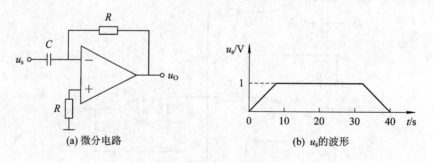

题 8.9 图

8.10　试用对数、反对数、加法或减法运算电路，设计出 $u_{O1} = u_X u_Y$，$u_{O2} = u_X / u_Z$ 和 $u_{O3} = u_X u_Y / u_Z$ 的原理框图。

8.11 电路如题 8.11 图所示，若 VT_1、VT_2、VT_3 相互匹配，试求 u_o 的表达式，并说明此电路具有何种运算功能。

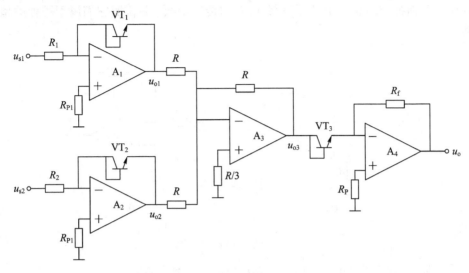

题 8.11 图

8.12 试以模拟乘法器为基本电路，设计一个电路，实现 $u_O = K \sqrt{u_X^2 + u_Y^2}$ 的运算功能。

8.13 电路如题 8.13 图所示，设运放和乘法器都具有理想特性。求 u_{o1}、u_{o2} 和 u_o 的表达式。

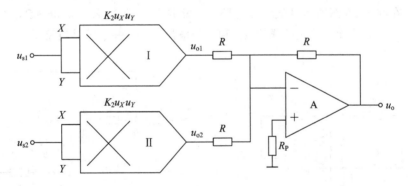

题 8.13 图

8.14 试说明题 8.14 图所示各电路属于哪种类型的滤波电路，是几阶滤波电路。

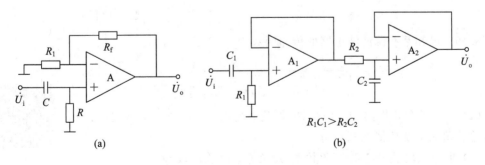

题 8.14 图

8.15 设一阶 LPF 和二阶 HPF 的通带放大倍数均为 2，通带截止频率分别为 2 kHz 和 100 Hz。试用它们构成一个带通滤波电路，并画出幅频特性。

8.16 分别推导出题 8.16 图所示各电路的传递函数，并说明它们属于哪种类型的滤波电路。

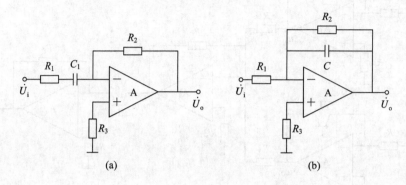

(a)   (b)

题 8.16 图

8.17 如题 8.17 图所示是一阶全通滤波电路的一种形式。

（1）试证明电路的电压增益表达式为

$$A_u(\mathrm{j}\omega) = \frac{U_o(\mathrm{j}\omega)}{U_i(\mathrm{j}\omega)} = -\frac{1 - \mathrm{j}\omega RC}{1 + \mathrm{j}\omega RC}$$

（2）试求它的幅频响应和相频响应，说明当 ω 由 $0 \rightarrow \infty$ 时，相角 φ 的变化范围。

8.18 在题 8.18 图所示低通滤波电路中，设 $R_1 = 10$ kΩ，$R_f = 5.86$ kΩ，$R = 100$ kΩ，$C_1 = C_2 = 0.1$ μF，试计算截止角频率 ω_H 和通带电压增益，并画出其波特图。

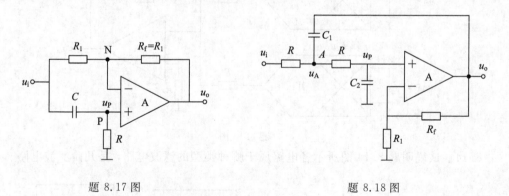

题 8.17 图   题 8.18 图

8.19 已知某有源滤波电路的传递函数为

$$A(s) = \frac{U_o(s)}{U_i(s)} = \frac{-s^2}{s^2 + \frac{3}{R_1 C}s + \frac{1}{R_1 R_2 C^2}}$$

（1）试定性分析电路的滤波特性（低通、高通、带通或带阻）（提示：可从增益随角频率变化情况判断）；

（2）求带通增益 A_0、特征角频率 ω_c 及等效品质因数 Q。

习题答案

第 9 章　信号发生电路

各行各业常采用各种类型的信号发生器，如家用电器中的收音机、电视机，医疗设备中的电子治疗仪、心电图机、CT 机，通信行业中的电话机，以及防盗报警系统、自动控制系统、计算机中都要用到信号发生电路。不同用途的信号发生电路的工作频率和工作波形不同，根据输出的波形，常将信号发生电路分为正弦波振荡电路和非正弦波发生电路。

9.1　正弦波振荡电路

所谓正弦波振荡电路，是指在不加任何输入信号的情况下，由电路自身产生一定频率、一定幅度的正弦波电压输出，因而正弦波振荡电路又称自激振荡电路。多数的正弦波振荡电路都是建立在放大反馈的基础上的，因此又称为反馈振荡电路，其框图如图 9.1.1 所示。要想产生等幅持续的振荡信号，振荡电路必须满足使信号从无到有地建立起振荡的起振条件，以及进入平衡状态、输出等幅信号的平衡条件。下面分别讨论这两个条件。

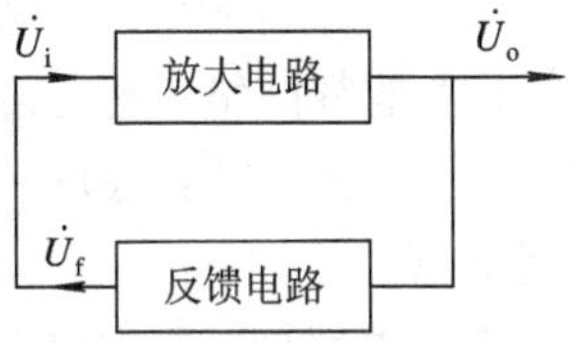

图 9.1.1　正弦波振荡电路框图

1. 起振条件

在负反馈放大电路中，若在电路的高频段存在一个频率 f_0，在频率 $f = f_0$ 时，附加相移为 $-180°$，且 $|\dot{A}\dot{F}| > 1$，则在电扰动（如合闸通电）下，电路将产生一个正反馈过程，使输出量的数值从小到大，直至达到动态平衡，最终输出量是频率为 f_0 的一定幅值的正弦波。这种电路不能作为正弦波振荡电路，最主要的原因是其振动频率的不可控性，它的振荡频率除了决定于晶体管的极间电容外，还和分布电容、寄生电容等不可预知的电容有关。

正弦波振荡电路的自激振荡与负反馈放大电路的自激振荡，从起振到稳幅的过程没有本质上的区别。因此，正弦波振荡电路中必须引入正反馈。同时，为了实现振荡频率的可控性，电路中还要加入选频网络。

振荡信号总是从无到有地建立起来的，接通电源的瞬时，电路的各部分存在各种扰动，这种扰动可能是刚接通电源瞬间引起的电流的突变，也可能是管子和回路的内部噪声。这些扰动中包含有很丰富的频率分量。其中必然包含由选频网络所确定的频率为 f_0 的正弦波，因而输出必然含有频率为 f_0 的正弦波 $\dot{U}_o$。$\dot{U}_o$ 作用于反馈网络，从而产生反馈量 $\dot{U}_f$，$\dot{U}_f$ 作为放大电路的输入 $\dot{U}_i$，电路产生正反馈过程。如果对某一频率分量 f_0，满足 $\dot{A}\dot{F} > 1$，经过放大、反馈的反复作用，使电压振幅不断加大，从而使振荡电路能够从无到有地建立起振荡。因此，振荡电路的起振条件为 $\dot{A}\dot{F} > 1$，用幅度和相位分别表示为

$$|\dot{A}\dot{F}| > 1 \tag{9.1.1}$$

$$\varphi_A + \varphi_F = \pm 2n\pi \quad (n = 0, 1, 2, \cdots) \tag{9.1.2}$$

上面两式分别称为幅度起振条件和相位起振条件。满足起振条件后,要想产生等幅持续的正弦波,还必须满足平衡条件,否则,振荡信号将无休止地增长。

2. 平衡条件

进入平衡状态时,$\dot{U}_o = \dot{A}\dot{U}_i = \dot{A}\dot{F}\dot{U}_o$,所以产生等幅稳定信号的平衡条件为 $\dot{A}\dot{F} = 1$,用幅度和相位分别表示为

$$|\dot{A}\dot{F}| = 1 \tag{9.1.3}$$

$$\varphi_A + \varphi_F = \pm 2n\pi \quad (n = 0, 1, 2, \cdots) \tag{9.1.4}$$

式(9.1.3)和式(9.1.4)分别称为振幅平衡条件和相位平衡条件。

3. 振荡电路的组成和分类

综上所述,正弦波振荡电路必须有以下四个组成部分。

(1) 放大网络:使电路对频率为 f_0 的输出信号有正反馈作用,能够从小到大,直到稳幅;而且通过它将直流电源提供的能量转换成交流功率。放大网络可由晶体管、场效应管、差动放大电路、线性集成电路来担任。

(2) 正反馈网络:使电路满足相位平衡条件,以反馈量作为放大电路的净输入量。

(3) 选频网络:使电路只产生单一频率的振荡,即保证电路产生的是正弦波振荡。

(4) 稳幅环节:这是一个非线性环节,使输出信号幅值稳定。通常稳幅环节包含在放大网络里。

实际电路中,放大电路多为电压放大电路,且选频网络和正反馈网络常合二为一。

正弦波振荡电路常以选频网络所用元件来命名,分为 RC、LC 和石英晶体正弦波振荡电路。RC 正弦波振荡电路的振荡频率较低,一般低于 1 MHz;LC 正弦波振荡电路的振荡频率较高,一般在 1 MHz 以上;石英晶体正弦波振荡电路的振荡频率等于石英晶体的固有频率,稳定性非常好。

4. 判断电路能否产生正弦波振荡的方法和步骤

(1) 观察电路是否包含了放大电路、选频网络、正反馈网络和稳幅环节四个组成部分。

(2) 判断放大电路是否能够正常工作,即是否有合适的静态工作点且动态信号是否能够输入、输出和放大。

(3) 利用瞬时极性法判断电路是否满足正弦波振荡的相位条件。具体方法是:断开反馈,在断开处给放大电路加频率为 f_0 的输入电压 $\dot{U}_i$,并给定其瞬时极性,如图 9.1.2 所示;然后以 $\dot{U}_i$ 极性为依据依次判断输出电压 $\dot{U}_o$ 的极性,从而得到反馈电压 $\dot{U}_f$ 的极性;若 $\dot{U}_f$ 与 $\dot{U}_i$ 极性相同,则说明满足相位条件,电路有可能产生正弦波振荡,否则表明不满足相位条件,电路不可能产生正弦波振荡。

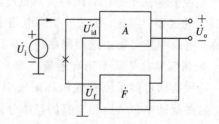

图 9.1.2 利用瞬时极性法判断相位条件

(4) 判断电路是否满足正弦波振荡的幅值条件,即是否满足起振条件。具体方法是:分别求解电路的 $\dot{A}$ 和 $\dot{F}$,然后判断 $|\dot{A}\dot{F}|$ 是否大于1。只有在电路满足相位条件的情况下,

判断是否满足幅值条件才有意义。若电路不满足相位条件，则电路不可能振荡，也就无需判断幅值条件了。

9.2 RC正弦波振荡电路

RC 正弦波振荡电路是采用 RC 移相选频网络作为反馈选频网络的正弦波振荡电路，这种正弦波振荡电路主要用来产生几十 kHz 以下的低频信号。RC 移相选频网络有 RC 导前移相电路、RC 滞后移相电路和 RC 串并联电路。用移相电路作为选频移相网络的正弦波振荡电路称为移相振荡电路，用串并联电路作为选频移相网络的称为文氏电桥振荡电路。下面首先介绍三种移相选频网络，然后主要讨论文氏电桥振荡电路。

9.2.1 RC移相选频网络

1. 导前移相网络

导前移相网络的电路结构如图 9.2.1(a)所示。

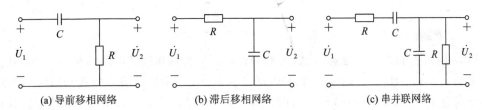

(a) 导前移相网络   (b) 滞后移相网络   (c) 串并联网络

图 9.2.1　RC 移相选频网络

由图 9.2.1(a)可得到其传输函数为

$$\dot{F} = \frac{\dot{U}_2}{\dot{U}_1} = \frac{R}{R + \dfrac{1}{\mathrm{j}\omega C}} = \frac{\mathrm{j}\omega RC}{\mathrm{j}\omega RC + 1}$$

令 $\omega_0 = \dfrac{1}{RC}$，则有

$$\dot{F} = \frac{\mathrm{j}\dfrac{\omega}{\omega_0}}{1 + \mathrm{j}\dfrac{\omega}{\omega_0}} \tag{9.2.1}$$

2. 滞后移相网络

滞后移相网络的电路结构如图 9.2.1(b)所示。由图可得到其传输函数为

$$\dot{F} = \frac{\dot{U}_2}{\dot{U}_1} = \frac{\dfrac{1}{\mathrm{j}\omega C}}{R + \dfrac{1}{\mathrm{j}\omega C}} = \frac{1}{\mathrm{j}\omega CR + 1}$$

令 $\omega_0 = \dfrac{1}{RC}$，则有

$$\dot{F} = \frac{1}{1 + \mathrm{j}\dfrac{\omega}{\omega_0}} \tag{9.2.2}$$

3. 串并联网络

串并联网络的电路结构如图9.2.1(c)所示。其传输函数为

$$\dot{F} = \frac{\dot{U}_2}{\dot{U}_1} = \frac{R \mathbin{//} \dfrac{1}{\mathrm{j}\omega C}}{R + \dfrac{1}{\mathrm{j}\omega C} + R \mathbin{//} \dfrac{1}{\mathrm{j}\omega C}} = \frac{\mathrm{j}\omega RC}{(\mathrm{j}\omega RC)^2 + 1 + 3\mathrm{j}\omega RC}$$

令 $\omega_0 = \dfrac{1}{RC}$，则有

$$\dot{F} = \frac{\mathrm{j}\dfrac{\omega}{\omega_0}}{1 + 3\mathrm{j}\dfrac{\omega}{\omega_0} - \left(\dfrac{\omega}{\omega_0}\right)^2} \tag{9.2.3}$$

由此可得 RC 串并联网络的幅频响应和相频响应为

$$|\dot{F}| = \frac{1}{\sqrt{3^2 + \left(\dfrac{\omega}{\omega_0} - \dfrac{\omega_0}{\omega}\right)^2}} \tag{9.2.4}$$

$$\varphi_{\mathrm{F}} = -\arctan \frac{\left(\dfrac{\omega}{\omega_0} - \dfrac{\omega_0}{\omega}\right)}{3} \tag{9.2.5}$$

根据式(9.2.1)、式(9.2.2)、式(9.2.3)可得到三种移相选频电路的频率特性曲线，分别如图9.2.2(a)、(b)、(c)所示。从图中可以看出，一阶 RC 导前移相和滞后移相电路的相移分别为 $0° \sim 90°$ 和 $0° \sim -90°$，并且当相移为 $\pm 90°$ 时，$F(\omega) \to 0$；RC 串并联电路具有选频特性，在中心频率 $\omega = \omega_0$ 上，$|\dot{F}| = \dfrac{1}{3}$，$\varphi_{\mathrm{F}}(\omega_0) = 0°$，这就是说，此时输出电压的幅值最大(当输入电压幅值一定而频率可调时)，并且输入电压是输出电压的 $\dfrac{1}{3}$，同时输出电压与输入电压同相。

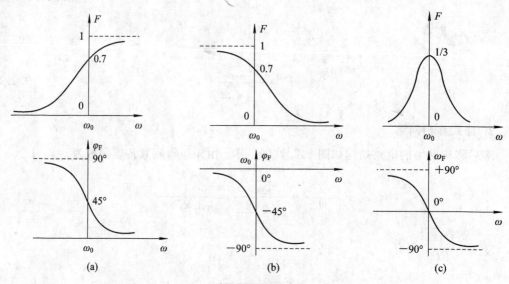

(a)   (b)   (c)

图9.2.2 RC 移相选频网络的频率特性

9.2.2 *RC* 串并联网络振荡电路

RC 串并联网络振荡电路用以产生低频正弦波信号，是一种使用十分广泛的 *RC* 振荡电路。它具有波形好、振幅稳定和频率调节方便等优点，工作频率范围可以从 1 Hz 以下的超低频到 1 MHz 左右的高频段。其电路原理图如图 9.2.3 所示，电路由放大电路 $\dot{A}_U$ 和选频网络 $\dot{F}_U$ 两部分组成。其中放大电路 $\dot{A}_U$ 为由集成运放所组成的电压串联负反馈放大电路，它的选频网络 $\dot{F}_U$ 是一个由 *R*、*C* 元件组成的串并联网络，同时兼作正反馈网络。Z_1、Z_2 以及 R_f 和 R_1 正好组成一个电桥的四个臂，因此这种电路又称为文氏电桥振荡电路。

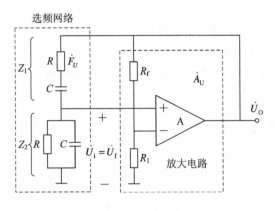

图 9.2.3 文氏电桥振荡电路

下面根据正弦波振荡电路的振幅平衡及相位平衡条件，分析起振条件，选择合适的放大电路指标。

根据图 9.2.2(c) 可知，在频率 $\omega = \omega_0$ 时，*RC* 串并联网络的 $|\dot{F}| = 1/3$，$\varphi(\omega_0) = 0°$。要形成正反馈，放大网络 $\dot{A}_U$ 的相移应为 0° 或 360°，因此输入信号从运放同相输入端输入。这样，放大电路和反馈网络刚好形成正反馈系统，满足正弦波振荡的相位平衡条件，因此电路有可能振荡。

由 *RC* 串并联网络的幅频特性可以知道，$\omega = \omega_0 = \dfrac{1}{RC}$ 时，$F = \dfrac{1}{3}$，为满足起振条件，应有 $|\dot{A}\dot{F}| > 1$。所以 $|\dot{A}| > 3$。满足深度负反馈时，放大电路的电压增益 $A_u = 1 + \dfrac{R_f}{R_1}$，因此有

$$R_f > 2R_1 \tag{9.2.6}$$

可见，在满足深度负反馈时，振荡电路的起振条件仅取决于负反馈支路中电阻的比值，而与放大器的开环增益无关。因此，振荡电路的性能稳定。

同时，为稳定输出幅度，放大网络中反馈电阻 R_f 用热敏电阻代替，和 R_1 构成具有稳幅作用的非线性环节。R_f 是具有负温度特性的热敏电阻，加在它上面的电压越大，消耗在上面的功率越大，温度越高，它的阻值就越小。刚起振时，振荡电压振幅很小，R_f 的温度低，阻值大，负反馈强度弱，放大器增益大，保证振荡电路能够起振。随着振荡振幅的增大，R_f 上平均功率加大，R_f 的温度上升，阻值减小，负反馈强度加深，使放大器增益下降，保证了放大器在线性工作条件下实现稳幅。另外，也可用具有正温度系数的热敏电阻代替 R_1，与普通电阻一起构成稳幅电路。

从上面的分析可以看出，由于放大网络中有能稳幅的非线性环节，文氏电桥振荡电路的输出波形较好，而且改变 R 或 C 即可改变振荡频率，调节方便，常用于频率可调的测量用放大器中。但是，若 R 太小，则不但会加大放大电路的负载电流，而且有可能使放大电路的输出电阻影响振荡频率；若 C 太小，则放大电路的极间电容和寄生电容将影响选频特性。所以，RC 桥式正弦波振荡电路的振荡频率一般不超过 1 MHz。如果希望产生更高频率的正弦波，则应考虑采用 LC 正弦波振荡电路。

9.3 LC 正弦波振荡电路

LC 正弦波振荡电路中多用 LC 并联电路作为选频网络，常见电路有变压器反馈式、电感反馈式和电容反馈式三种。

RC 正弦波振荡电路

下面首先介绍 LC 并联谐振回路的特点，然后具体分析几种 LC 振荡电路。

9.3.1 LC 并联电路的频率响应

LC 并联电路如图 9.3.1 所示，图中 R 表示回路的等效损耗电阻，一般很小。

电路的等效阻抗为

$$Z = \frac{1}{\mathrm{j}\omega C} \mathbin{/\!/} (R + \mathrm{j}\omega L) = \frac{\dfrac{1}{\mathrm{j}\omega C}(R + \mathrm{j}\omega L)}{\dfrac{1}{\mathrm{j}\omega C} + R + \mathrm{j}\omega L} \qquad (9.3.1)$$

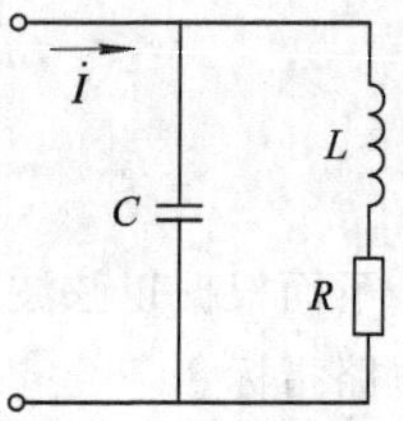

满足 $R \ll |\mathrm{j}\omega L|$ 时，式(9.3.1)为

$$Z = \frac{L/C}{R + \mathrm{j}\left(\omega L - \dfrac{1}{\omega C}\right)} \qquad (9.3.2)$$

图 9.3.1 LC 并联电路

其模和幅角分别为

$$|Z| = \frac{L/C}{\sqrt{R^2 + \left(\omega L - \dfrac{1}{\omega C}\right)^2}} \qquad (9.3.3)$$

$$\varphi = -\arctan\frac{\omega L - \dfrac{1}{\omega C}}{R} \qquad (9.3.4)$$

由式(9.3.3)和式(9.3.4)可知，LC 并联回路的等效阻抗与频率密切相关。当外加信号频率 ω 满足 $\omega L = \dfrac{1}{\omega C}$，即 $\omega = \omega_0 = \dfrac{1}{\sqrt{LC}}$ 时，LC 并联回路与外加信号谐振，此时谐振回路的等效阻抗最大，且电路呈纯阻性，频率 ω_0 称为谐振频率。

另外，根据式(9.3.3)和式(9.3.4)可得到图 9.3.2 所示阻抗的模和幅角的频率特性。从图中可以看出，当 $\omega > \omega_0$ 时，$\varphi < 0$，阻抗呈容性，而当 $\omega < \omega_0$ 时，$\varphi > 0$，阻抗呈感性。

谐振时，电路的等效阻抗为

$$Z_0 = \frac{L}{RC} = Q\omega_0 L = \frac{Q}{\omega_0 C} \qquad (9.3.5)$$

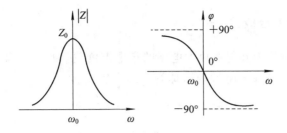

图 9.3.2 LC 并联谐振回路的阻抗频率特性

式中，

$$Q = \frac{1}{R}\sqrt{\frac{L}{C}} \tag{9.3.6}$$

代入 ω_0 的表达式后，则

$$Q = \frac{\omega_0 L}{R} = \frac{1}{\omega_0 RC} \tag{9.3.7}$$

Q 称为品质因数，是用来评价回路损耗大小的指标。由式(9.3.6)和式(9.3.7)可以知道，R 的值越小，Q 值越大，回路的损耗越小。LC 回路的 R 值一般很小，因此 Q 值很大，通常为几十到几百。

利用 Q 值，式(9.3.2)可表示为

$$Z = \frac{\dfrac{L}{RC}}{1 + j\left(\dfrac{\omega L}{R} - \dfrac{1}{\omega RC}\right)} = \frac{Z_0}{1 + jQ\left[\dfrac{\omega}{\omega_0} - \left(\dfrac{\omega_0}{\omega}\right)^2\right]} \tag{9.3.8}$$

相应的模和幅角可表示为

$$|Z| = \frac{Z_0}{\sqrt{1 + Q^2\left(\dfrac{\omega}{\omega_0} - \dfrac{\omega_0}{\omega}\right)^2}} \tag{9.3.9}$$

$$\varphi = -\arctan Q\left(\frac{\omega}{\omega_0} - \frac{\omega_0}{\omega}\right) \tag{9.3.10}$$

由式(9.3.9)和式(9.3.10)画出 Q 不同时阻抗的模和 φ 幅角的频率特性曲线，如图 9.3.3 所示。从图中可以看出，Q 值越大，Z 在 $\omega = \omega_0$ 附近随频率的变化率越，幅频特性和相频特性曲线的变化率越大，LC 并联电路的选频特性越好。

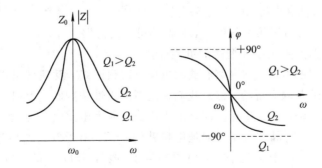

图 9.3.3 Q 值不同时，阻抗的模和幅角的频率特性

9.3.2 *LC* 选频放大电路

利用 *LC* 并联网络作为共射极放大电路的集电极负载，则可以构成选频放大电路，如图 9.3.4 所示。设在信号频率范围内晶体管的结电容的容抗趋于无穷大，则该电路的电压放大倍数为 $\dot{A}_u = -\dfrac{\beta Z}{r_{be}}$，根据 *LC* 并联网络的频率特性，在 $\omega = \omega_0$ 时，电压放大倍数的数值最大，且集电极动态电位与输入电压反相。电压放大倍数的频率特性与 *LC* 并联网络的频率特性一致，说明电路具有选频特性，故称为选频放大电路。

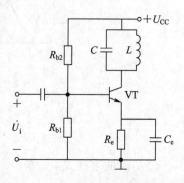

若能通过一定的方式将 c‐e 间电压反相后加到放大电路的输入端，取代输入电压，则实现了正弦波振荡的相位平衡条件，电路就有可能产生振荡。利用反馈能够达到上述目的。

图 9.3.4 *LC* 选频放大器

9.3.3 变压器反馈式 *LC* 正弦波振荡电路

变压器反馈式 *LC* 正弦波振荡电路是采用变压器耦合电路作为反馈网络的 *LC* 振荡电路，振荡电路中的放大电路可由晶体管、场效应管、差动放大电路来担任。

1. 晶体管构成的变压器反馈振荡电路

在用晶体管构成变压器反馈振荡电路时，晶体管可接成共射极或共基极组态，在每一种组态的电路中，*LC* 谐振回路可接于输入或输出回路，相位平衡条件的满足是通过变压器初次级绕组的正确绕向实现的。

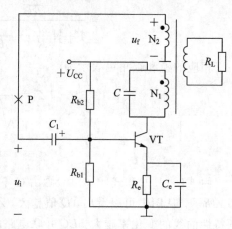

在图 9.3.5 所示电路中，若将 *LC* 选频网络的电压作为变压器的原边电压，将副边电压作为反馈电压来取代选频放大电路的输入电压，则只要变压器原副边同名端合适，就可以满足正弦波振荡的相位条件，从而构成变压器反馈式正弦波振荡电路。图中，C_1 为耦合电容，C_e 为旁路电容，对于频率为 *LC* 选频网络谐振频率的信号，它们均可视为短路。

图 9.3.5 变压器反馈式 *LC* 正弦波振荡电路

下面判断该电路产生正弦波振荡的可能性。

首先来分析电路的组成，该电路有放大电路、选频网络、反馈网络以及用晶体管的非线性特性实现稳幅环节四个部分。然后我们采用瞬时极性法判断电路是否满足相位平衡条件，具体做法是：在图中 P 点断开反馈，在断开处给放大电路加频率为 f_0 的输入电压 u_i，假定其极性对地为"＋"，晶体管基极对地电位就为"＋"，由于放大电路为共射极接法，集电极对地电位为"－"，对于交流信号，电源相当于"地"，所以线圈 N_1 的电压为上"＋"下"－"，根据同名端，N_2 上电压也是上"＋"下"－"，即反馈电压 u_f 对"地"为"＋"，与输入电压假设极性相同，满足正弦波振荡的相位条件。因为只有在 u_i 频率为谐振频率 f_0 时，电路

才满足相位平衡条件，所以电路的正弦波振荡频率就是 f_0，即

$$f_0 \approx \frac{1}{2\pi \sqrt{L'C}} \qquad (9.3.11)$$

式中，L' 是考虑了变压器原边和副边线圈的电感以及它们之间的互感等因素的总电感。只要变压器的变比恰当，电路参数选择合适，一般可以满足电路起振的幅值条件 $|\dot{U}_f| > |\dot{U}_i|$，电路很容易起振。当振幅大到一定程度时，放大电路的放大倍数的数值会因为晶体管的非线性特性而下降，使振幅达到稳定。由于 LC 并联谐振回路选频特性良好，输出电压波形一般失真很小。

2. 变压器耦合的差动振荡电路

图 9.3.6 即变压器耦合的差动振荡电路。图中 VT_1、VT_2 为差动管，VT_3、VT_4 和 R_1 组成镜像恒流源。L_1C_1 为主振荡回路，L_2 为反馈线圈，L_3C_2 为输出负载回路。由于该负载回路接在 VT_1 管的集电极上，处于反馈环路之外，因此，只要 VT_1 管工作在放大区，不进入饱和区，集电极电压对基极电流的反作用可以忽略，负载与振荡环路之间就可有良好的隔离，负载的变化也就不会影响振荡频率的稳定度。

电路的工作原理与单管共射极组态电路相同，不过，由于振荡回路接在 VT_2 管的集电极上，反馈电压加在 VT_1 管的基极，因此变压器的极性连接应与单管电路相反。

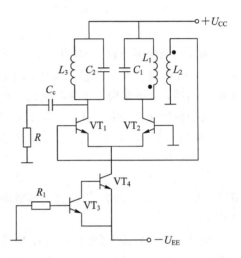

图 9.3.6　变压器耦合的差动振荡电路

差动管是依靠一管趋向截止使其差模传输特性进入平坦区的，这种振荡电路是由振荡管进入截止区（而不是进入饱和区）来实现内稳幅的，由此可以保证回路有高的品质因数，有利于提高频率稳定度。

变压器反馈式正弦波振荡电路易于产生振荡，波形较好，应用范围广泛。其缺点是由于输出电压与反馈电压靠磁路耦合，因而耦合不紧密，损耗较大，并且振荡频率的稳定性不高。

9.3.4　三点式 LC 振荡电路

LC 振荡电路除了前面讨论的变压器反馈式，常用的还有电感三点式和电容三点式振荡电路。

1. 电感三点式振荡电路

为了克服变压器反馈式正弦波振荡电路因耦合不紧密而损耗较大的缺点，可将图 9.3.5 所示电路中的变压器原边线圈 N_1 电源一端和副边绕组 N_2 接地一端相连，使 N_1 和 N_2 成为一个线圈，如图 9.3.7(a)所示。通常将电容 C 并联在整个线圈上，加强谐振效果。它的交流通路如图 9.3.7(b)所示，谐振电路中的电感线圈的三个端分别接在晶体管的三个极，所以称为电感三点式 LC 振荡电路，或电感反馈式振荡电路。

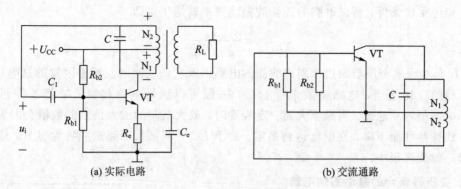

(a) 实际电路　　　　　　　　　(b) 交流通路

图 9.3.7　电感三端式振荡电路

现在利用瞬时极性法判断图 9.3.7 所示电路是否满足正弦波振荡的相位条件：断开反馈线，同时加频率为 f_0 的输入电压，给定其极性，判断出从 N_2 上获得的反馈电压极性与输入电压相同，故电路满足正弦波振荡的相位条件，各点瞬时极性如图 9.3.7(a) 所示。

至于幅值条件，由于 A_u 较大，只要适当选取 L_2/L_1 的比值，就可实现起振。当加大 L_2（或者减少 L_1）时，有利于起振。电路的振荡频率可以近似表示为

$$f_0 = \frac{1}{2\pi \sqrt{LC}} \tag{9.3.12}$$

式中，$L = L_1 + L_2 + 2M$，为回路的等效电感。L_1、L_2 分别为线圈 N_1、N_2 的电感，M 为它们之间的互感。

电感三端式振荡电路的特点是：电感采用自感耦合，电路容易起振；但由于反馈电压取自电感，电感对高次谐波的阻抗大，反馈电压中谐波含量较大，因而振荡波形较差；同时，L_1、L_2 与极间电容并联，频率升高时，极间电容会引起电抗性质的改变，因而，振荡频率不高，一般在几百千赫至数十兆赫之间。

2. 电容三点式振荡电路

电容三点式振荡电路和电感三点式振荡电路一样，都具有 LC 并联回路。采用瞬时极性法判断电路是否满足正弦波振荡的相位条件：断开反馈，加频率为 f_0 的输入电压，给定其极性，判断从 C_2 上所获得的反馈电压的极性与输入电压相同，故电路满足正弦波振荡的相位条件，各点瞬时极性如图 9.3.8(a) 所示。

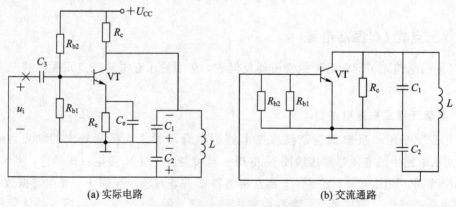

(a) 实际电路　　　　　　　　　(b) 交流通路

图 9.3.8　电容三点式振荡电路

接下来讨论该振荡电路的起振条件和振荡频率。

首先在图 9.3.8(b)中，将环路从基极处断开，并在断开点的右面加输入信号 $\dot{U}_i$，左面加上从基极看进去的等效阻抗，得到图 9.3.9 所示的振荡电路的开环等效电路。图中 R_L 为回路总等效电阻。

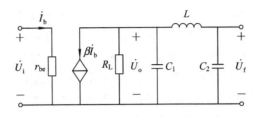

图 9.3.9　振荡电路的开环等效电路

因为 LC 回路处于谐振状态，因此

$$\dot{A} = \frac{\dot{U}_o}{\dot{U}_i} = -\frac{\beta \dot{I}_b R_L}{\dot{I}_b r_{be}} = -\frac{\beta R_L}{r_{be}} \tag{9.3.13}$$

而且，当 LC 并联回路处于谐振状态时，回路内部的电流远大于激励电流，因此，反馈系数为

$$\dot{F} = \frac{\dot{U}_f}{\dot{U}_o} = -\frac{C_1}{C_2} \tag{9.3.14}$$

令 $|\dot{A}\dot{F}| = \dfrac{C_1}{C_2} \dfrac{\beta R_L}{r_{be}} > 1$，可得起振条件为

$$\beta > \frac{C_2}{C_1} \cdot \frac{r_{be}}{R_L} \tag{9.3.15}$$

振荡频率基本上等于 LC 谐振回路的谐振频率，即

$$f_0 = \frac{1}{2\pi \sqrt{LC}} \tag{9.3.16}$$

其中，$C = \dfrac{C_1 C_2}{C_1 + C_2}$，为 C_1 与 C_2 串联后的总电容。

电容三点式振荡电路的特点是：由于反馈电压取自电容 C_2，电容对高次谐波的阻抗小，反馈电压中谐波分量较小，因而振荡波形较好；同时，C_1、C_2 与极间电容并联，频率升高时，极间电容不会引起电抗性质改变，因而，振荡频率较高，一般可达到 100 MHz 以上。

9.4　石英晶体振荡电路

LC 并联网络的品质因数 Q 的大小决定着振荡电路的频率稳定度。为了提高 Q 值，应尽量减少回路等效损耗电阻值 R，并增大 L 与 C 的比值。但增大 L 必将使线圈电阻增大，损耗增大，导致 Q 值减小。另外，电容太小，将增加分布电容及杂散电容对 LC 谐振回路的影响。所以 LC 回路中的 Q 值不能无限制增加，通常最高只能达到几百。如果要得到更高的频率稳定度，可以采用晶体振荡电路。晶体振荡电路中的晶体常采用石英晶体谐振器。天然的石英晶体为六角锥体，在不同方向上切割，可制成不同的晶片，在晶片的两个面上加上电极，即可制成石英晶体谐振器。

9.4.1　石英晶体谐振器的电特性

1. 石英晶体谐振器的基本特性

石英晶体谐振器的主要特性是它的压电效应。所谓压电效应，指的是在石英晶体谐振器的两个电极上加电场，晶片会发生变形；在晶片上加压力后，在谐振器的电极上会产生电场。当在石英晶体谐振器的电极上加交变电场时，晶体会发生周期性振动；同时，周期性振动又会激发交变电场。当晶片的形状、大小等确定时，石英晶体谐振器进行周期性振动的频率为一固定值，该频率称为其固有频率或谐振频率。当外加信号的频率在固有频率附近时，就会发生谐振现象，它既表现为晶体的机械共振，又在电路上表现出电谐振。对于一定尺寸和大小的晶片，它既可以在基频上谐振，也可在高次谐波上谐振。

2. 石英晶体谐振器的等效电路

石英晶体谐振器的电路符号如图 9.4.1(a)所示。基于石英晶体谐振器的谐振特性，常用图 9.4.1(b)来表示其等效电路。图中 C_0 代表晶体作为介质的静电电容，约为几 pF 至几十 pF；L、C 和 R 代表晶片的谐振特性，R 的值约为 100 Ω，L 为 $10^{-3} \sim 10^2$ H，C 为 $10^{-2} \sim 10^{-1}$ pF，晶体的品质因数可达 $10^4 \sim 10^6$，因此，晶体振荡电路的频率稳定度可以达到 $10^{-4} \sim 10^{-11}$。

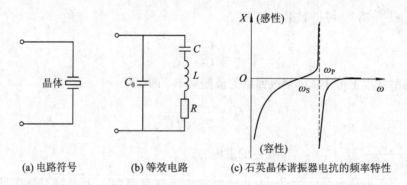

(a) 电路符号　　　(b) 等效电路　　　(c) 石英晶体谐振器电抗的频率特性

图 9.4.1　石英晶体谐振器

3. 石英晶体谐振器阻抗的频率特性

忽略 R 时，根据石英晶体谐振器的等效电路，得到它的等效阻抗为

$$Z = \frac{1}{\mathrm{j}\omega C_0} \,/\!/\, \left(\mathrm{j}\omega L + \frac{1}{\mathrm{j}\omega C} \right) = \frac{\mathrm{j}}{\omega} \frac{\omega^2 LC - 1}{C_0(\omega^2 LC - 1) - C} \tag{9.4.1}$$

当 $\omega^2 LC - 1 = 0$ 时，石英晶体谐振器具有串联谐振的特点，这时的频率称为串联谐振频率 ω_S，其值为

$$\omega_S = \frac{1}{\sqrt{LC}} \tag{9.4.2}$$

串联谐振时石英晶体谐振器的阻抗为纯阻，且最小。

当 $C_0(\omega^2 LC - 1) - C = 0$ 时，石英晶体谐振器具有并联谐振的特点，称这时的频率为并联谐振频率 ω_P，其值为

$$\omega_{\mathrm{P}} = \frac{1}{\sqrt{LC}}\sqrt{1 + \frac{C}{C_0}} \qquad (9.4.3)$$

并联谐振时石英晶体谐振器的阻抗为纯阻，且最大。

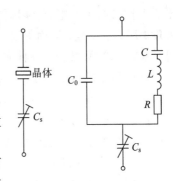

根据式(9.4.1)可画出石英晶体谐振器电抗的频率特性，如图9.4.1(c)所示。从图中可以看出，当 $\omega < \omega_{\mathrm{S}}$ 或 $\omega > \omega_{\mathrm{P}}$ 时，石英晶体谐振器的等效电抗呈容性；当 $\omega_{\mathrm{S}} < \omega < \omega_{\mathrm{P}}$ 时，等效电抗呈感性。

同一型号的石英晶体既可以工作于并联谐振频率，也可以工作于串联谐振频率。工作于并联谐振频率时，可以外接小的负载电容 C_{s}，改变 C_{s} 可以使晶体的谐振频率在一个小范围内调整，使并联谐振频率等于串联谐振频率。C_{s} 与晶体的串接如图9.4.2所示，C_{s} 的值应比 C 大。

图9.4.2 晶体与负载电容的连接及等效电路

9.4.2 石英晶体振荡电路

实际的石英晶体振荡电路形式多种多样，根据晶体在电路中所起的作用，通常分为串联型和并联型石英晶体振荡电路。

在串联型石英晶体振荡电路中，晶体作为短路元件接入电路中；而在并联型石英晶体振荡电路中，晶体的工作频率位于 ω_{S} 与 ω_{P} 之间，晶体作为电感接于电路中。

现以图9.4.3所示并联晶体振荡电路为例，对石英晶体振荡电路作简要介绍。

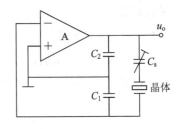

由图9.4.1(c)和图9.4.3可知，从相位平衡的条件出发来分析，这个电路的振荡频率必须在石英晶体的 ω_{S} 与 ω_{P} 之间。也就是说，晶体在电路中起电感的作用。显

图9.4.3 并联石英晶体振荡电路

然，图9.4.3属于电容三点式 LC 振荡电路，振荡频率由谐振回路的参数（C_1、C_2、C_{s} 和石英晶体的等效电感 L_{ep}）决定。但要注意，由于 $C_1 \gg C_{\mathrm{s}}$ 和 $C_2 \gg C_{\mathrm{s}}$，所以振荡频率主要取决于石英晶体与 C_{s} 的谐振频率，与石英晶体本身的谐振频率十分接近。石英晶体作为一个等效电感，L_{ep} 很大，而 C_{s} 又很小，使得等效 Q 值极高，其他元件和杂散参数对振荡频率的影响极微，故频率稳定性很高。

9.5 非正弦波发生电路

在实际中还经常用到方波、三角波、锯齿波等非正弦波，这些波形可由正弦波整形后得到，也可用电路直接产生。目前鉴于集成运算放大器的优良性能，高质量的上述波形都用运算放大器产生。本节将介绍产生这些波形的基本电路。另外，在非正弦波发生电路中经常用到比较器，下面首先介绍各种比较器。

9.5.1 电压比较器

电压比较器就是将一个连续变化的输入电压与基准电压进行比较，输出高电平和低电

平表明比较结果的电路。因而它首先广泛应用于各种报警电路中，输入的模拟电压可能是温度、压力、流量、液面等通过传感器采集的信号。其次，电压比较器在自动控制、电子测量、鉴幅、模/数转换、各种非正弦波的产生和变换电路中也得到了广泛的应用。

在电压比较器电路中，集成运放工作在开环或者正反馈状态，因而工作在非线性区。理想运放工作在非线性区时，输出电压与输入电压不成线性关系，输出电压只有两种可能性：若 $u_P>u_N$，则 $u_O=+U_{OM}$；若 $u_P<u_N$，则 $u_O=-U_{OM}$。通常利用输出电压 u_O 和 u_I 之间的函数曲线关系来描述电压比较器，称为电压传输特性。电压传输特性有三个要素：

（1）输出电压高电平 U_{OH} 和低电平 U_{OL} 的数值。这两个值的大小取决于集成运放的最大输出幅值或集成运放输出端所接的限幅电路。

（2）阈值电压 U_T（或称转折电压、门槛电压、门限电平等）的大小。U_T 是使输出电压从 U_{OL} 跃变为 U_{OH} 和从 U_{OH} 跃变为 U_{OL} 的输入电压，也就是使集成运放两个输入端电位相等（$u_P=u_N$）时的输入电压值。

（3）输入电压 u_I 过阈值电压 U_T 时输出电压 u_O 的跃变方向。

只要正确地求出上述三个要素，就能画出电压比较器的电压传输特性，从而得到其功能和特点。

常用的电压比较器主要有单门限比较器、迟滞比较器、窗口比较器，下面主要介绍前两种比较器。

1. 单门限比较器

只有一个阈值电压的比较器称为单门限比较器。电路如图 9.5.1 所示，如果 u_N 为固定的参考电压 U_{REF}，在同相输入端接输入信号 u_I，$u_I>U_{REF}$ 时，$u_O=U_{OH}$；$u_I<U_{REF}$ 时，$u_O=U_{OL}$。

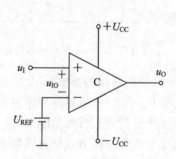

图 9.5.1 单门限比较器

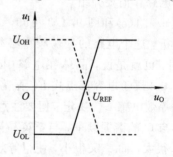

图 9.5.2 单门限比较器的电压传输特性

这种电路的特点是，只要输入电压变化到参考电压 U_{REF}，输出电压就会发生跳变，因此称为单门限比较器，其电压传输特性见图 9.5.2。当 $U_{REF}=0$ 时，称为过零比较器。

例 9.5.1 电路如图 9.5.1 所示，u_I 为三角波，其峰值为 6 V，如图 9.5.3 中虚线所示。设电源电压 $\pm U_{CC}=\pm 12$ V，运放为理想器件，试分别画出 $U_{REF}=0$、$U_{REF}=+2$ V 和 $U_{REF}=-4$ V 时比较器的输出电压 u_O 的波形。

解 由于 u_I 加到运放的同相端，因此有 $u_I>U_{REF}$ 时，$u_O=U_{OH}=12$ V；$u_I<U_{REF}$ 时，$u_O=U_{OL}=-12$ V。由此可以画出 $U_{REF}=0$、$U_{REF}=+2$ V 和 $U_{REF}=-4$ V 时的 u_O 波形，如图 9.5.3(a)、(b)、(c)所示。可以看出这个电路有波形变换和脉宽调制的功能。

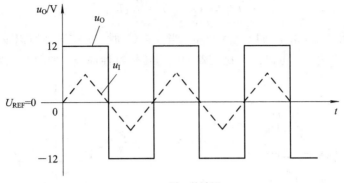

(a) $U_{REF}=0$时u_O的波形

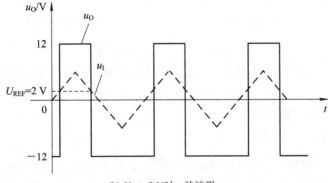

(b) $U_{REF}=2$ V时u_O的波形

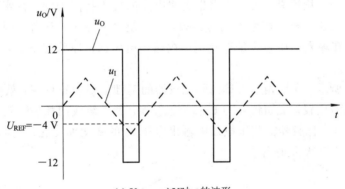

(c) $U_{REF}=-4$ V时u_O的波形

图 9.5.3　例 9.5.1 比较器的输出电压 u_O 的波形

例 9.5.2　图 9.5.4(a)是单门限电压比较器的另一种形式,试求出其门限电压U_T,画出其电压传输特性。设运放输出的高低电平分别为U_{OH}和U_{OL}。

解　根据图 9.5.4(a),利用叠加定理可得

$$u_P = \frac{R_2}{R_1+R_2}U_{REF} + \frac{R_1}{R_1+R_2}u_I$$

理想情况下,输出电压发生跳变时对应的$u_P=u_N=0$,即$R_2U_{REF}+R_1u_I=0$。

由此可求出门限电压:

$$U_T = (u_I =) - \frac{R_2}{R_1}U_{REF}$$

当 $u_I > U_T$ 时，$u_P > u_N$，所以 $u_O = U_{OH}$；当 $u_I < U_T$ 时，$u_P < u_N$，所以 $u_O = U_{OL}$。已知电压传输特性的三个要素，可以画出比较器的电压传输特性曲线，如图 9.5.4(b)所示。

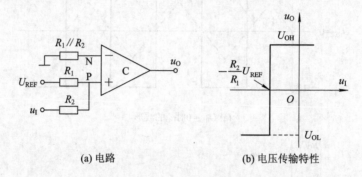

(a) 电路　　　　　　　(b) 电压传输特性

图 9.5.4　例 9.5.2 的图形

只要改变 U_{REF} 的大小和极性以及电阻的阻值，就可以改变门限电压的大小和极性。若要改变 u_I 过 U_T 时 u_O 的跃变方向，则只要将图 9.5.4(a)所示电路的运放的同相输入端和反相输入端所接外电路互换即可。

2. 迟滞比较器

当单门限比较器的输入电压在阈值电压附近上下波动时，不管这种变化是干扰或噪声作用的结果，还是输入信号自身的变化，都将使输出电压在高、低电平之间反复跃变。这一方面表明电路的灵敏度高，另一方面也表明电路的抗干扰能力差。在实际应用中，有时电路过分灵敏会对执行机构产生不利的影响，甚至使之不能正常工作。因而，需要电路有一定的惯性，即在输入电压一定的变化范围内输出电压保持原状态不变，迟滞比较器具有这样的特点。

如图 9.5.5 所示，在反相输入单门限比较器的基础上引入正反馈，就组成了具有双门限的反相输入迟滞比较器。如将 u_I 与 U_{REF} 位置互换，就可组成同相输入迟滞比较器。由于正反馈的作用，这种比较器的门限电压随输出电压 u_O 的变化而变化。它的灵敏度低一些，但是抗干扰的能力却大大提高了。

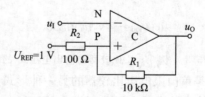

图 9.5.5　反相输入迟滞比较器电路

(1) 门限电压的估算。

由图 9.5.5 可得

$$u_N = u_I$$

$$u_P = U_{REF} + \frac{u_O - U_{REF}}{R_1 + R_2}R_2 = \frac{u_O R_2 + U_{REF} R_1}{R_1 + R_2}$$

当 $u_N = u_P$ 时，阈值电压 $U_T = u_P$。

根据输出电压 u_O 的不同值（U_{OH} 或 U_{OL}），可求出上门限电压 U_{T+} 和下门限电压 U_{T-} 分别为

$$U_{T+} = \frac{U_{OH}R_2 + U_{REF}R_1}{R_1 + R_2} \tag{9.5.1}$$

$$U_{T-} = \frac{U_{OL}R_2 + U_{REF}R_1}{R_1 + R_2} \tag{9.5.2}$$

门限宽度或回差电压为

$$\Delta U_T = U_{T+} - U_{T-} = \frac{R_2(U_{OH} - U_{OL})}{R_1 + R_2} \tag{9.5.3}$$

（2）传输特性。

当 $u_I = 0$ 时，$u_O = U_{OH}$，$u_P = U_{T+}$；在 u_I 由零向正方向增加到接近 $u_P = U_{T+}$ 前，$u_O = U_{OH}$ 保持不变。当 u_I 增加到略大于 $u_P = U_{T+}$，则 u_O 由 U_{OH} 下跳到 U_{OL}，同时使 u_P 下跳到 $u_P = U_{T-}$，u_I 再增加，u_O 保持 $u_O = U_{OL}$ 不变，其传输特性曲线如图 9.5.6(a) 所示。

若减小 u_I，当 $u_I > u_P = U_{T-}$，u_O 保持 $u_O = U_{OL}$ 不变；当 $u_I < u_P = U_{T-}$ 时，u_O 由 U_{OL} 上跳到 U_{OH}，其传输特性曲线如图 9.5.6(b) 所示。完整的传输特性曲线如图 9.5.6(c) 所示。根据 U_{REF} 的极性和大小，门限电压可正可负。

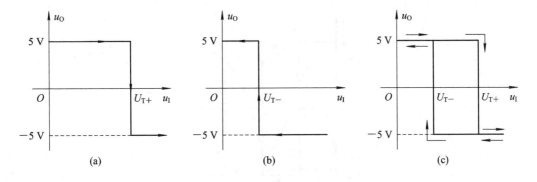

图 9.5.6　反相迟滞比较器的传输特性

9.5.2　方波发生电路

方波发生电路是能够直接产生方波信号的非正弦波发生电路，由于方波或矩形波中包含有极丰富的谐波，因此，方波发生电路又称为多谐波振荡电路。由迟滞比较器和 RC 积分电路组成的方波发生电路如图 9.5.7 所示。图示为双向限幅的方波发生电路。图中运放和 R_1、R_2 构成迟滞比较器，双向稳压管用来限制输出电压的幅度。比较器的输出由电容上的电压 u_C 和 u_O 在电阻 R_2 上的分压 u_P 决定，当 $u_C > u_P$ 时，$u_O = -U_Z$，当 $u_C < u_P$ 时，$u_O = +U_Z$。$u_P = \dfrac{R_2}{R_1 + R_2}u_O$。正反馈系数 $F = \dfrac{u_F}{u_O} = \dfrac{u_P}{u_O} = \dfrac{R_2}{R_1 + R_2}$。

方波发生电路的工作原理：假定接通电源的瞬间，$u_O = +U_Z$，$u_C = 0$，那么有 $u_P = +U_T = \dfrac{R_2}{R_1 + R_2}U_Z = FU_Z$，电容沿图 9.5.7(a) 所示方向充电，$u_C$ 上升。当 u_C 略大于 $+U_T$ 时，

输出电压 u_O 立即由正饱和值($+U_Z$)翻转到负饱和值($-U_Z$)，$u_P = -U_T = -\dfrac{R_2}{R_1+R_2}U_Z = -FU_Z$，充电过程结束；接着，由于 u_O 由 $+U_Z$ 变为 $-U_Z$，电容开始放电，放电方向如图 9.5.7(b)所示，同时 u_C 开始下降，当 u_C 下降到略负于 $-U_T$ 时，u_O 由 $-U_Z$ 变为 $+U_Z$，重复上述过程。工作过程波形图如图 9.5.8 所示。

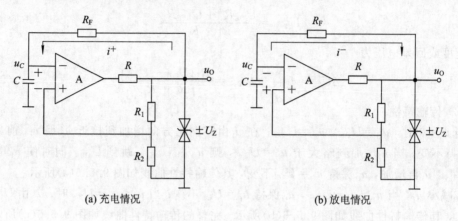

(a) 充电情况　　　　　　　　　　　　(b) 放电情况

图 9.5.7　方波发生电路

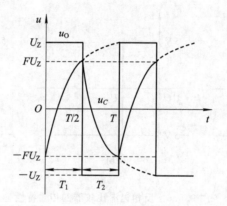

图 9.5.8　方波发生电路输出波形与电容器电压波形图

综上所述，这个方波发生电路是利用正反馈，使运算放大器的输出在两种状态之间反复翻转，RC 电路是它的定时元件，决定着方波在正负半周的时间 T_1 和 T_2，由于该电路充放电时间常数相等，即

$$T_1 = T_2 = R_FC \ln\left(1 + \frac{2R_2}{R_1}\right)$$

方波的周期为

$$T = T_1 + T_2 = 2R_FC \ln\left(1 + \frac{2R_2}{R_1}\right)$$

另外，如果想利用该电路得到正负半周时间不等的矩形波，可在原电路的基础上，增加两个二极管，电路如图 9.5.9 所示。调节 R_W，即可调节充放电的时间，使正负半周的时间不相等。

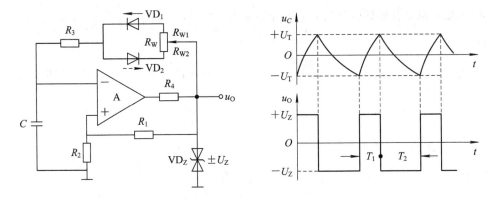

图 9.5.9　宽度可调的矩形波发生电路

9.5.3　方波-三角波发生电路

图 9.5.10 为一实用的方波-三角波发生电路，由迟滞比较器和积分电路组成。虚线左边为同相输入的迟滞比较器，右边为积分运算电路。

同相迟滞比较器的输出高、低电平分别为

$$U_{OH} = +U_Z, \qquad U_{OL} = -U_Z$$

方波发生器

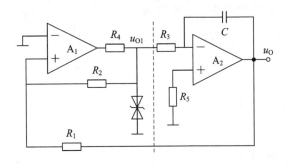

图 9.5.10　方波-三角波发生电路

积分运算电路的输出电压 u_O 作为迟滞比较器的输入电压，A_1 同相输入端的电位为

$$U_{P1} = u_{O1} + \frac{u_O - u_{O1}}{R_1 + R_2} R_2 = \frac{u_{O1} R_1 + u_O R_2}{R_1 + R_2}$$

令 $u_{P1} = u_{N1} = 0$，并将 $u_{O1} = \pm U_Z$ 代入，可得迟滞比较器的阈值电压为

$$+U_T = \frac{R_1}{R_2} U_Z, \qquad -U_T = -\frac{R_1}{R_2} U_Z$$

u_{O1} 作为积分电路的输入，则积分电路的输出电压表达式为

$$u_O = -\frac{1}{R_3 C} \int u_{O1} \, \mathrm{d}t$$

下面分析电路工作的振荡原理。

假定接通电源的瞬间，电容上电压 $u_C = 0$，比较器的输出电压 $u_{O1} = +U_Z$，那么有

$$u_O = -\frac{1}{R_3 C} u_{O1} t = -\frac{U_Z}{R_3 C} t$$

即输出电压 u_O 从 0 开始线性下降，电容开始充电，同时，U_{P1} 也以 $\dfrac{U_Z R_1}{R_1+R_2}$ 为起点，随 u_O 线性下降。

当 U_{P1} 下降到 0，即 $u_O=-\dfrac{U_Z R_1}{R_2}=-U_T$ 时，u_{O1} 由 $+U_Z$ 翻转为 $-U_Z$，U_{P1} 产生向下的突变，由 0 变为 $-\dfrac{2U_Z R_1}{R_1+R_2}$，这时，电容开始放电，$u_O$ 开始线性上升，U_{P1} 随之上升。

当 U_{P1} 上升到 0，即 $u_O=\dfrac{U_Z R_1}{R_2}=+U_T$ 时，u_{O1} 由 $-U_Z$ 翻转为 $+U_Z$，U_{P1} 产生向上的突变，由 0 变为 $\dfrac{2U_Z R_1}{R_1+R_2}$，这时，电容又开始充电，$u_O$ 以 $\dfrac{U_Z R_1}{R_2}$ 为起点开始线性下降，U_{P1} 随之下降。重复上述过程。

电路工作过程的波形图如图 9.5.11 所示。

从图中可以看出，比较器的输出 u_{O1} 为方波，积分电路的输出 u_O 为三角波。同时，由于电容 C 充放电的时间常数均为 $R_3 C$，所以输出三角波中线性下降的时间 T_1 和线性增长的时间 T_2 相同，这种三角波称为对称三角波。方波和三角波的周期为

$$T_1 = T_2 = \frac{2R_1 R_3 C}{R_2}$$

$$T = T_1 + T_2 = \frac{4R_1 R_3 C}{R_2}$$

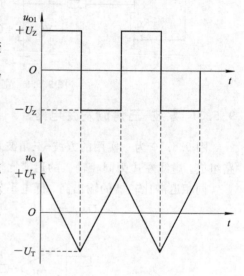

图 9.5.11　电路工作过程的波形图

在调试电路时，应先调整电阻 R_1 和 R_2，使输出幅度达到设计值，再调整 R_3 和 C，使振荡周期满足要求。

9.5.4　锯齿波发生电路

锯齿波是不对称的三角波。在三角波发生电路中，电容充放电的时间常数相同，输出为对称三角波，如果电容充放电的时间常数不相同，并且相差很大，则输出为锯齿波。图 9.5.12 所示的电路即锯齿波发生电路，通常 R_3 远小于 R_W。

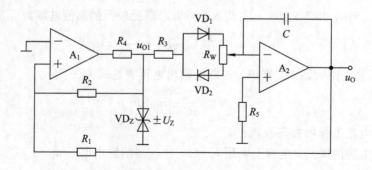

图 9.5.12　锯齿波发生器

从图中可以看出，设二极管导通时的等效电阻可以忽略不计，电位器的滑动端移到最

上端。当 $u_{O1} = +U_Z$ 时，VD_1 导通，电容通过 R_3 充电，充电时间常数为 R_3C；当 $u_{O1} = -U_Z$ 时，VD_2 导通，电容通过 R_w 和 R_3 放电，放电时间常数为 $(R_3 + R_w)C$。当 $R_3 + R_w \gg R_3$ 时，放电时间常数远大于充电时间常数，充电速度快，而放电很慢，因而输出为锯齿波。电路的工作波形如图 9.5.13 所示。

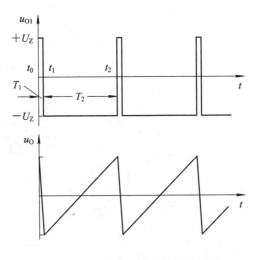

图 9.5.13　电路工作过程的波形图

分析工作波形可以知道，下降时间为

$$T_1 = \frac{2R_1R_3C}{R_2}$$

上升时间为

$$T_2 = \frac{2R_1(R_3 + R_w)C}{R_2}$$

振荡周期为

$$T = T_1 + T_2 = \frac{2R_1(2R_3 + R_w)C}{R_2}$$

矩形波的占空比为

$$q = \frac{T_1}{T} = \frac{R_3}{2R_3 + R_w}$$

调整 R_1 和 R_2 的阻值可以改变锯齿波的幅值；调整 R_1、R_2 和 R_w 的阻值以及 C 的容量，可以改变振荡频率；调整电位器的滑动位置，可以改变矩形波的占空比，以及锯齿波的上升和下降的斜率。

9.6　Multisim 仿真例题

三角波发生器

1. 题目

RC 桥式正弦波振荡电路的调试。

2. 仿真电路

 RC 桥式正弦波振荡电路的仿真电路如图 9.6.1 所示。集成运放采用 3554 SM，其电源电压为±5 V。

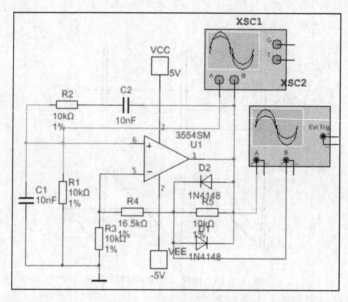

图 9.6.1 RC 桥式正弦波振荡电路的仿真电路

3. 仿真内容

（1）调节反馈电阻 R_4，使电路产生正弦波振荡，如图 9.6.2 所示。

（2）测量稳定振荡时输出电压峰值、运放同相端电压峰值、二极管两端电压最大值，分析它们之间的关系，如图 9.6.2、图 9.6.3 所示。

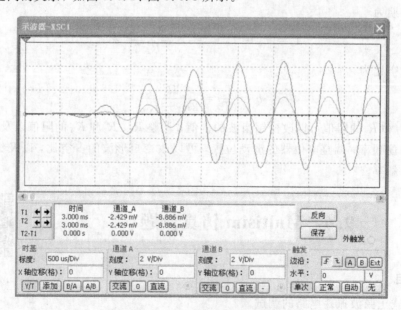

图 9.6.2 起振过程中的电压波形

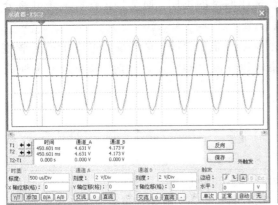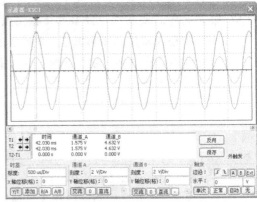

图 9.6.3　正弦波稳定振荡的各电压波形

4. 仿真结果

仿真结果如表 9.6.1 所示。

表 9.6.1　*RC* 桥式正弦波振荡电路的测试数据

反馈电阻 $R_4/\text{k}\Omega$	输出电压峰值 U_{opp}/V	右端电压峰值 U_{fpp}/V	运放同相端电压峰值 $U_{+\text{pp}}/\text{V}$	二极管两端最大值电压 $U_{\text{Dmax}}=U_{\text{opp}}-U_{\text{fpp}}/\text{V}$
16.5	4.632	4.173	1.575	0.459

5. 结论

(1) 在实际实验中很难观察到振荡电路起振的过渡过程，通过 Multisim 可方便地看到。

调节反馈电阻，当 $R_4=16.5\ \text{k}\Omega$ 时，电路产生正弦波振荡，起振过程如图 9.6.2 所示。由于二极管存在动态电阻，因此 R_4 与 R_3 的比值小于 2。

(2) 稳定振荡时，集成运放反相输入端电位最大值是输出电压峰值的三分之一，如图 9.6.3 所示，由于 R_3 的电流峰值等于 R_4 的电流峰值，即

$$\frac{U_{\text{opp}}}{3R_3}=\frac{U_{\text{opp}}-U_{\text{Dmax}}-\dfrac{U_{\text{opp}}}{3}}{R_4}$$

U_{opp} 与二极管两端电压最大值 U_{Dmax} 之间的关系基本满足 $U_{\text{opp}}=[3R/(2R-R_{\text{f}})]U_{\text{Dmax}}$，说明输出电压峰值与二极管两端电压最大值成正比。

本 章 小 结

重点例题详解

各行各业常采用各种类型的信号发生器，不同用途的信号发生器的工作频率和工作波形不同，根据输出的波形，常将信号发生器分为正弦波振荡电路和非正弦波发生电路。

正弦波振荡电路又称自激振荡电路，多数的正弦波振荡电路都是建立在放大反馈的基础上的，因此又称为反馈振荡电路。正弦波振荡电路由放大网络和反馈网络组成，反馈网

络中必须包含选频网络，并形成正反馈；根据选频网络的不同，通常将正弦波振荡电路分为 RC 振荡电路、LC 振荡电路和晶体振荡电路。

　　在实际中还经常用到矩形波、三角波、锯齿波等非正弦波，这些波形可由正弦波整形后得到，也可用电路直接产生。目前，鉴于集成运算放大器的优良性能，高质量的上述波形都用运算放大器产生。

习　题

　　9.1　判断下列说法是否正确，用"√"或"×"表示判断结果。

　　(1) 因为 RC 串并联选频网络作为反馈网络时的 $\varphi_F = 0°$，单管共集放大电路的 $\varphi_A = 0°$，满足正弦波振荡的相位条件 $\varphi_A + \varphi_F = 2n\pi$（$n$ 为整数），故合理连接它们可以构成正弦波振荡电路。　　　　　　　　　　　　　　　　　　　　　　　　　　（　　）

　　(2) 在 RC 桥式正弦波振荡电路中，若 RC 串联选频网络中的电阻均为 R，电容均为 C，则其振荡频率 $f_0 = 1/(RC)$。　　　　　　　　　　　　　　　　　　（　　）

　　(3) 电路只要满足 $|\dot{A}\dot{F}| = 1$，就一定会产生正弦波振荡。　　　　　　（　　）

　　(4) 负反馈放大电路不可能产生自激振荡。　　　　　　　　　　　　　　（　　）

　　(5) 只要集成运放引入正反馈，就一定工作在非线性区。　　　　　　　（　　）

　　(6) 当集成运放工作在非线性区时，输出电压不是高电平，就是低电平。（　　）

　　(7) 一般情况下，在电压比较器中，集成运放不是工作在开环状态，就是仅仅引入了正反馈。　　　　　　　　　　　　　　　　　　　　　　　　　　　　（　　）

　　(8) 单门限比较器比迟滞比较器抗干扰能力强，而迟滞比较器比单门限比较器灵敏度高。　　　　　　　　　　　　　　　　　　　　　　　　　　　　　　（　　）

　　9.2　选择合适答案填入空内，只需填入 A、B 或 C。

　　(1) 设计频率为 20 Hz～20 kHz 的音频信号发生电路，应选用_____。

　　(2) 设计频率为 2 MHz～20 MHz 的接收机的本机振荡电路，应选用_____。

　　(3) 设计频率非常稳定的测试用信号源，应选用_____。

　　A. RC 桥式正弦波振荡电路

　　B. LC 正弦波振荡电路

　　C. 石英晶体正弦波振荡电路

　　9.3　选择合适答案填入空内，只需填入 A、B 或 C。

　　(1) LC 并联网络在谐振时呈_____，在信号频率大于谐振频率时呈_____，在信号频率小于谐振频率时呈_____。

　　(2) 当信号频率等于石英晶体的串联谐振频率或并联谐振频率时，石英晶体呈_____；当信号频率在石英晶体的串联谐振频率和并联谐振频率之间时，石英晶体呈_____；其余情况下石英晶体呈_____。

　　(3) 当信号频率 $f = f_0$ 时，RC 串并联网络呈_____。

　　A. 容性　　　　　　　B. 阻性　　　　　　　C. 感性

　　9.4　判断题 9.4 图所示电路是否可能产生正弦波振荡，并简述理由。

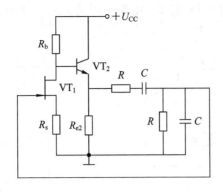

题 9.4 图

9.5 正弦波振荡电路如题 9.5 图所示，要使电路正常工作，试求：(1) R'_w 的下限值；(2) 振荡频率的调节范围。

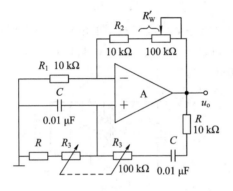

题 9.5 图

9.6 RC 正弦波振荡电路如题 9.6 图所示，稳压管 VD_z 起稳幅作用，其稳定电压 $\pm U_z = \pm 5.6$ V。试估算：

(1) 输出电压不失真情况下的有效值；

(2) 振荡频率。

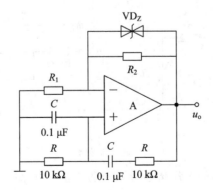

题 9.6 图

9.7 分别判断题 9.7 图所示各 LC 电路是否满足正弦波振荡的相位条件。如不满足，对电路进行修改。

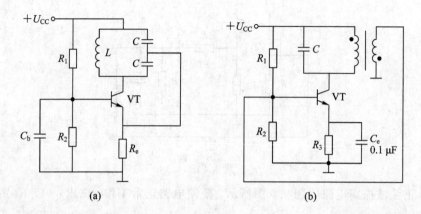

题 9.7 图

9.8 题 9.8 图所示的电路是某一收音机中的电路，试判断它是否为振荡电路？若能振荡，估算振荡频率范围。已知 $R_1=10$ kΩ，$R_2=43$ kΩ，$C_1=0.01$ μF，$C_2=10$ pF，C_3 在 $0\sim270$ pF 范围内取值，$L=100$ μH。

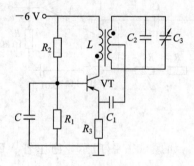

题 9.8 图

9.9 分别求解题 9.9 图所示各电路的电压传输特性。

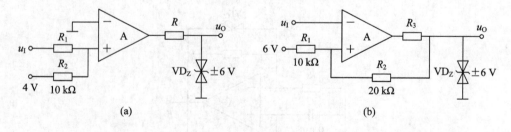

题 9.9 图

9.10 已知电压比较器的电压传输特性分别如题 9.10 图(a)、(b)所示，它们的输入电压波形均如图(c)所示，试画出 u_{O1}、u_{O2} 的波形。

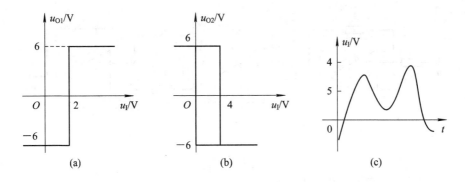

题 9.10 图

9.11 题 9.11 图所示电路为集成运放组成的方波发生电路，试找出图中的两个错误，并改正。

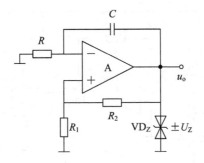

题 9.11 图

9.12 在题 9.12 图所示电路中，已知 R_{W1} 的滑动端在最上端，试分别定性画出 R_{W2} 的滑动端在最上端和在最下端时 u_{O1} 和 u_{O2} 的波形。

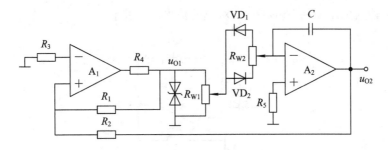

题 9.12 图

9.13 电路如题 9.13 图所示，各运放均为理想运放，其最大输出电压幅度为 ±15 V，$U_Z=\pm6$ V，$R_1=R_2=20$ kΩ，$R_3=R_4=10$ kΩ。

(1) A_1、A_2、A_3 各组成何种基本应用电路？

(2) 若 $u_i=9\sin\omega t$ V，试画出与之对应的 u_{O1}、u_{O2} 和 u_O 的波形。

(3) 若将 A_2 的同相输入端改接到 U_R（$U_R=4.5$ V），当 $u_i=9\sin\omega t$ V 时，试画出与之对应的 u_{O1}、u_{O2} 和 u_O 的波形。

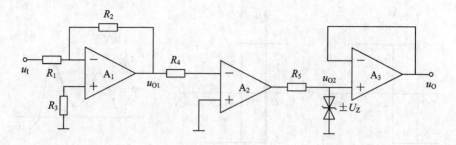

题 9.13 图

9.14 方波—三角波发生电路如题 9.14 图所示。

（1）运放 A_1 输出状态何时翻转？

（2）求振荡周期 T。

（3）画出 u_{O1}、u_{O2} 和 u_O 的波形。

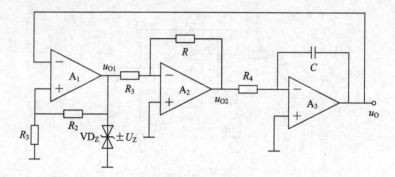

题 9.14 图

9.15 电路如题 9.15 图所示，设稳压管 VD_Z 的双向限幅值为 $\pm 6\ V$。

（1）画出该电路的传输特性曲线。

（2）画出输入电压 $u_i = 6\sin\omega t\ V$ 所对应的输出电压波形。

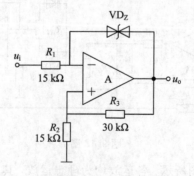

题 9.15 图

9.16 题 9.16 图所示为一波形产生电路，试说明它由哪些单元电路组成，各起什么作用，并定性画出 X、Y、Z 各点的输出波形。

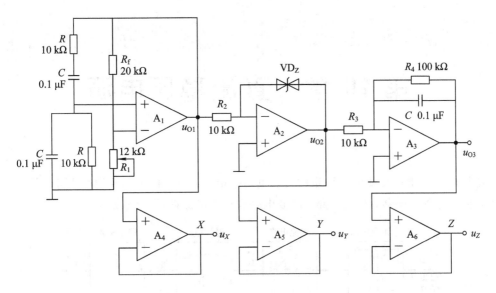

题 9.16 图

习题答案

第 10 章　直流稳压电源

电子电路通常都需要电压稳定的直流电源供电。小功率稳压电源的组成可以用图 10.0 表示，它由电源变压器、整流电路、滤波电路和稳压电路四部分组成。

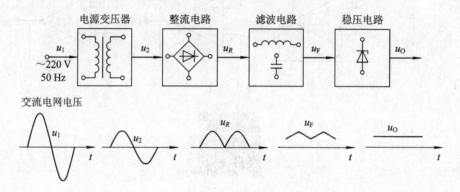

图 10.0　直流稳压电源结构图和稳压过程

电源变压器是将交流电网 220 V 的电压变为所需要的电压值，然后通过整流电路将交流电压变成脉动的直流电压。由于此脉动的直流电压还含有较大的纹波，故必须通过滤波电路加以滤除，从而得到比较平滑的直流电压。但这样的电压还随电网电压波动（一般有 ±10％ 左右的波动）、负载和温度的变化而变化。因而在整流、滤波之后，还需要接稳压电路。稳压电路的作用是当电网电压波动、负载和温度变化时，维持输出稳定的直流电压。

当负载要求功率较大，且要求电压可调时，常采用晶闸管整流电路。本章首先讨论小功率整流、滤波、稳压电路，然后介绍由晶闸管组成的可控整流电路。

10.1　小功率整流滤波电路

10.1.1　单相桥式整流电路

整流电路的任务是将交流电变换成直流电。完成这一任务主要靠二极管的单向导电作用，因此二极管是构成整流电路的关键元件。在小功率整流电路中（200 W 以下），常见的几种整流电路有单相半波、全波、桥式和倍压整流电路。

下面分析整流电路，为简单起见，把二极管当作理想元件来处理，即认为它的正向导通电阻为零，而反向电阻为无穷大。

1. 工作原理

电路如图 10.1.1(a)所示，图中 T_r 为电源变压器，它的作用是将交流电网电压 u_1 变成整流电路要求的交流电压 $u_2 = \sqrt{2}U_2\sin\omega t$，$R_L$ 是要求直流供电的负载电阻，四只整流二极管 $VD_1 \sim VD_4$ 接成电桥的形式，故有桥式整流电路之称。图 10.1.1(b)是它的简化画法。

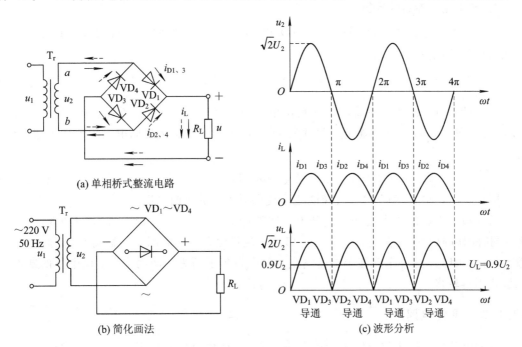

(a) 单相桥式整流电路

(b) 简化画法

(c) 波形分析

图 10.1.1　单相桥式整流电路

在电源电压 u_2 的正、负半周(设 a 端为正，b 端为负时是正半周)内电流通路分别用图 10.1.1(a)中实线和虚线箭头表示。

通过负载 R_L 的电流 i_L 以及 u_L 的波形如图 10.1.1(c)所示。显然，它们都是单方向的全波脉动波形。

2. 负载上的直流电压 U_L 和直流电流 I_L 的计算

用傅里叶级数对图 10.1.1(c)中的 u_L 的波形进行分解后可得

$$u_L = \sqrt{2}U_2\left(\frac{2}{\pi} - \frac{4}{3\pi}\cos2\omega t - \frac{4}{15\pi}\cos4\omega t - \frac{4}{35\pi}\cos6\omega t\cdots\right) \tag{10.1.1}$$

式中，恒定分量即负载电压 u_L 的平均值，因此有

$$U_L = \frac{2\sqrt{2}U_2}{\pi} = 0.9U_2 \tag{10.1.2}$$

直流电流为

$$I_L = \frac{0.9U_2}{R_L} \tag{10.1.3}$$

由式(10.1.1)看出，最低次谐波分量的幅值为 $4\sqrt{2}U_2/3\pi$，角频率为电源频率的两倍，即 2ω。其他交流分量的角频率为 4ω、6ω 等偶次谐波分量。这些谐波分量总称纹波，它叠加于直流分量之上。常用纹波系数 K_γ 来表示直流输出电压相对纹波电压的大小，即

$$K_\gamma = \frac{U_{L\gamma}}{U_L} = \frac{\sqrt{U_2^2 - U_L^2}}{U_L} \tag{10.1.4}$$

式中，$U_{L\gamma}$为谐波电压总的有效值，表示为

$$U_{L\gamma} = \sqrt{U_{L2}^2 + U_{L4}^2 + U_{L6}^2 + \cdots}$$

3. 整流元件参数的计算

在桥式整流电路中，二极管 VD_1、VD_3 和 VD_2、VD_4 是两两轮流导通的，所以流经每个二极管的平均电流为

$$I_D = \frac{1}{2} I_L = \frac{0.45U_2}{R_L} \tag{10.1.5}$$

二极管在截止时管子承受的最大反向电压可以从图 10.1.1(a) 看出。在 u_2 正半周时，VD_1、VD_3 导通，VD_2、VD_4 截止。此时 VD_2、VD_4 所承受的最大反向电压均为 u_2 的最大值，即

$$U_{RM} = \sqrt{2} U_2 \tag{10.1.6}$$

同理，在 u_2 的负半周，VD_1、VD_3 也承受同样大小的反向电压。

桥式整流电路的优点是输出电压高，纹波电压较小，管子所承受的最大反向电压较低，同时因电源变压器在正、负半周内都有电流供给负载，电源变压器得到充分的利用，效率较高。因此，这种电路在半导体整流电路中得到了颇为广泛的应用。该电路的缺点是二极管用得较多。

10.1.2　滤波电路

滤波电路用于滤去整流输出电压中的纹波，一般由电抗元件组成，如在负载电阻两端并联电容器 C，或与负载串联电感器 L，以及由电容、电感组合而成的各种复式滤波电路。其常用的结构如图 10.1.2 所示。

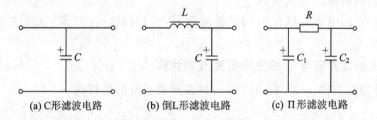

(a) C形滤波电路　　(b) 倒L形滤波电路　　(c) Π形滤波电路

图 10.1.2　滤波电路的基本形式

由于电抗元件在电路中有储能作用，并联的电容器 C 在电源供给的电压升高时，它把部分能量存储起来，而当电源电压降低时，就把能量释放出来，使负载电压比较平滑，即电容 C 具有平波的作用；与负载串联的电感 L 当电源供给的电流增加（由电源电压增加引起）时，电感 L 就把能量存储起来，而当电流减小时，又把能量释放出来，使负载电流比较平滑，即电感 L 也有平波作用。

滤波电路的形式很多，为了掌握它们的分析规律，把它们分为电容输入式（电容接在最前面，如图 10.1.2 中的(a)、(c)图所示）和电感输入式（电感接在最前面，如图 10.1.2(b)所示）。前一种滤波电路多用于小功率电源中，而后一种滤波电路多用于较大功率的电

源中(而且当电流很大时仅用一电感与负载串联)。本节重点分析小功率整流电源中应用较多的电容滤波电路,然后再简要介绍其他形式的滤波电路。

1. 电容滤波电路

图 10.1.3 为单相桥式整流、电容滤波电路。在分析电容滤波电路时,要特别注意电容两端的电压 u_C 对整流元件导电的影响,整流元件只有承受正向电压作用时才导通,否则便截止。

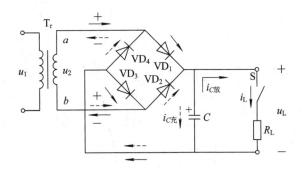

图 10.1.3　桥式整流、电容滤波电路

负载 R_L 未接入(开关 S 断开)时的情况:设电容两端初始电压为零,接入交流电源后,当 u_2 为正半周时,u_2 通过 VD_1、VD_3 向电容 C 充电;u_2 为负半周时,经 VD_2、VD_4 向电容 C 充电,充电时间常数为

$$\tau_c = R_{int}C \tag{10.1.7}$$

其中,R_{int} 包括变压器副边绕组的直流电阻和二极管的正向电阻。由于 R_{int} 一般很小,电容很快就充电到交流电压 u_2 的最大值 $\sqrt{2}U_2$,极性如图 10.1.4 所示。由于电容无放电回路,故输出电压(即电容 C 两端的电压 u_C)保持在 $\sqrt{2}U_2$,输出为一个恒定的直流电压。如图 10.1.4 中 $\omega t<0$(即纵坐标左边)部分所示。

接入负载 R_L(开关 S 合上)时的情况:设变压器副边电压 u_2 从 0 开始上升(即正半周开始)时接入负载 R_L,由于电容在负载未接入前充了电,故刚接入负载时 $u_2<u_C$,二极管受反向电压作用截止,电容 C 经 R_L 放电,放电时间常数为

$$\tau_d = R_L C \tag{10.1.8}$$

因 τ_d 一般较大,故电容两端的电压 u_C 按指数规律慢慢下降。其输出电压 $u_L = u_C$,如图 10.1.4 的 ab 段所示。与此同时,交流电压 u_2 按正弦规律上升。当 $u_2>u_C$ 时,二极管 VD_1、VD_3 受正向电压作用而导通,此时 u_2 经二极管 VD_1、VD_3 一方面向负载 R_L 提供电流,另一方面向电容 C 充电,接入负载时的充电时间常数 $\tau_c \approx R_{int}C$ 很小,u_C 升高,如图10.1.4 中的 bc 段,图中 bc 段上面的阴影部分为电路中的电流在整流电路内阻 R_{int} 上产生的压降。u_C 随着交流电压 u_2 升高到最大值 $\sqrt{2}U_2$ 的附近。然后,u_2 又按正弦规律下降。当 $u_2<u_C$ 时,二极管受反向电压作用而截止,电容 C 又经 R_L 放电,u_C 下降,u_C 波形如图 10.1.4 中的 cd 段。电容 C 如此周而复始地进行充、放电,负载上便得到如图 10.1.4 所示的一个近似锯齿波的电压 $u_L = u_C$,使负载电压的波动大为减小。电路的电压、电流和纹波电压 u_γ 波形如图所示。

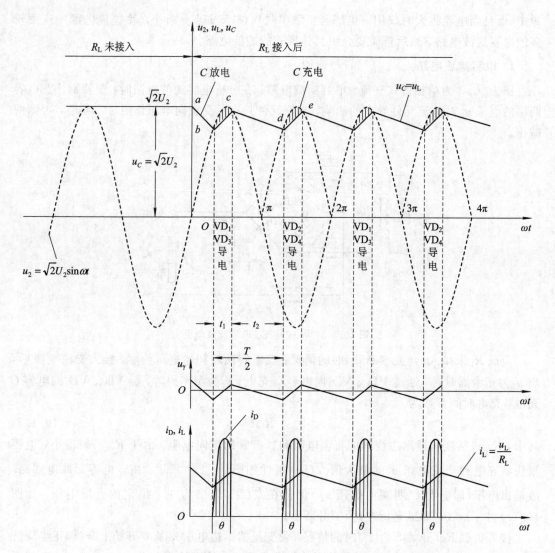

图 10.1.4 桥式整流、电容滤波时的电压、电流和纹波电压波形

由以上分析可知，电容滤波电路有如下特点：

(1) 二极管的导电角 $\theta < \pi$，流过二极管的瞬时电流很大，如图 10.1.4 所示。电流的有效值和平均值的关系与波形有关，在平均值相同的情况下，波形越尖，有效值越大。在负载为纯电阻时，变压器副边电流的有效值 $I_2 = 1.11 I_L$，而有电容滤波时，I_2 约为 $(1.5 \sim 2) I_L$。

(2) 负载平均电压 U_L 升高，纹波（交流成分）减小，且 $R_L C$ 越大，电容放电速率越慢，则负载电压中的纹波成分越小，负载平均电压越高。

为了得到平滑的负载电压，一般取

$$\tau_d = R_L C \geqslant (3 \sim 5) \frac{T}{2} \tag{10.1.9}$$

式中，T 为电源交流电压的周期。

(3) 负载直流电压随负载电流的增加而减小。U_L 随 I_L 的变化关系称为输出特性或外特性，如图 10.1.5 所示。

C 值一定，当 $R_L = \infty$，即空载时，

$$U_L = \sqrt{2}U_2 = 1.4U_2$$

当 $C = 0$，即无电容时，

$$U_L = 0.9U_2 \qquad\qquad (10.1.10)$$

在整流电路的内阻不太大（几欧）和放电时间常数满足式（10.1.9）的关系时，电容滤波电路的负载电压 U_L 约为 $(1.1 \sim 1.2)U_2$。

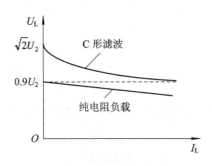

图 10.1.5 纯电阻 R_L 和具有电容滤波的桥式整流电路的输出特性

总之，电容滤波电路简单，负载直流电压 U_L 较高，纹波也较小，它的缺点是输出特性较差，故适用于负载电压较高、负载变动不大的场合。

2. 电感滤波电路

在桥式整流电路和负载电阻 R_L 之间串入一个电感 L，如图 10.1.6 所示。利用电感的储能作用可以减小输出电压的纹波，从而得到比较平滑的直流。当忽略电感 L 的电阻时，负载上输出的平均电压和纯电阻（不加电感）负载相同，即 $U_L = 0.9U_2$。

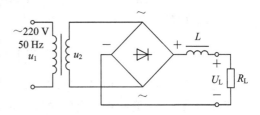

图 10.1.6 桥式整流、电感滤波电路

电感滤波的特点是，整流管的导电角较大（电感 L 的反电势使整流管导电角增大），峰值电流很小，输出特性比较平坦。其缺点是由于铁芯的存在，笨重、体积大，易引起电磁干扰。一般只适用于低电压、大电流的场合。

此外，为了进一步减小负载电压中的纹波，电感后面可再接一电容而构成倒 L 形滤波电路或 RC-Π 型滤波电路，如图 10.1.2(b)、(c) 所示。其性能和应用场合分别与电感滤波电路及电容滤波电路相似。

10.2 稳 压 电 路

10.2.1 稳压电源的质量指标

稳压电源的技术指标分为两种：一种是特性指标，包括允许的输入电压、输出电压、输出电流及输出电压调节范围等；另一种是质量指标，用来衡量输出直流电压的稳定程度，包括稳压系数、输出电阻、温度系数及纹波电压等。下面简述这些质量指标的含义。

由于输出直流电压U_O随输入直流电压U_I（即整流滤波电路的输出电压，其数值可近似认为与交流电源电压成正比）、输出电流I_O和环境温度$T(\text{℃})$的变动而变动，即输出电压$U_O = f(U_I, I_O, T)$，因而输出电压变化量的一般式可表示为

$$\Delta U_O = \frac{\partial U_O}{\partial U_I} \Delta U_I + \frac{\partial U_O}{\partial I_O} \Delta I_O + \frac{\partial U_O}{\partial T} \Delta T$$

或

$$\Delta U_O = S_U \Delta U_I + R_O \Delta I_O + S_T \Delta T$$

式中三个系数分别定义如下：

（1）输入调整因数为

$$S_U = \left. \frac{\Delta U_O}{\Delta U_I} \right|_{\substack{\Delta I_O = 0 \\ \Delta T = 0}} \tag{10.2.1}$$

实际上，常以输出电压和输入电压的相对变化来表征稳压性能，称为稳压系数，其定义可写为

$$\gamma = \left. \frac{\Delta U_O / U_O}{\Delta U_I / U_I} \right|_{\substack{\Delta I_O = 0 \\ \Delta T = 0}} \tag{10.2.2}$$

（2）输出电阻为

$$R_O = \left. \frac{\Delta U_O}{\Delta I_O} \right|_{\substack{\Delta U_I = 0 \\ \Delta T = 0}} (\Omega) \tag{10.2.3}$$

（3）温度系数为

$$S_T = \left. \frac{\Delta U_O}{\Delta T} \right|_{\substack{\Delta U_I = 0 \\ \Delta I_O = 0}} (\text{mV/℃}) \tag{10.2.4}$$

上述三个系数越小，输出电压越稳定，它们的具体数值与电路形式和电路参数有关。

至于纹波电压，是指稳压电路输出端的交流分量的有效值，一般为毫伏数量级，它表示输出电压的微小波动。

应当指出的是，稳压系数γ较小的稳压电路，它的输出纹波电压一般也较小。

10.2.2　稳压管稳压电路

稳压管稳压电路如图10.2.1所示。图中虚线框内表示用稳压管VD_Z组成的基准电压源，R是限流电阻，U_I是输入直流电压。U_O为输出电压，即稳压管两端的电压U_Z，它可以作为基准电压源，也可以单独作为输出电压固定、负载电流较小的稳压电路使用。由图

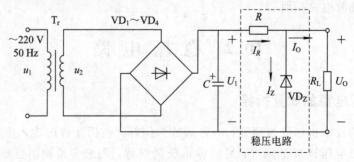

图 10.2.1　稳压管组成的基准电压源

可知：

$$U_O = U_1 - I_R R = U_Z \tag{10.2.5}$$

通常需从两个方面考察稳压电路是否稳压，即在其输入电压变化和负载电流变化两种情况下输出电压均基本不变来说明其稳压。其稳压原理如下：

设负载电阻 R_L 不变，当输入电压 U_1 增大时，输出电压 U_O 将上升，使稳压管 VD_Z 的反向电压略有增加。随之稳压管的电流大大增加。于是 $I_R = I_Z + I_O$ 增加很多，所以在限流电阻 R 上的压降 $I_R R$ 增加，使得 U_1 增量的绝大部分降落在 R 上，从而使输出电压 U_O 基本维持不变。反之，当 U_1 下降时，I_R 减小，R 上压降减小，故也能基本维持输出电压不变。以上分析表明，在 U_1 变化时，根据式(10.2.5)，只要 $\Delta U_R \approx \Delta U_1$，$U_O$ 就基本稳定。

设输入电压 U_1 保持不变，当负载电阻 R_L 变小，即负载电流 I_O 增大时，根据 $I_R = I_Z + I_O$，电阻 R 的电流 I_R 随之增大，R 上的压降 U_R 必然增大，从而使输出电压 U_O 减小。U_O 的微小减小将使稳压管的电流 I_Z 急剧减小，补偿 I_O 的增大，从而使 I_R 基本不变，R 上压降也基本不变，最终使输出电压 U_O 基本不变。同理，当 I_O 减小时，U_O 也基本不变。以上分析表明，在 I_O 变化时，只要 $\Delta I_Z \approx -\Delta I_O$，$I_R$ 就基本不变，U_R 也就基本不变，从而使 U_O 稳定。

由此可见，稳压管的电流调节作用是这种稳压电路能够稳压的关键。即利用稳压管端电压 U_Z 的微小变化，引起电流 I_Z 较大的变化，通过电阻 R 起电压调节作用，保证输出电压基本恒定。由于起控制作用的稳压管在电路中是与负载电阻并联的，故这种电路是一种并联式稳压电路。

10.2.3 串联反馈式稳压电路的工作原理

稳压管稳压电路不适用于负载电流较大且输出电压可调的场合，但是在它的基础上利用晶体管的电流放大作用就可获得较强的带负载能力，引入电压负反馈就可以使输出电压稳定，采用放大倍数可调的放大环节就可使得输出电压可调。

图 10.2.2 是串联反馈式稳压电路的一般结构图，图中 U_1 是整流滤波电路的输出电压，

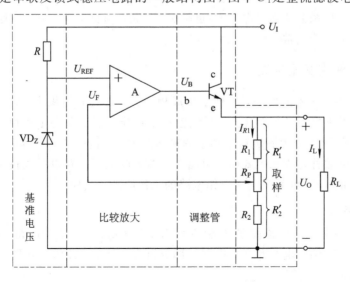

图 10.2.2　串联反馈式稳压电路一般结构

VT 为调整管，A 为比较放大器，U_{REF} 为基准电压，R_1、R_P 与 R_2 组成反馈网络，用来反映输出电压的变化（取样）。

这种稳压电路的主回路是起调整作用的三极管 VT 与负载串联，故称为串联式稳压电路。又由于调整管工作在放大区，即线性区，又称这类放大电路为线性稳压电路。输出电压的变化量由反馈网络取样经放大器放大后去控制调整管 VT 的 c-e 极间的电压降，从而达到稳定输出电压 U_O 的目的。稳压原理可简述如下：当输入电压 U_I 增加（或负载电流 I_L 减小）时，导致输出电压 U_O 增加，随之反馈电压 $U_F = R_2' U_O / (R_1' + R_2') = F_U U_O$ 也增加（F_U 为反馈系数）。U_F 与基准电压 U_{REF} 相比较，其差值电压经比较放大器放大后使 U_B 和 I_C 减小，调整管 VT 的 c-e 极间的电压 U_{CE} 增大，使 U_O 下降，从而维持 U_O 基本恒定。

同理，当输入电压 U_I 减小（或负载电流 I_L 增加）时，亦将使输出电压基本保持不变。

从反馈放大器的角度来看，这种电路属于电压串联负反馈电路。调整管 VT 连接成射极跟随器。因而可得

$$U_B = A_u(U_{REF} - F_U U_O) \approx U_O$$

或

$$U_O \approx U_{REF} \frac{A_u}{1 + A_u F_U} \tag{10.2.6}$$

式中，A_u 是比较放大器的电压放大倍数，它考虑了所带负载的影响，与开环放大倍数 A_{uO} 不同。

在深度负反馈条件下，$|1 + A_u F_U| \gg 1$ 时，可得

$$U_O \approx \frac{U_{REF}}{F_U} \approx \frac{R_1' + R_2'}{R_2'} U_{REF} \tag{10.2.7}$$

上式表明，输出电压 U_O 与基准电压 U_{REF} 近似成正比，与反馈系数 F_U 成反比。当 U_{REF} 及 F_U 已定时，U_O 也就确定了。若 $U_{REF} = 6$ V，$R_1 = R_2 = R_P = 10$ kΩ，则输出电压 U_O 的变化范围为 9～18 V。

从理论上讲，放大电路的放大倍数越大，负反馈越深，调整作用越强，输出电压 U_O 也越稳定，电路的稳压系数和输出电阻 R_O 也越小。但是，当负反馈太强时，电路有可能产生自激振荡，需消振才能正常工作。

10.2.4 三端集成稳压电路

随着半导体集成技术的发展，出现了集成稳压器。它具有体积小、可靠性高、使用方便、价格低廉以及温度特性好等优点，广泛应用于仪器仪表及各种电子设备中。集成稳压电路按输出电压情况可分为固定输出和可调输出两大类。最简单的稳压电路只有输入、输出和公共引出端，故称之为三端式稳压电路。三端集成稳压电路也是线性稳压电路。现以具有正电压输出的 W7800 系列为例介绍电路的工作原理及其应用。

1. 工作原理

W7800 型三端集成稳压器原理电路如图 10.2.3 所示，它由启动电路、基准电压电路、采样比较放大电路、调整电路和保护电路等部分组成。下面对各部分电路进行简单介绍。

1）启动电路

在集成稳压电路中，常常采用许多恒流源，当输入电压 U_I 接通后，这些恒流源难以自

行导通，以致输出电压较难建立。因此，必须用启动电路给恒流源三极管提供基极电流。启动电路由 VT_1、VT_2、VD_{Z1} 组成。当输入电压 U_I 高于稳压管 VD_{Z1} 的稳压电压时，有电流通过 VT_1、VT_2，使 VT_3 基极电位上升而导通，同时恒流源 VT_4、VT_5 也工作。VT_4 的集电极电流通过 VD_{Z2} 以建立起正常工作电压，当 VD_{Z2} 达到和 VD_{Z1} 相等的稳压值，整个电路进入正常工作状态，电路启动完毕。与此同时，VT_2 因发射结电压为零而截止，切断了启动电路与放大电路的联系，从而保证 VT_2 左边出现的纹波与噪声不致影响基准电压源。

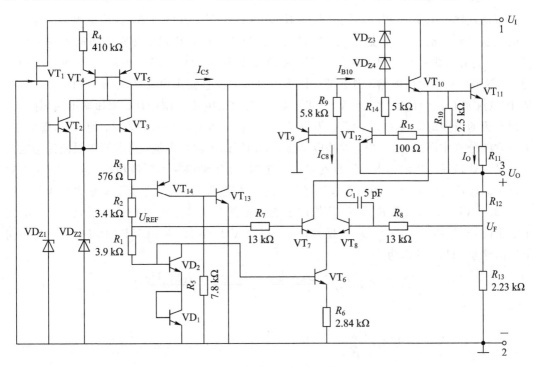

图 10.2.3　W7800 型三端集成稳压器原理图

2）基准电压电路

基准电压电路由 VT_4、VD_{Z2}、VT_3、R_1、R_2、R_3 及 VD_1、VD_2 组成，电路中的基准电压为

$$U_{REF} = \frac{U_{Z2} - 3U_{BE}}{R_1 + R_2 + R_3}R_1 + 2U_{BE} \tag{10.2.8}$$

式中，U_{Z2} 为 VD_{Z2} 的稳定电压，U_{BE} 为 VT_3、VD_1、VD_2 发射结（VD_1、VD_2 为由发射结构成的二极管）的正向电压值。电路设计和工艺上使具有正温度系数的 R_1、R_2、R_3、VD_{Z2} 与具有负温度系数的 VT_3、VD_1、VD_2 发射结互相补偿，可使基准电压 U_{REF} 基本上不随温度变化。同时，对稳压管 VD_{Z2} 采用恒流源供电，从而保证基准电压不受输入电压波动的影响。

3）采样比较放大电路和调整电路

这部分电路由 $VT_4 \sim VT_{11}$ 组成，其中 VT_{10}、VT_{11} 组成复合调整管；R_{12}、R_{13} 组成取样电路；VT_7、VT_8 和 VT_6 组成带恒流源的差动放大电路；VT_4、VT_5 组成的电流源作为它的有源负载。

VT_9、R_9 的作用：如果没有 VT_9、R_9，恒流源 VT_5 的电流 $I_{C5} = I_{C8} + I_{B10}$，当调整管满

载时 I_{B10} 最大，而 I_{C8} 最小；而当开路时 $I_O=0$，I_{B10} 也趋于零，这时 I_{C5} 几乎全部流入 VT_8，使得 I_{C8} 的变化范围变大，这对比较放大器来说是不允许的，为此接入由 VT_9、R_9 组成的缓冲电路。当 I_O 减小时，I_{B10} 减小，I_{C8} 增大，待 I_{C8} 增大到 $U_{R_9}>0.6$ V 时，则 VT_9 导通，起分流作用。这样就减轻了 VT_8 的负担，使 I_{C8} 的变化范围缩小。

保护电路主要有两类，下面分别进行介绍。

4）减流式保护电路

减流式保护电路由 VT_{12}、R_{11}、R_{15}、R_{14} 和 VD_{Z3}、VD_{Z4} 组成；R_{11} 为检流电阻。保护的目的主要是使调整管（主要是 VT_{11}）能在安全区以内工作，特别是使它的功耗不超过额定值 P_{CM}。首先考虑一种简单的情况。假设图 10.2.3 中的 VD_{Z3}、VD_{Z4} 和 R_{14} 不存在，R_{15} 两端短路。这时，如果稳压电路工作正常，即 $P_C<P_{CM}$，并且输出电流 I_O 在额定值以内，流过 R_{11} 的电流使 $U_{R_{11}}=I_O R_{11}<0.6$ V，VT_{12} 截止。当输出电流急剧增加，例如输出端短路时，输出电流的极限值应为 $I_{O(CL)}=P_{CM}/U_1=0.6$ V$/R_{11}$，当 $U_{R_{11}}>0.6$ V 时，使 VT_{12} 管导通。由于它的分流作用减小了 VT_{10} 的基极电流，从而限制了输出电流。这种简单限流保护电路的不足之处是只能将输出电流限制在额定值之内。由于调整管的耗散功率 $P_{CM}=I_C U_{CE}$，只有既考虑通过它的电流 I_C 和它的管压降 U_{CE} 值，又使 $P_C<P_{CM}$，才能全面地进行保护。图 10.2.3 中 VD_{Z3}、VD_{Z4} 和 R_{14}、R_{15} 所构成的支路就是为实现上述保护目的而设置的。电路中如果 $(U_1-I_O R_{11}-U_O)>(U_{Z3}+U_{Z4})$，则 VD_{Z3}、VD_{Z4} 击穿，导致 VT_{12} 管发射结承受正向电压而导通。U_{BE12} 的值为

$$U_{BE12}=I_O R_{11}+\frac{U_I-U_{Z3}-U_{Z4}-I_O R_{11}-U_O}{R_{14}+R_{15}}R_{15}$$

整理后得

$$I_O=U_{BE12}\frac{R_{14}+R_{15}}{R_{14}R_{15}}-\left[(U_I-U_O)-U_{Z3}-U_{Z4}\right]\frac{R_{15}}{R_{14}R_{11}} \tag{10.2.9}$$

显然，(U_I-U_O) 越大，即调整管的 U_{CE} 值越大，则 I_O 越小，从而使调整管的功耗限制在允许的范围内。由于 I_O 的减小，故上述保护称为减流式保护。

5）过热保护电路

电路由 VD_{Z2}、VT_3、VT_{14} 和 VT_{13} 组成。在常温下，R_3 上的压降仅为 0.4 V 左右，VT_{14}、VT_{13} 是截止的，对电路工作没有影响。当某种原因（过载或环境温度升高）使芯片温度上升到某一极限值时，R_3 上的压降随 VD_{Z2} 的工作电压升高而升高，而 VT_{14} 的发射结电压 U_{BE14} 下降，导致 VT_{14} 导通，VT_{13} 也随之导通。调整管 VT_{10} 的基极电流 I_{B10} 被 VT_{13} 分流，输出电流 I_O 下降，从而达到过热保护的目的。

电路中 R_{10} 的作用是给 VT_{10} 管的 I_{CEO10} 和 VT_{11} 管的 I_{CBO11} 提供一条分流通路，以改善温度稳定性。

值得指出的是，当出现故障时，上述几种保护电路是互相关联的。

2. W7800 的应用电路

1）基本应用电路

W7800 三端稳压器的基本应用电路如图 10.2.4 所示，经过整流滤波后的直流电压 U_I 接在输入端，在输出端便可以得到稳定的输出电压 U_O。电容 C_i 用于抵消因为长线传输引

起的电感效应，其容量可选 1 μF 以下；电容 C_o 可以改善负载的瞬态响应，其容量可选 1 μF 至几 μF。但若 C_o 较大，则在稳压器输入端断开时，C_o 会通过稳压器放电，易造成稳压器损坏；为此，可以接一只二极管，起保护作用。

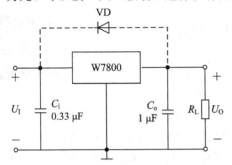

图 10.2.4　基本应用电路

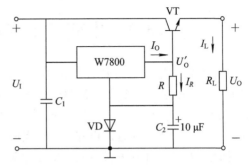

图 10.2.5　扩大输出电流

2）扩大输出电流

W7800 系列产品最大输出电流为 1.5 A，若要求更大的输出电流，可以在基本应用电路的基础上接大功率晶体管 VT 以扩大输出电流，如图 10.2.5 所示。三端稳压器的输出电流 I_O 为 VT 的基极电流，负载电流 I_L 由大功率管 VT 提供，为发射极电流，最大负载电流

$$I_{Lmax} = I_{Emax} \approx (1 + \beta) I_O$$

式中，β 为 VT 的电流放大系数，I_O 为三端稳压器的额定输出电流。

由于输出电压 $U_O = U_O' + U_D - U_{BE}$，如果 $U_D = U_{BE}$，则 $U_O = U_O'$，所以电路中的二极管 VD 补偿了三极管 U_{BE} 对 U_O 的影响，可以调整电阻 R 改变流过二极管电流的方法，使 $U_D = U_{BE}$。

3）扩展输出电压

W7800 系列是固定输出电压稳压器，在需要时可以通过外接电阻使输出电压可调，如图 10.2.6(a) 所示，设三端稳压器公共端电流为 I_W，则输出电压为

$$U_O = \left(1 + \frac{R_2}{R_1}\right) U_O' + I_W R_2 \tag{10.2.10}$$

其中，U_O' 为 W7800 输出端与公共端之间的电压，即 R_1 两端的电压，通常 I_W 为几毫安。其变化会影响输出电压，实用电路中可以用电压跟随器隔离稳压器与取样电阻，如图 10.2.6（b）所示。

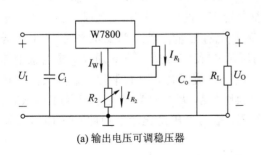

(a) 输出电压可调稳压器

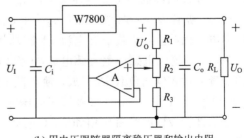

(b) 用电压跟随器隔离稳压器和输出电阻

图 10.2.6　W7800 三端稳压器输出电压的扩展

输出电压

$$\frac{R_1 + R_2 + R_3}{R_1 + R_2}U_O' \leqslant U_O \leqslant \frac{R_1 + R_2 + R_3}{R_1}U_O' \qquad (10.2.11)$$

10.3　串联开关式稳压电路

直流稳压电源

　　串联反馈式稳压电路具有结构简单、调节方便、输出电压稳定性强、纹波电压小等优点，但是由于调整管始终工作在线性放大状态，功耗很大，电路的效率只有 $30\%\sim40\%$，甚至更低。串联反馈式稳压电路因调整管工作在线性区而称为线性稳压电路。为了克服上述缺点，可采用串联开关式稳压电路，电路中的串联调整管工作在开关状态，即调整管主要工作在饱和导通和截止两种状态。由于管子饱和导通时管压降 U_{CES} 和截止时管子的电流 I_{CEO} 都很小，管耗主要发生在状态转换过程中，电源效率可提高到 $80\%\sim90\%$。它的主要缺点是输出电压中所含纹波较大，但由于优点突出，目前应用日趋广泛。

　　开关型稳压电路原理框图如图 10.3.1 所示。它和串联反馈式稳压电路相比，电路增加了 LC 滤波电路以及产生固定频率的三角波电压(u_T)发生器和比较器 C 组成的驱动电路。

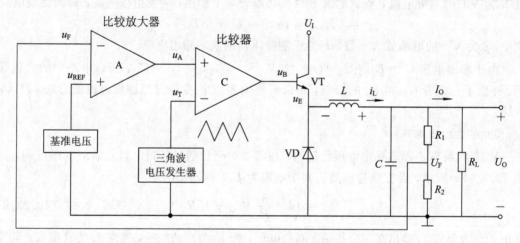

图 10.3.1　开关型稳压电路原理框图

　　图中，U_I 是整流滤波电路的输出电压，u_B 是比较器的输出电压，利用 u_B 控制调整管 VT 将 U_I 变成断续的矩形波电压 $u_E(u_D)$。当 u_B 为高电平时，VT 饱和导通，输入电压 U_I 经 VT 加到二极管 VD 的两端，电压 u_E 等于 U_I（忽略管 VT 的饱和压降），此时二极管 VD 承受反向电压而截止，负载中有电流 I_O 流过，电感 L 储存能量。当 u_B 为低电平时，VT 由导通变为截止，滤波电感产生自感电势（极性如图所示），使二极管 VD 导通，于是电感中储存的能量通过 VD 向负载 R_L 释放，使负载 R_L 继续有电流通过，因而常称 VD 为续流二极管。此时电压 u_E 等于 $-U_D$（二极管正向压降）。由此可见，虽然调整管处于开关工作状态，但由于二极管 VD 的续流作用和 L、C 的滤波作用，输出电压是比较平稳的。图 10.3.2 画出了电流 i_L、电压 $u_E(u_D)$ 和 U_O 的波形。

　　图中，t_{on} 是调整管 VT 的导通时间，t_{off} 是调整管 VT 的截止时间，$T=t_{on}+t_{off}$ 是开关转换周期。显然，在忽略滤波电感 L 的直流压降的情况下，输出电压的平均值为

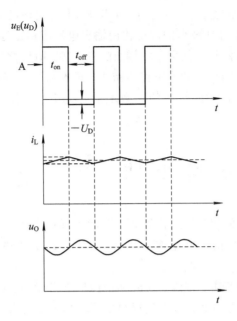

图 10.3.2　图 10.3.1 中 $u_E(u_D)$、i_L、u_O 的波形

$$U_O = \frac{t_{on}}{T}(U_I - U_{CES}) + (-U_D)\frac{t_{off}}{T} \approx U_I \frac{t_{on}}{T} = qU_I \qquad (10.3.1)$$

式中，$q = t_{on}/T$ 称为脉冲波形的占空比。由式(10.3.1)可知，对于一定的 U_I 值，通过调节占空比即可调节输出电压 U_O。

在闭环情况下，电路能自动地调整输出电压。设在某一正常工作状态时，输出电压为某一预定值 U_{SET}，反馈电压 $U_F = F_U U_{SET} = U_{REF}$，比较放大器输出电压 u_A 为零，比较器 C 输出脉冲电压 u_B 的占空比 $q = 50\%$，u_T、u_B、u_E 的波形如图 10.3.3(a)所示。当输入电压 U_I 增加，致使输出电压 U_O 增加时，$U_F > U_{REF}$，比较放大器输出电压 u_A 为负值，u_A 与固定频率三角波电压 u_T 相比较，得到 u_B 的波形，其占空比 $q < 50\%$，使输出电压下降到预定的稳压值 U_{SET}。此时，u_T、u_B、u_E 的波形如图 10.3.3(b)所示。同理，U_I 下降时，U_O 也下降，$U_F <$

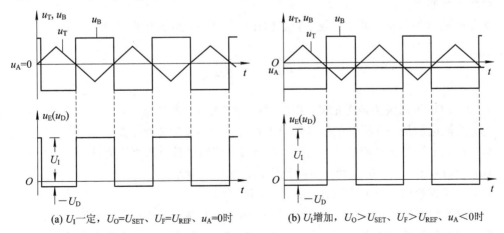

(a) U_I 一定，$U_O = U_{SET}$、$U_F = U_{REF}$、$u_A = 0$ 时　　(b) U_I 增加，$U_O > U_{SET}$、$U_F > U_{REF}$、$u_A < 0$ 时

图 10.3.3　图 10.3.1 中 U_I、U_O 变化时 u_T、u_B、u_E 的波形

U_{REF}，u_A为正值，u_B的占空比 $q > 50\%$，输出电压 U_O上升到预定值。总之，当 U_I 或 R_L 变化使 U_O 变化时，可自动调整脉冲波形的占空比使输出电压维持恒定。

开关型稳压电源的最低开关频率 f_T 一般在 $10 \sim 100$ kHz 之间。f_T 越高，需要使用的 L、C 值越小。这样，系统的尺寸和重量将会减小，成本将随之降低。另一方面，开关频率的增加将使开关调整管单位时间转换的次数增加，使开关调整管的管耗增加，而效率将降低。

本 章 小 结

重点例题详解

本章介绍了直流电源的组成、工作原理、性能指标以及各部分电路的几种不同的类型、它们的电路结构及特点，着重介绍了几种稳压电路。

直流稳压电源一般由变压、整流、滤波和稳压四部分组成。在整流、滤波两部分电路中，整流管的导通情况和电容的充放电情况决定了输出电压的直流平均值和脉动系数。

我们主要介绍了桥式全波整流电路。整流是利用二极管的单向导电性将交流电变为直流电的。桥式整流输出则是两个半周的波形，即称为全波整流。选择整流管时要注意流过管子的电流及管子两端的反向电压不能超过额定的数值。

滤波电路借助电容两端的电压不能突变和流经电感的电流不能突变的原理，将整流输出中的脉动成分滤去得到平滑的直流电。

稳压电路实质上是一个调节电路，在电网电压或负载变化时通过稳压器件的调节使输出基本保持稳定。稳压管稳压电路是最简单的电路形式，通过选择合适的限流电阻使稳压管工作在稳压区内，利用调节流过的电流来保持稳定的输出电压。引入调整管后扩大了负载电流的变化范围，组成了串联型稳压电路。在引入放大电路并接成负反馈后，使整个系统稳定，同时使输出电压可调。集成化的稳压器，尤其是三端集成稳压器具有体积小、性能可靠、使用方便等优点，故而得到了广泛的应用。稳压电路中基准源是关键，数值要稳定，温度系数要小。

为了提高转换效率，可以使调整管工作在开关状态，组成开关型稳压电源。

习 题

10.1 判断下列说法是否正确，用"√"或"×"表示判断结果。

(1) 直流电源是一种将正弦信号转换为直流信号的波形变换电路。 （ ）

(2) 直流电源是一种能量转换电路，它能将交流能量转换为直流能量。 （ ）

(3) 一般情况下，开关型稳压电路比线性稳压电路效率高。 （ ）

(4) 对于理想的稳压电路，$\Delta u_o / \Delta u_i = 0$，$R_o = 0$。 （ ）

(5) 电容滤波电路适用于大电流负载，电感滤波电路适用于小电流滤波负载。 （ ）

(6) 因为串联型稳压电路中引入了深度负反馈，因此也可能产生自激振荡。 （ ）

10.2 单项选择题：

(1) 直流稳压电源中整流的目的是_____。

A. 将交流电压变成直流电压

B. 将高频信号变为低频信号

C. 将正弦波信号变为方波信号

(2) 直流稳压电源中滤波电路的作用是_____。

A. 将交流电压变成直流电压

B. 将高频信号变为低频信号

C. 将整流电压中纹波成分滤去

(3) 直流稳压电源中滤波电路应选用_____。

A. 带通电路　　　　　B. 低通电路　　　　　C. 高通电路

(4) 串联型稳压电路中的放大环节所放大的对象是_____。

A. 采样电压　　　　　B. 基准电压　　　　　C. 基准电压和采样电压之差

10.3　变压器带中心抽头的全波整流电路如题 10.3 图所示。

(1) 说明它的工作原理；

(2) 求输出电压平均值 $U_{O(AV)}$、输出电流平均值 $I_{L(AV)}$ 和二极管的平均电流 $I_{D(AV)}$ 的表达式。

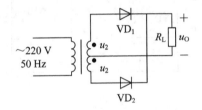

题 10.3 图

10.4　整流电路如题 10.4 图所示。R_{L1} 为半波整流负载电阻，R_{L2} 为全波整流负载电阻。试求：（忽略二极管的正向压降和变压器内阻）

(1) 输出电压 u_{O1}、u_{O1} 的平均值；(2) 各个二极管承受的最大反向电压。

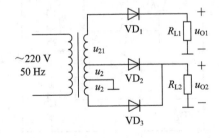

题 10.4 图

10.5　单相桥式整流电路如题 10.5 图所示。已知 $U_2 = 30$ V，$R_L = 1$ kΩ。求：(1) 二极管的平均电流 $I_{D(AV)}$、最大反向电压 U_{RM} 和输出电压平均值 $U_{O(AV)}$；(2) 如果 VD$_3$ 接反了，会出现什么情况？

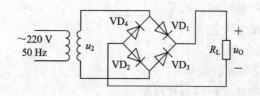

题 10.5 图

10.6 题 10.6 图是并联稳压电路。稳压管的稳压值 $U_Z = 6$ V，$U_I = 20$ V，$C = 1000$ μF，$R = R_L = 1$ kΩ。

(1) 求变压器二次电压有效值 U_2、输出电压 U_O 的值

(2) 若电路中电阻 R 短路，会出现什么现象？

(3) 如果稳压管的动态电阻 $r_Z = 10$ Ω，求并联稳压电路的内阻 R_o 及 $\Delta U_O / \Delta U_I$ 的值。

(4) 若电容 C 开路，试画出 u_1、u_O 的波形。

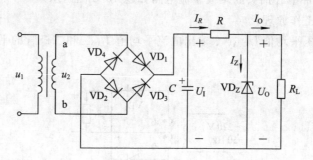

题 10.6 图

10.7 由理想运放组成的稳压电路如题 10.7 图所示。

(1) 说明电路中调整管、基准电压电路、比较放大电路、采样电路等部分各由哪些元件组成；(2) 写出输出电压的表达式。

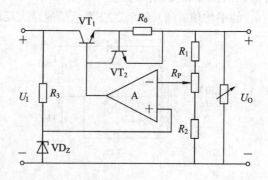

题 10.7 图

10.8 电路如题 10.8 图所示，稳压管的稳定电压 $U_Z = 4.3$ V，晶体管的 $U_{BE} = 0.7$ V，$R_1 = R_2 = R_3 = 1000$ Ω，$R_0 = 5$ Ω。试估算：

(1) 输出电压的可调范围；

（2）调整管发射极允许的最大电流；

（3）若 $U_I=20$ V，波动范围为 ±10%，则调整管的最大功耗为多少？

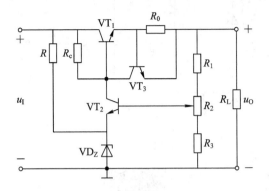

题 10.8 图

10.9 电路如题 10.9 图所示，设 $I_1'=I_2'=1.5$ A，晶体管的 $U_{EB} \approx U_D$，$R_1=1$ Ω，$R_2=2$ Ω，$I_D \gg I_B$。求解负载电流 I_L 与 I_O' 的关系式。

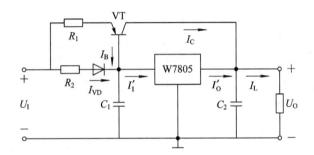

题 10.9 图

10.10 两个恒流源电路分别如题图 10.10 所示。

（1）求解电路负载电流的表达式。

（2）设输入电压为 20 V，晶体管饱和压降为 3 V，b-e 间电压数值 $|U_{BE}|=0.7$ V；稳压管的稳定电压 $U_Z=5$ V；$R_1=50$ Ω。求出电路负载电阻的最大值。

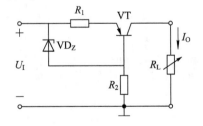

题 10.10 图

10.11 电路如题 10.11 图所示。合理连线，构成 5 V 的直流电源。

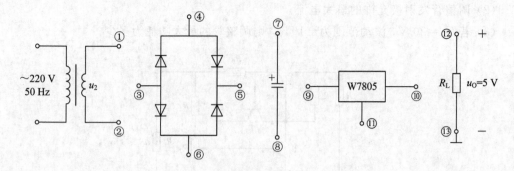

题 10.11 图

习题答案

附录 模拟电子技术符号说明

一、基本说明

1. 电流和电压(以三极管基极电流为例)

I_B 大写字母、大写下标,表示直流量

I_b 大写字母、小写下标,表示交流有效值

$\dot{I}_b$ 代表交流电流的复数量

i_B 小写字母、大写下标,表示直流的瞬时值

i_b 小写字母、小写下标,表示交流瞬时值

ΔI_B 表示直流变化量

Δi_B 表示瞬时值的变化量

2. 电阻

R 大写字母,表示电路的电阻或等效电阻

r 小写字母,表示器件内部的等效电阻

二、基本符号

1. 电流和电压

I、i 电流的通用符号 I_+、U_+ 集成运放同相输入电流、电压

U、u 电压的通用符号 I_-、U_- 集成运放反相输入电流、电压

I_f、U_f 反馈电流、电压 u_{ic} 共模输入电压

I_i、U_i 交流输入电流、电压 u_{id} 差模输入电压

I_o、U_o 交流输出电流、电压 u_s 信号源电压

I_Q、U_Q 电流、电压静态值 U_{CC} 集电极回路电源对地电压

I_{REF}、U_{REF} 参考电流、电压

2. 功率

P 功率通用符号 P_T 晶体管消耗功率

p 瞬时功率 P_U 电源消耗功率

P_o 输出交变功率

3. 频率

f 频率通用符号 ω 角频率通用符号

B_W	通频带	f_L	放大电路的下限频率
f_H	放大电路的上限频率	f_0	振荡频率、中心频率

4. 电阻、电导、电容、电感

R_i	电路的输入电阻	R_s	信号源内阻
R_{if}	有反馈时电路的输入电阻	G	电导的通用符号
R_L	负载电阻	C	电容的通用符号
R_o	电路的输出电阻	L	电感的通用符号
R_{of}	有反馈时电路的输出电阻		

5. 增益或放大倍数

A	增益或放大倍数的通用符号	$\dot{A}_{uL}$	低频电压放大倍数的复数量
A_c	共模电压放大倍数	A_{uM}	中频电压放大倍数
A_d	差模电压放大倍数	A_{us}	考虑信号源内阻时的电压放大倍数
A_u	电压放大倍数的通用符号	A_{uf}	有反馈时的电压放大倍数
$\dot{A}_{uH}$	高频电压放大倍数的复数量	F	反馈系数的通用符号

三、器件参数符号

b	基极	$C_{b'c}$	混合 Ⅱ 等效模型中集电结的等效电容
c	集电极		
e	发射极	$C_{b'e}$	混合 Ⅱ 等效模型中发射结的等效电容
f_β	晶体管共射极截止频率		
f_α	晶体管共基极截止频率	C_{GS}	场效应管栅源间的等效电容
f_T	晶体管的特征频率	VD	二极管
g_m	跨导	D	场效应管的漏极
h_{ie}、h_{re}、h_{fe}、h_{oe}　晶体管的混合参数（共射接法）		VD_Z	稳压管
		G	场效应管的栅极
n_i	电子浓度	I_{CBO}	发射极开路时 c-b 间的反向电流
p_i	空穴浓度	I_{CEO}	基极开路时 c-e 间的穿透电流
$r_{bb'}$	基区体电阻	I_{CM}	集电极最大允许电流
$r_{b'e}$	发射结的结层电阻	I_D	二极管电流，漏极电流，整流管整流电流平均值
r_{be}	共射接法下基射极之间的微变电阻		
r_{ce}	共射接法下集射极之间的微变电阻	I_{DSS}	耗尽型场效应管 $U_{GS}=0$ 时的 I_D 值
r_d	二极管的导通电阻值	I_F	二极管的正向电流
A_{od}	集成运放的开环电压增益	I_B	集成运放输入偏置电流
C_B	势垒电容	I_R	二极管反向电流
C_D	扩散电容	I_S	二极管反向饱和电流
C_J	结电容	N	电子型半导体
C_{ob}	共基极接法下的输出电容	P	空穴型半导体

P_{CM}　集电极最大允许耗散功率

P_{DM}　漏极最大允许耗散功率

S　　场效应管的源极

S_R　集成运放的转换速率

VT　半导体三极管

U_{BR}　二极管的击穿电压

$U_{(BR)CBO}$　射极开路时 c-b 间的击穿电压

$U_{(BR)CEO}$　基极开路时 c-b 间的击穿电压

$U_{(BR)EBO}$　集电极开路时 e-b 间的击穿电压

$U_{(BR)GS}$　栅源间的击穿电压

$U_{(BR)DS}$　漏源间的击穿电压

$U_{GS(off)}$　耗尽型场效应管的夹断电压

$U_{GS(th)}$　增强型场效应管的开启电压

U_{ON}　二极管，晶体管的导通压降

U_T　温度的电压当量

β、$\bar{\beta}$　晶体管共射极直流电流放大系数和共射极交流电流放大系数

四、其他符号

K　　绝对温度

K_{CMR}　共模抑制比

N_F　噪声系数

Q　　静态工作点，LC 回路的品质因数

T　　周期，温度

η　　效率

τ　　时间常数

φ　　相位角

参 考 文 献

[1] 初永丽,王永强,满宪金. 模拟电子技术基础. 北京:电子工业出版社,2010.

[2] 童诗白,华成英. 模拟电子技术基础. 4 版. 北京:高等教育出版社,2006.

[3] 康华光. 电子技术基础. 5 版. 北京:高等教育出版社,2006.

[4] 华成英. 模拟电子技术基础. 北京:清华大学出版社,2006.

[5] 吴运昌. 模拟电子线路基础. 广州:华南理工大学出版社,1998.

[6] 林玉江. 模拟电子技术基础. 哈尔滨:哈尔滨工业大学出版社,1997.

[7] 陈大钦. 模拟电子技术基础. 2 版. 北京:高等教育出版社,2000.

[8] 西安交通大学电子教研室. 电子技术导论. 北京:高等教育出版社,1985.

[9] 浙江大学电子学教研室. 模拟集成电子技术教程. 北京:高等教育出版社,2002.

[10] 张凤言. 电子电路基础. 2 版. 北京:高等教育出版社,1995.

[11] Paul R Gray, Robert G Meyer. Analysis and Design of Analog Integrated Circuits. Second Edition. John Wiley & Sons Inc,1984.

[12] C Toumazou F J Lidgey, D G Haigh. 模拟集成电路设计——电流模法. 姚玉洁,等译. 北京:高等教育出版社,1996.

[13] 陈大钦. 模拟电子技术基础学习辅导与考研指南. 3 版. 武汉:华中科技大学出版社,2012.

[14] 华成英. 模拟电子技术基础习题解答. 北京:高等教育出版社,2007.